Teaching Landscape:
The Studio Experience

世界名校风景园林 STUDIO课程实录

设计/营造/规划/历史与理论

[挪威] 卡斯滕·约根森　[土耳其] 尼尔古尔·卡拉德尼兹
[德] 埃尔克·梅尔滕斯　[奥地利] 理查德·斯蒂尔斯　编著

陈崇贤　夏　宇　刘京一　译

中国农业出版社
北　京

图书在版编目（CIP）数据

世界名校风景园林STUDIO课程实录 /（挪）卡斯滕·约根森等编著；陈崇贤，夏宇，刘京一译. —北京：中国农业出版社，2022.8

书名原文：Teaching Landscape: The Studio Experience

ISBN 978-7-109-29812-5

Ⅰ.①世… Ⅱ.①卡… ②陈… ③夏… ④刘… Ⅲ.①高等学校—园林设计—课程—教学研究—世界 Ⅳ.①TU986.2-41

中国版本图书馆CIP数据核字（2022）第145246号

合同登记号：图字01-2022-1281号

Teaching Landscape: The Studio Experience 1st Edition

By Karsten Jørgensen, Nilgül Karadeniz, Elke Mertens, Richard Stiles（ISBN：978-0-8153-8055-9）

中国农业出版社出版

地址：北京市朝阳区麦子店街18号楼

邮编：100125

责任编辑：史　敏

版式设计：杜　然　　责任校对：沙凯霖

印刷：中农印务有限公司

版次：2022年8月第1版

印次：2022年8月北京第1次印刷

发行：新华书店北京发行所

开本：889mm × 1194mm　1/16

印张：16.5　　插页：8

字数：410千字

定价：88.00元

《世界名校风景园林STUDIO课程实录》汇集了来自世界各地专业学者的风景园林课程教学实践最佳实例。这是由欧洲风景园林高校理事会（European Council of Landscape Architecture Schools，ECLAS）编撰的两部教学书籍之一《劳特利奇风景园林教育指南》（*The Routledge Handbook of Teaching Landscape*）的配套用书。

设计和规划工作室课程作为一种教学形式是风景园林教育的核心。它们可以模拟行业情况，并在了解特定项目场地或规划区域的基础上促进创造性解决方案的形成；解决城乡景观中的现有挑战；并且经常涉及与真正利益相关者的互动，例如市政代表、居民或激进团体。通过这种方式，以工作室模式为基础的规划和设计教学使学生更接近日常实践，帮助他们为创建现实世界、解决问题的设计做好准备。

本书提供了来自全球20多个不同风景园林院校的工作室课程的完整实例。全书共有超过250张彩图，是风景园林学科指导老师和研究人员的重要资源，有利于促进讨论以及风景园林教学模式的改进。

卡斯滕·约根森（Karsten Jørgensen）：

挪威生命科学大学风景园林学院教授；欧洲《风景园林》杂志创始主编，2006—2016年。

尼尔古尔·卡拉德尼兹（Nilgül Karadeniz）：

土耳其安卡拉大学风景园林教授；勒诺特研究所的创始成员，并于2016—2018年担任该研究所的主席。

埃尔克·梅尔滕斯（Elke Mertens）：

新勃兰登堡应用技术大学风景园林和开发空间管理教授，作为执行委员会成员，她一直活跃于勒诺特研究所联盟以及欧洲风景园林高校理事会的工作中。

理查德·斯蒂尔斯（Richard Stiles）：

奥地利维也纳科技大学建筑学院和规划学院风景园林教授；欧洲风景园林高校理事会原主席，并担任欧盟共同资助的勒诺特研究所联盟风景园林协调员11年。

深刻认识到风景园林设计师是如何运用广泛的多学科知识，《世界名校风景园林STUDIO课程实录》的编者们精心汇集了教育工作者创造的各种类似于真实行业实践的学习情景实例，学生在这些情景下学习如何整合具体案例特定信息。来自世界各地的作者克服了种种困难，传递鼓舞人心的教学经验，包括学生分组工作以制定设计和规划方法，应用不同的理论、方法、技术和科技手段，以及沟通和管理技能的培养。

戴德里希·布伦斯（Diedrich Bruns）

德国卡塞尔大学风景园林规划名誉教授

中文版序：
风景园林工作室课程的内涵和要素

林广思 | 华南理工大学建筑学院风景园林系教授

对于风景园林师的培养以及风景园林行业的促进而言，风景园林教育的重要性不言而喻。然而，关于风景园林教学本身的研究论著相对于风景园林的学术论著而言，是比较少的。风景园林的专业教育，在内容上可以分为理论、设计和实习3大类；在教学方式上，可以分为讲授、设计课程、户外实习或综合实习等，教学场所通常对应着公共教室、专业教室（绘图室）、教室之外的建成或自然环境、行业机构如设计院等。风景园林的专业知识大致可以分为两大类，一类是以“读写”为主的，另一类是以“动手”为主的，前者通常是“理论”类课程，后者通常是“设计”类课程。作为一门应用型的专业，风景园林需要“知行合一”：“知”等同于理论课程，“行”相当于设计课程。但是，在日常教学中，理论和设计分离的现象是普遍存在的。

设计教学是传统的有关操作的学问，教学理念、教学场所和教学方式影响着教学成效。传统上，设计课程是采用“师徒制”，也就是，在专业教室中，首先教师示范设计，其次学生观摩和临摹，最后教师批改图纸。这样“师傅带徒弟”的教学方式固然有其优势，但也存在一些问题，比如说，教学成效很大程度上取决于教师的经验和学生的悟性。为了应对这种教学方式的弊端，国际上出现了一种名为“studio”的教学模式，通常译为“工作室”；有时候，人们也会使用“design studio”的表述，即“设计工作室”。这样的教学模式在一些院校的专业课程体系中，甚至是作为一门或一类课程出现；它们通常是设计类课程。但是，studio并非等同于设计课程，它的本质是一种教学模式。

工作室（studio）课程在建筑设计的教学中具有悠久的历史传统和丰富的专业内涵。对此，顾大庆教授在《图房、工作坊和设计实验室——设计工作制度以及设计教学法的改革》一文中有着翔实的论述。布杂教育体系的图房（Atelier）、包豪斯设计教育的工作坊（Workshop），以及建筑教育的设计实验室（Design Laboratory）和设计工作室（Design Studio），既是具体的教学场所，又蕴含着特别的教学理念和教学方式。工作坊、实验室和工作室，都强调实际动手制作，体现了探索的精神。此外，实验室和工作室的教学，秉承着对理性的知识体系的信念，采用结构严谨的教学组织方法。相较而言，实验室意味着科学和严格的试验；工作室较为中性，体现了设计专业的综合性。总之，上述的教学模式包含了设计教学的3个要素：场所、教师和教案（syllabus）。

本书英文原版尽管名为*Teaching Landscape: The Studio Experience*，但是并非只收录了设计工作室课程（design studios），它还囊括了景观规划工作室课程（landscape planning studios）、景观营造课堂（landscape construction classes）和景观历史与理论课程（landscape history and theory）。这些课程都强调操作，即培养实务技能而非背诵知识的教学方式，尤其是历史与理论课程，通常是教师在课堂（lecture）上讲授，学生在课外阅读和写作，通过知识的运用和理论的探究培养批判和表达的能力。

其次，studio的主要教学场所通常不仅是在教室中发生。尽管风景园林规划与设计的练习对象常常需要一个真实的场地或区域，传统的设计教学只是把它作为设计的现状，出现在图纸上。如果提供了足够的环境信息，学生甚至不需要亲临现场，只需要在图纸上练习，然后教师改图或示范作图；这也是绝大多数快题培训班的教学模式或一些设计竞赛作品的制作方式。但是，studio的教学必须进入或穿越即将规划、设计或研究的场地，学生的“在场”是教学最重要的特性。学生并不应该把考察场地仅仅作为绘制现状图的唯一目的，而是需要在场地上行走，阅读景观（Reading the landscape）、描述景观（Representing the landscape）和改造景观（Transforming the landscape）。同样，教师也应该踏勘场地，和学生一起感同身受，并把场地作为课堂，在沉浸式的环境中教与学。

再次，studio的教师并非只有课程的讲授者。lecture课程通常由1位教师主讲，通过教科书传授相对固定的知识。studio的教师除了课程的主持之外，还可以引入评论员（critic），检阅课程的中期或终期成果，并独立表达真实的评价，以及提出建议性的改进意见。因此，studio既容纳一个讲授和评论的教学团队，又提供一个开放、讨论、批评的平台，具备同行评审的机制。

最后，studio需要一个教案。这个教案作为一个纲要可以起到指导课程组织的作用，保证整个教学的实施是严谨的。教案的形式可以多样，因课程类型而异。如果课程是侧重于技能的训练，那么教案基本上是一份教学日历式的纲要。如果课程是侧重于知识的传授，那么教案除了教学日历之外，还应该包括每一节课程的讲义。最重要的是，教案需要体现现代风景园林的价值观和知识体系，以及与之相应的教学模式。这些价值观引导着风景园林学科的前进方向，知识体系代表着对行业先进的实践经验的归纳和提炼，教学模式反映出教育意义的哲思。毫无疑问，教师的学术功力呈现在教案之中。

本书是欧洲风景园林高校理事会（European Council of Landscape Architecture Schools，ECLAS）组织编写的《劳特利奇风景园林教育指南》（*The Routledge Handbook of Teaching Landscape*）的配套用书，以一个个生动的课程示范了全球前沿的教学理念，展现了studio的综合特性。然而，全球风景园林教育界对于studio的理解，依然存在差异。该书收录的课程并非都能体现前述studio的内涵，也不一定会涵盖所有要素。但是，这些课程呈现的经验（experience）如此鲜明，足以鼓舞更多的风景园林教师投身于studio课程的实践，重塑“景观教育”（teaching landscape）。难得的是，陈崇贤、夏宇和刘京一长期致力于风景园林理论的探究，拥有丰富的风景园林设计教学经验，挑选、引进和翻译了该书，这必将促进我国风景园林教学模式的变革。

原序

阿提拉·托特（Attila Tóth）

勒诺特研究所主席
尼特拉斯洛伐克农业大学风景园林系副教授

在过去30年里，欧洲风景园林高校理事会（ECLAS）与勒诺特研究所（LE：NOTRE Institute）共同合作的成功项目旨在将风景园林教育、研究与创新实践联系起来，已经创建并发展出一个富有成效的平台，以分享欧洲风景园林教育的经验。本书是这一国际交流与合作的宝贵成果之一，它的出版也是为了纪念1919年挪威农业大学创立欧洲第一个风景园林专业100周年，它也同时纪念始于1989年柏林工业大学主办的一场活动所开创的泛欧联盟学科交流30周年。欧洲风景园林教育的迷人之处在于它的多样性，这是建立于深厚的传统和历史之上的。一些国家的风景园林专业是创立于农业和园艺学院，一些则是在林学院，还有很多国家的风景园林专业设置于建筑与城市设计学院中。这使得各种教学方法发生有趣且丰富多彩的碰撞，本书将逐一展现。

设计工作室课程作为一种教学形式是风景园林教育的重点，因为它与学生未来的专业实践情景非常类似，在一定程度上模拟了一个专业的设计工作室环境。学生们有机会从景观项目存在的问题、挑战和任务中学习，并接触真正的利益相关者（如市政代表或居民）。工作室设计教学使学生能够接近日常实践并增强他们的动力，同时也让教师有机会作为课程的监督者和指导者，与专业设计实践进行真实的接触。除了获得实地测绘、场地分析和设计等专业实践经验外，学生们还可以培养十分重要的相关软件技能和社交能力，如团队合作、任务分工、时间管理、设计沟通、演示和项目论证等。

风景园林教学是一项复杂的任务。它建立在三大主要知识和技能支柱之上——自然、技术和创造。工作室教学模式可以被看作是一个由这三大支柱支撑的鼓室（tympanon），包括自然科学和植物知识，应用技术与表现技能，以及学生的创造力。这些复杂的知识和技能将在参与式规划与景观民主过程的背景中与社会发生互动，因为风景园林设计师必须处理各种类型的景观，从日常景观到经典名胜，从衰败景观到高品质景观，以及人们对景观的感知。如今，风景园林设计师更可能作为勇于创新的合作设计团队而非传统的设计师。得益于工作室教学，学生们能够培养在城市和乡村环境的景观项目中担任领导角色的专业能力和概念认知。

工作室设计课程提供了一个绝佳的引入和尝试新型实验方法的机会。在众多案例中，它们可以与研究结合起来——遵循辅助/贯穿/剖析设计之研究的思想并指引以研究为导向的教学。这种将科学引入课程中的方式，能够激发学生们的批判性和科学思维。设计课程可以在主题上有所不同——从小型自然花园，过渡到较复杂的公共开放空间，再到大型景观规划项目；也可以在设计细节和项目任务的层次上有所不同——从草图、景观研究到营造细节和获得建造许可的实施项目。这样，学生们可以验证他们形成不同设计哲学、想法和概念的能力和创造力，以及他们创造不同建造细节和植被设计解决方案的技能。

作为一名老师，在过去7年里我一直担任尼特拉斯洛伐克农业大学的副教授，以及最近新任塞尔维亚诺维萨德大学客座教授，我参与了大量学期制工作室设计课程以及短期的景观暑期课程和工作坊。在这段时期，我有机会协助积极参与的学生们进行很多独特的但又富有挑战性的城市和乡村地区的合作设计。无论是对于学生，还是对于我作为一名老师来说，这都是一个绝佳的学习机会。这些设计课程大部分在与利益相关者如当地政府的合作中开展教学，参与人员主要包括市领导、市政代表和当地居民。因此，它不仅对于教授和学习而言是一个绝佳机会，对于推广风景园林专业以及提高公众对于景观问题重要性的认知而言也同样如此。在本学年中，我开始在尼特拉斯洛伐克农业大学风景园林系设置一个新的本科设计课程——公园设计课程，它是本科阶段教学的第一个风景园林设计课程，主要基于自然科学和社会学科、植物知识，以及技术和绘画技能等课程而设置。于我而言，作为一名教师，看着学生如何从现场调查、测绘和形态设计中受益，这是一次真正印象深刻且备受鼓舞的经历，虽然这只是在校园展馆之间相对较小且易于掌控的开放空间中开展。这一本科设计课程验证了我在硕士设计课程中的有益经验，也证实了在风景园林教育中，无论是本科阶段还是硕士阶段的学习，通过工作室设计模式进行教学是最有效的方法。

在工作室教学模式中，教师以导师或者有经验的引导者身份成为设计团队中的一部分。这与过去对教师角色的传统认识有很大不同，这种方式给教学带来更多的互动、知识分享、合作和交流。本书展现了风景园林设计课程、风景园林营造课程、风景园林规划课程和风景园林历史与理论课程的各式各样的教学方法，可以看作是百年风景园林教育经验和30年泛欧院校风景园林交流的成果。我相信这本书将启发欧洲各地及其他地区风景园林专业的教师和学生，同时，我真诚地希望未来在欧洲风景园林高校理事会会议和勒诺特研究所景观论坛的专题研讨会中，教学经验交流将继续发展。

前言：
从学院派到包豪斯及其他……

卡斯滕·约根森　尼尔古尔·卡拉德尼兹　埃尔克·梅尔滕斯　理查德·斯蒂尔斯

本书是《劳特利奇风景园林教育指南》的配套卷，并与其互相补充。尽管编者在劳特利奇的教育指南中探索一种“风景园林教学”的方法，但是在大部分案例中，从解析景观到它的表达与转化这个过程被拆分成独立的教学活动，本书则侧重于综合的教学方式，在学习过程的基础上将其结合起来。讲座、研讨会和工作坊主要侧重于知识和技能的获取，而基于工作室的教学模式的主要任务是使学生形成一个对项目的全面认识，这是教育过程中最重要的能力培养。

作为大多数（如果不是全部）设计学科（建筑和美术学科）教学的主流范式，工作室教学模式代表了一种解决问题的整体方法，并长期以来一直被认为是做设计的固有方式。这是一个将教学的其他各个方面——比如《劳特利奇风景园林教育指南》中单独讨论的那些方面——结合在一起、纳入和整合在一起的方式，正如俗话所说，它是关于“既见树木，又见森林（see the wood for the trees）”的学习模式。

正如本书所见证的，工作室教学模式绝不是一种同质的活动，但如果有任何共同的特征，那可能就是它的开放性本质。它的起源可以追溯到现代主义的开端，以及它对学院派（Beaux-Arts）传统的拒绝，学院派的教学方法主要是通过从公认的经典中反复抄袭受人膜拜的范例，从而学习再造预先确定的成品。

相比之下，在2019年庆祝其成立100周年的包豪斯则形成了一种新的范式。在其他方面，它强调了探索不同材料的特性，目的是寻找新的方法来结合艺术和工业生产技术，并明确表示对于既有问题，不重复已被接受的、已被尝试过和测试过的设计解决方案。

尽管它的名字和沃尔特·格罗皮乌斯（Walter Gropius）所设计的著名的德绍校区表明了包豪斯最初可能是一所建筑学校，但事实上，它在成立8年后才设有一个专门的建筑系，而这已经是在被纳粹当局关闭的前5年。如果说建筑学在包豪斯时代来得相对较晚，那么对景观和开放空间的关注就与包豪斯基本不相干。

1919年包豪斯学院设立，恰逢欧洲第一个学术性风景园林专业在奥斯陆成立，这可能是偶然，但更有可能的是，这两种事件发展背后都隐藏着第一次世界大战后共同的乐观情绪和复兴情绪。不论事实是否如此，在随后的几十年里，甚至在最近几年里，风景园林教育的发展已经融入了包豪斯的许多启示和教学原则。特别是包豪斯在基础课程和材料工作坊中采用的理念，后来被融入了今天的风景园林工作室教学模式中，在某种程度上，它不再像当时的学院派那样以创造已知产品或成果为目标，设计工作室教学模式——无论是在风景园林设计领域还是在其他设计领域——从根本上讲都是关于过程的教学：它是关于“如何做？”，而非“是什么？”

尽管风景园林学已有百年的历史，但按历史标准来看，它仍然是一门相对年轻的学科。因此，它仍在探索各种教学和学习方法，本书既可以被视为这个过程的一部分，也可以被视为它的记录档案。景观也提出了一个挑战，因为它既是一个非常复杂的研究对象，本身也是一个多元概念，而且仍在演变中。这也使得我们很难从相近设计学科的教学传统中大量借鉴。除此之外，关于景观干预方法的教学模式也非常多样化，它们来自不同的学术传统，跨越了人文艺术与自然科学的鸿沟。

虽然，以自然科学为基础的方法有助于调查和理解景观的物理环境要素，而《欧洲景观公约》（*European Landscape Convention*）中强调人们对景观的感知意味着风景园林教学的天平已向艺术和人文方向倾斜，而这一点在本书介绍的许多工作室教学的例子中都有很好的体现。

但无论是人文艺术还是自然科学，都没有采用工作室式教学方法的传统，所以缺乏易于被风景园林专业借鉴的模式，因此重新开发适合应对该学科各种挑战的工作室教学模式势在必行。

缺乏易于借鉴的工作室教学模式（建筑和一些艺术方面例外），这可能被认为是一个缺点，但同时也是一个挑战和机遇，本书中提出丰富多样的方法就是最佳证明。

风景园林工作室教学的独特性是它始终以一种与场所联系在一起的方式开展教学。至少“工作室”本身也是一个物理场所，它与阶梯教室的空间不同。这两个教学地点之间的对比也反映在教学和学习模式以及工作室的教学理念中。

阶梯教室的布局突出了学生和教师角色的鲜明区别。在讲课式教学中，学生被动地面向老师而坐，老师站在一个高高的讲台上，从远处把知识传授给学生。相反，工作室是一个每个人都处于相同物理状态的空间，因此具有象征性。很多时候，学生往往被“单独”留在工作室里自己解决问题，而“老师”只是以导师的身份不时拜访他们，不是为了传授一些预先确定的知识，而是为了帮助和鼓励他们找到自己的解决方案。这样，以学生为中心的学习在很大程度上取代了教学，因此工作室的“场所”反映了工作室的“过程”。

在大多数采用工作室教学模式的学科中，如美术或建筑，工作室也成为一个工作场所，绘画、雕塑或是建筑模型都在那里制作完成。相比而言，景观工作室教学相关的主题很少在工作室里实现。因此，风景园林学生必须离开工作室，以便参与其中寻求解决方案。在一定程度上，在景观工作室课程中教学过程占据主导地位。

这个过程需要天时、地利。寻找解决方案不能急于一时，这是一个需要深入和展开的过程，学生还需要经历一定程度的不适感：因此，被要求离开熟悉的、舒适的工作室空间环境也是工作室教学方法的一个基本特征。这总是涉及为了调查、探索和征服“新领域”而不得不走出自己熟悉的“舒适区”，进入未知领域，以寻求解决方案，这让我们回到工作室教学体验的“开放式（open-ended）”本质，这是它的主要共性。在风景园林工作室教学中，景观作为一个主题，其复杂性涉及更多的因素，因此，它们的开放性比其他以工作室教学为基础的学科更有可能成为一种规则。

正如本书所展示的，风景园林工作室教学的这一共同特征在不同地区也被广泛接受和实践。这里介绍的工作室教学案例研究来自不同的地区，包括欧洲、北美洲、东南亚地区和澳大利亚等。这本书所要传达的“工作室教学经验”是由不同的单个工作室课程“拼贴”组成，这在不同的章节中有详细论述。其中一些只关注单个具体的例子，而另一些则涉及多年来以类似的基本方法和主题讲授的工作室课程运行经验。

总体来看，本书介绍的工作室课程也主要是教学经验，而不是学习经验，尽管在一些情况下，工作室课程的一些参与者的经验是用他们自己的话来表达，但这是他们在工作室课程中准备的工作，这也表明了工作室教学的特点。

除此之外，诸如（景观）规模和特定的要素，影响工作室体验的形式。这些差异也为本书的组织提供了基础，其涉及从设计工作室课程到教授工程、历史和理论等更专业方面的工作室课程，再到不能在实体工作室环境中开展的主题，如景观都市主义和景观规划。

事实上，景观是一个如此复杂的现象，无论是从它的物理性质和环境特征，还是从它丰富的文化内涵和价值来看，都意味着在其作为一门独立学科建立以来的几十年里，工作室教学模式尤其是学习模式在不断演变和发展。虽然受包豪斯方法的启发在很大程度上影响了风景园林工作室教学的模式，但正如本书所表明的，它早已超越包豪斯模式，并将继续改变，以与未来的景观发展需求保持同步。

目　录

1
风景园林设计课程

1.0 简介

风景园林设计工作室课程旨在培养学生的创造力，并帮助他们完成具有创新性的设计方案。尽管课程最终的教学成果是设计方案，但相比于这一成果，设计课还是更侧重于设计的过程。最基本的道理就是：此次的设计方案不一定适用于别的场地和环境，但是在此次设计过程中运用到的知识至少能以某一种形式运用到今后新的设计当中。

在下述各个案例当中，设计过程都不尽相同，但共同的是设计课都旨在为学生提供新颖的环境，以此来激发他们的创造力。设计课的培养目标是使学生不仅要具备设计实际项目的能力（Casagrande，Lamm and Wagner），也要能够在概念设计中使用数字模型进行设计分析（Casagrande，Lamm and Wagner）。使用以艺术为基础的技术（Wingren，Thoren and Satherley）来激发出跨媒介的方法可以被认为是基于这样的假设：创造力是一种通用的、可转移的技能，独立于其所使用的媒介之外，并且当学生在不熟悉的新颖环境里工作时更容易产生这种情况。最后，设计课程运用一种更为理论化的方法，强调直接体验，而不是脱离现实进行分析，来将整个设计当作一个整体对待（Herrington）。

所有的案例研究在某种程度上都是希望在课程中让学生面对新的或陌生的事物，这是打开创造性思维的关键，以便提出新颖的解决方案。

1.1所介绍的项目位于台湾的某一城市，涉及两个与常规城市设计项目大相径庭的“现实生活”案例，尽管如此，在该项目中，大批学生在改变被忽视的城市区域规模方面发挥着重要作用，而这些在大多数设计课的学习中并不常见。马可·卡萨格兰德（Marco Casagrande）介绍了他关于“城市针灸（urban acupuncture）”的充满戏剧色彩的例子，并将其作为学生学习“游击景观都市主义（guerrilla landscape urbanism）”的案例。

特定的设计课是卡罗拉·温格伦（Carola Wingren）在1.2重点介绍的内容，但这是在长期教学经验的基础上以类似的方式进行，并使用一系列的媒介和技术（尤其是舞蹈）描绘出一个景观构想，以便与非专业人士交流想法。

罗西·索伦（Roxi Thoren）在其关于风景园林教育中的艺术角色这一节中，描述了在可供居住的“野外学校（field school）”里进行的工作，这是工作室设计课过程的主要特征。这种以现场为基础的艺术作品创造作为教学发展计划的一部分已经存在了数年，并且在每个案例中都代表了一个过程的最佳点，这个过程始于具有更传统学术背景的主题演讲和研讨会。

学术界不得不接受当今的社会观念——以确定的学习成果来衡量成功与否，这是香农·萨瑟利（Shannon Satherley）讨论关于高等教育需要平衡“谋生（bankable）”技能与个人创造性艺术发展重要性这一节的核心主题。这一节的内容旨在证明，在技能教学和艺术创造力学习之间的平衡确实是可能的。

与中国台湾那个案例一样，贝蒂娜·拉姆（Bettina Lamm）和安妮·瓦格纳（Anne Wagner）的贡献也是致力于在教学中通过1：1尺度的媒介干预城市环境，并特别提及卡萨格兰德的工作，但是他们的重点是研究临时性干预的作用。这些都是长期教学计划的一部分，并与更传统的设计课内容相结合，以便在一系列不同的教学模式之间架起一座桥梁。

与前几节所阐述的教学策略的主要灵感来源于参与式艺术不同，吉莉安・沃利斯（Jillian Walliss）和海克・拉赫曼（Heike Rahmann）则将数字技术作为激发学生创造力的手段，而不仅仅用于展示设计成果。具体而言，本节探讨了参数化设计在设计过程交互性方面的教学潜力，以及它给传统设计思维所带来的挑战。

1.7由苏珊・赫灵顿（Susan Herrington）撰写，文中解释了克里斯托夫・吉鲁特（Christoph Girot）关于“景观四步骤（Four Trace Concepts）”的理论方法及如何将其应用于具体的设计课当中，以解决温哥华废弃铁路景观的问题。此课程的核心在于对长达11km的现场做出具有体验性的解读，并为本节中介绍的各种设计解决方案提供了基础。

1.1 从城市针灸到第三代城市
——另类的设计课

马可 · 卡萨格兰德（Marco Casagrande）

我的作品和教学在建筑、风景园林、城市以及环境设计与科学、环境艺术和表演之间自由穿梭，形成了“即兴建筑师（commedia dell’architettura）”的跨界建筑思维。本节阐述了两个学生发挥了主要作用的项目，这些项目极大地促进了学生对如何准确处理城市能源流可以促进一个生态可持续城市发展的认识，即我所说的第三代城市（Third Generation City）。

与学生一起工作是件好事，这符合我们的工作性质。我们的营造场地在不同的国家，我们要求在施工期间有较高的出勤率和能力来进行创造并推进工作进度。共同生活是在城市实验室中开展学生工作坊的一个重要环节。我们呼吸着同样的空气，形成了一个集体意识。新的知识形成来自这种集体意识，这需要参与者的敏感、专注和勇气。这就是我想提供给学生们的营造场地。

1.1.1 金宝山（Treasure Hill）

2003年，台北市政府邀请我过去工作三周，目的是制定城市生态恢复计划。我最终选择在金宝山这个非正规的居住区进行研究，这里原来是日军的防空阵地，20世纪40年代末被国民党军队接管，国民党军队的士兵将地堡改造成更舒适的住房，并从那时起，他们和家人就一起住在这里。市政府的相关部门已经决定拆除金宝山居住地，大约有400户家庭将要搬离，但这个拆迁项目似乎计划不周。金宝山建在新店河堤岸上的山坡上，市政府的重型机器仅能到达房屋的前三层，将房屋拆开后，对其余的定居点只是切断其生命来源，任其废弃、慢慢凋亡，他们还破坏了城市农业居民点的农场和灌溉系统，以及不同房屋之间的连接小桥、台阶和坡道，他们还停止收集金宝山的垃圾，巷子里有很多垃圾袋。人们不能在金宝山内驾驶汽车，这可能使它免于进一步被毁坏。

我进入了一些荒废的房子，室内环境及其氛围就像主人是突然离开一样，甚至连相册也摆放在那里，还有小小的祭坛，上面有长胡子的小神仙。在其中一间房子里，我情不自禁地盯着相册看。这些小小的黑白照片背景从中国大陆开始，所有的人都穿着国民党的军服。不同地区有着不同的风景，然后在某个时候照片变成了彩色，接着是同样的人出现在中国台湾。然后我看到一张照片，照片中一位女士和一位年长的绅士穿着便服在喷泉旁合影，还有儿童和青年人的照片。照片里有许多人身穿便服，但这里到处都是国民党旗帜，房间里面也有一面类似的旗帜。有人从我身后进了屋子，屋子里只有一个房间，房间一端是祭坛，另一端是一张床。一位老人正看着我，他冷静而敏锐，不知为何很悲伤。他一边说着话一边用手指着祭坛，意思叫我不要碰。我看着老人的眼睛，他也看着我的眼睛，我感觉像是在看相册。这所房子的主人一定是他的朋友，从中国大陆到台湾，他们一起走了很长的路。他们后来在日本混凝土地堡上建造了自己的房屋，并在金宝山过起了自己的生活，但现在他的朋友已经去世了。我发现那里有一个手提箱，然后我就把逝去主人的长裤和他的衬衫装在里面，都是卡其色的。

之后我开始收集垃圾袋并把它们搬下山，在靠近卡车可以到达的地方堆成一堆。居民们没有和我说话，而是躲在他们的房子里，不过我可以感觉到他们的目光就在我的背后。当我在金宝山的废墟上散步时，我发现这个非正规的居民点实际上呈现了许多我应该向市政府建议保留的价值。他们正在将所有的有机废物进行收集并堆沤，同时将其用作农场的肥料。他们从官方自来水中偷水，但并没有多到扰乱城市用水，反正管道也在漏水。他们小心翼翼地使用水，然后过滤灰色的水，在重力作用下水流穿过成片的丛林，一直到达农场所在的底层平台，然后他们用相对干净的水浇灌植物。他们也在偷电，但不是太多。该社区有一个共同的露天电影院，由几盏小巷灯和一个扬声器系统组成，设在金宝山的女族长陈小姐的房子里，人们可在此进行操作来放映电影。这里的居民主要是国民党的老兵和非法移民工人。这些农场的设计是为了适应该地区每年的洪水泛滥，因为这里没有像城市其他地区那样的12m高的防洪墙。

我在房子里遇到老人后的第二天，居民们开始帮我收集垃圾。康旻杰（Kang Min-Jay）教授使用了一辆卡车来运走这些袋子。几天后，我们与一些学生志愿者和金宝山老兵一起组织了一场公开仪式，向正规城市宣战。金宝山将进行反击，它将在这里继续存在。当时，我身上穿着死人的衣服。

因此，我决定改变我在台北的计划，并试图阻止市政府破坏金宝山的有机城市农业和拆除城市临时居民点。我想重建房屋之间的联系，重建人居环境有机体的神经网络，并重新恢复农场。目前只剩不到三周的时间来完成这一切，而且缺少建筑材料和人力。我知道唯一切实可行的解决方案是通过组织学生来开展工作。我开始在当地大学里进行巡回宣传，试图招募学生到金宝山工作。最终，我们拥有了一支由大约200名学生组成的团队，由教授担任组长。大多数学生来自淡江大学建筑系、中国文化大学建筑系和台湾大学社会建筑系（图1.1.1）。南投县也给了我们很大的帮助，那里的建筑师谢英俊（Hsieh Ying-chun）带来了一队建筑工人来增强我们的力量。阮庆岳（Roan Ching-Yueh）教授对此进行了协助。

图1.1.1　淡江大学建筑系学生在金宝山帮助施工

我们派遣了一队女学生去到附近的桥梁施工现场，向工人解释我们在金宝山所作的努力，于是，建筑工人开始为我们卸下建筑材料。谣言开始在城市里流传，说金宝山有事情在酝酿。更多的人自愿加入重建工作，很快媒体开始出现。媒体来了之后，政客们开始在金宝山留影。不久，市政府解释说，这正是他们从芬兰邀请我的原因，但就在三周前市政府还打算拆除金宝山（图1.1.2）。

我们与阮教授就如何阻止破坏金宝山进行了一次长谈。他建议谢英俊（来自第三建筑工作室，Atelier 3）应该和在邵人部落中自学成才的建筑工人一起加入我们。有了人力和简单的建筑材料，我们开始重建定居点房屋之间的连接，但最重要的是，我们也开始重新恢复农场。附近的桥梁建设工人甚至用履带车帮助我们，当地社区为我们提供了关于农业方面的建议，并为我们提供食物和中药，一些其他地方的孩子也来分享我们的晚餐。谢英俊负责的房子是社区的核心。

金宝山项目，戳中了台北工业城市的一个穴位。我们微不足道的建设工程像针一样穿透了薄薄的政府控制层，触及了台北的原始土地——地方常识扎根的集体土地。金宝山是一个城市混合物，以前被认为是城市的一个臭角落，但经过一番折腾，现在可为城市未来发展提供最肥沃的表土（图1.1.3至图1.1.5）。台湾人将这种有机能量称为“气（Chi）”。

图1.1.2　金宝山定居点

金宝山是中国台湾台北的一个真正的城市农民非法定居点。卡萨格兰德工作室和当地学生的工作坊支持农民对当地政府试图拆除定居点进行抵抗。最终，该定居点被保存下来，今天它是台北的旅游景点之一。

图 1.1.3　拆除工作停止后，在金宝山建造的新楼梯

图 1.1.4　金宝山的社区园艺

图 1.1.5　金宝山的社区花园

在金宝山发生了什么，是什么力量让其从拆迁过程转变为重建过程？我认为答案是学生。在台湾，学生纯粹的力量受到了尊重，他们实际上被视为一种社会力量。学生们也可以立即融入金宝山的环境中开始工作，而不用在协商他们的工资和福利方面花费力气。学生们有渠道来传播消息，并将金宝山作为整个台北的城市针灸点，整个城市可以通过传播城市针灸理念来被设计。对我而言，这些学生更像是作为某种特种部队在进行工作，我想城市也是这样看待他们的，也许连学生们也有这样的感觉。金宝山是一个幸运的、建构主义的意外，也是一个展示当地常识和隐藏在薄薄的混凝土、沥青和工业控制层之下的有机力量的机会。学生们能够与当地的常识进行对话，金宝山项目是我们在探索城市针灸的可能性方面迈出的重要一步。

1.1.2 **废墟建筑学院**：城市针灸

在完成金宝山项目之后，我们继续在淡江大学建筑系进行城市针灸的研究、教学和设计方法的探索（2004—2009），淡江大学是当时台湾建筑院校中的领头羊。我的教授职位工作内容主要集中在跨界建筑设计和将城市针灸作为生物城市（biourban）修复的工具的研究上。我在任教之前的工作，既包括风景园林和环境艺术方面，也包含建筑或城市规划的内容。我们研究废墟，研究大自然如何解读人造的结构和空间，以及地方常识如何在城市中产生。我们提出了第三代城市的概念，工业城市的有机废墟，一个有机的城市机器，即将城市作为自然的一部分。

随后，我在芬兰阿尔托大学的全球可持续技术研究中心（Sustainable Global Technologies，SGT）继续开展多学科研究（2009—2012）。虽然有其他真实的实践任务，但我们仍将台北作为研究案例。我们的研究和设计小组由风景园林、未来研究、土木工程、环境工程、环境艺术和建筑学学生组成。多学科小组能够达到构建新知识的水平，这在单一固定不变的学科中是比较困难的。我们为台北的官渡洪泛区制定了一个新增15万居民的第三代城市计划，这是一项对外开放台北有盖河流和灌溉渠道的城市针灸计划，特别是利奥孔渠道（Leo-Kong Channel），并与当地大学合作研究河流都市主义，重新连接台北城市和河流系统。

随着大学内部的学科变得更加扎实和强大，多学科知识构建的普遍观念已经被腐蚀了。各个学科都有很强的领地性和保护性，真正的跨学科对话很难被找到或启动。这不仅是不同学科之间的情况，也是不同大学或义务教育阶段学校之间的情况。大学的思维已经变得非常工业化。

为了创造一个更自由、更开放的跨学科学术交流平台，我们与忠泰建筑文化艺术基金会（JUT Foundation for Arts and Architecture）、阿尔托大学全球可持续技术研究中心和国际生物都市主义协会（International Society of Biourbanism）合作，于2010年在台北成立了废墟建筑学院（Ruin Academy）。参与的中国台湾地区的大学生来自淡江大学建筑系和台湾大学社会学和人类学系。其他拥有不同学科背景的人都可被学院录取，包括园艺、生物、新闻、风景园林和文化研究。忠泰建筑文化艺术基金会设法在台北城市核心区给我们提供了一栋废弃的五层公寓楼，作为我们的学术交流地点。

作为第一项任务，我们拆掉了大楼的所有窗户和内墙，只留下了主要结构。然后我们从屋顶到地下室在整个建筑上钻了许多直径为15cm的洞，这样雨水就能进入建筑内部，之后我们运来了数吨的表土。有了这些条件，我们可以在废墟学院内建造菜园和其他种植园。学生们在一些远离雨水的干燥角落里的草木丛中工作和睡觉。我们用从窗洞中长出来的竹子代替窗户，并在室内设有烤火点，在五楼还有一个公共桑拿房（图1.1.6、图1.1.7）。

废墟建筑学院为台北市政府组织了基于本地常识的研究和设计。我们的工作完全是非官方的，但市政府非常支持。他们派官员与我们协商，建议我们可以关注一些问题，因为他们对此能力有限，他们甚至要求我们说一些他们不能说的话。市政府的所有部门都声称不可能与其他部门合作，我们应该做一些他们自己不能做的跨部门或跨学科的工作。市政府希望与当地的文化常识形成对话，但在官方看来这是不可能的。

废墟建筑学院正在努力实现城市化的台北盆地的生态恢复，这项工作还远远没有完成。在台北，也可能在其他亚洲城市，作为一个外国人，特别是作为一个外国教授，在很多方面更容易操作。当地的教授被儒家的思想文化所束缚，甚至学生也很难公开地工作。当外国教师和学生在场时，情况就会发生变化，规矩就会松动，当然，如果事情出了问题，总是可以指责外国人。由中国台湾和外国学生及研究人员组成的多学科研究和设计团队非常富有成效。

风景园林设计这门学科，它在人类建筑环境的总体框架内与别的学科的联系比任何其他学科都多：建筑学、城市规划、土木工程、环境工程、社会学、人类学、文化研究、未来研究、生物学和生态学等。作为一门建设性的生物学学科，风景园林有可能成为进一步推进生物都市主义思想和城市针灸方法传播的最佳工具。这种新的多学科的知识构建只能在学生中发生，当然，专家和研究人员也可以参与进来，但主要还是要依靠大学生和他们的老师。就拿我的工作来举例，假如与台北市政府的合作还没有准备好，就不会与当地的开发商、政客一起进行，而只能在学生的自由思考中进行。

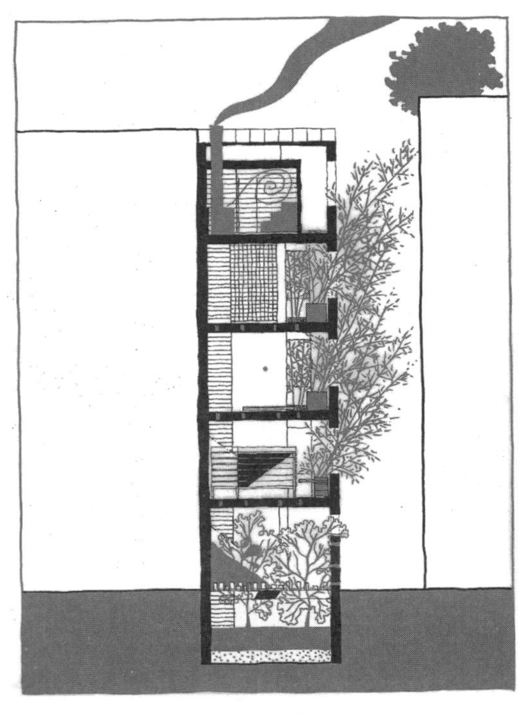

图1.1.6　废墟建筑学院横截面图（另见彩图1）

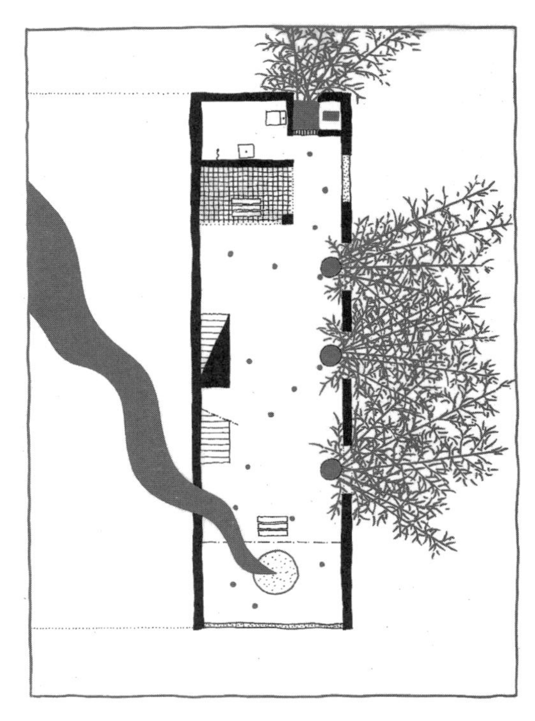

图1.1.7　废墟建筑学院第四层平面图（另见彩图2）

在金宝山的初步探索之后，城市针灸的研究在淡江大学建筑系继续进行，2004年秋，在我任教期间，陈诚晨（Chen Cheng-Chen）教授将其纳入课程。2009年，芬兰阿尔托大学的全球可持续技术研究中心与奥利·万瑞斯（Olli Varis）教授合作，在台北进一步发展城市针灸的多学科工作方法，重点是通过精准的干预进行城市生态修复。2010年，在忠泰建筑文化艺术基金会的帮助下，废墟建筑学院在台北成立。该学院作为一个独立的多学科研究中心进行运作，在人类建筑环境的总体框架内自由穿梭于艺术和科学的不同学科之间。其重点是对城市针灸和第三代城市开展理论研究（图1.1.8至图1.1.11）。废墟建筑学院与淡江大学建筑系、台湾大学社会学系、阿尔托大学全球可持续技术研究中心、台北市政府城市发展局和国际生物都市主义协会进行合作。

图1.1.8　在废墟建筑学院进行第三代城市的研究

废墟建筑学院设立于台北一个废弃的由中国台湾和日本合作建立的糖厂（1996年关闭），在此进行第三代城市的研究。

城市针灸是一种生物城市理论，它将社会学和城市设计与中医的针灸理论相结合。作为一种设计方法，它专注于对城市结构进行战术性的、小规模的干预，目的是在更大的城市有机体中产生涟漪效应和转变。通过针灸城市穴位，城市针灸研究寻求与特定地点的地方常识相联系。就其本质而言，“城市针灸”是柔韧的、有机的，可以缓解城市环境中的压力和工业化矛盾，从而引导城市走向有机：将城市自然作为自然的一部分。城市针灸产生了小规模的影响，但在生态和社会方面对人类建筑环境的发展具有催化作用。

图1.1.9　废墟建筑学院的研究室一角

图 1.1.10　废墟建筑学院的研究成果

图 1.1.11　废墟建筑学院的壁炉

城市针灸不是一种学术创新。它指的是在台北和其他城市已经存在的地方集体常识实践，这种自我组织的实践正在将工业城市转变为有机场所，即第三代城市。

在台北，市民们用非正式的城市农场和社区花园网络破坏了市政府管理的正规机械性城市。他们占用街道作为夜市和二手市场，激活闲置的城市空间作为卡拉OK和集体运动（跳舞、太极拳、气功等）的场所。他们在公寓楼上非法扩建，并通过自我组织的非正规居住区（如金宝山）支配城市的无人区。正规城市是污染的源头，而自我组织的活动在物质能量流动方面更加谦逊，并且通过地方常识的传统与自然更加紧密相连在一起。人们对正规城市有一种本能的抵制，它被视为一个抽象的实体，似乎威胁着人们的社区意识，并将他们与生物循环分离。城市针灸是台北的本地常识实践，它在更大范围内保持了正规城市的活力。非正规的存在是机械性城市的生物组织。城市针灸是一种将现代人与自然联系起来的生物城市治疗和发展过程。

1.1.3 结论：第三代城市和帕拉城

第一代城市是与自然直接联系并依赖自然的人类住区。肥沃富饶的台北盆地为这样的居住区提供了丰厚的环境。河流盛产鱼类，交通便利，山脉保护耕地平原免受频繁台风的直接冲击。

第二代城市是工业城市。工业主义使市民脱离自然——机械环境可以提供人类所需的一切。自然被视为是不必要的东西或敌对的东西，它被隔离在机械现实之外。

第三代城市是工业城市的有机废墟，是一种开放的形式，是与本地常识和自我组织的社区行动联系在一起的有机场所。台北的社区花园是第三代城市主义与工业环境共存的碎片。本地常识存在于城市中，而这正是城市针灸的根基所在。在无政府主义的园丁中，存在有台北的地方专业人士。

第三代城市是一个充满裂缝的城市。工业城市薄薄的机械表面被打破了，在这些裂缝中新的生物城市正在增长，这将替代第二代城市。人类的工业控制被打破，以使大自然介入其中。这里废墟是指人造物，其成为自然的一部分。在第三代城市中，我们是在设计废墟。当城市认识到它的本地常识并允许自己成为自然的一部分时，第三代城市才能实现。

帕拉城（Paracity）是一个生物城市的有机体（图1.1.12），在开放形式的原则下成长：个人设计建造的行动对周围的人类建成环境产生了自发的交流反应。这种有机的建构主义对话引导了自我组织的社区结构、可持续发展和知识建构的产生。“开放形式”接近于台湾之前的自我组织发展，经常是“非法”社区的形式。这些微型城市住区包含了大量的本地常识，我们相信一旦社区的发展掌握在市民手中时，这些常识将开始在帕拉城中交融（图1.1.13至图1.1.17）。

图1.1.12　帕拉城（Paracity）屋项

图1.1.13　淡江大学建筑系的学生参加了在台北举行的卡萨格兰德帕拉城工作坊

图1.1.13、图1.1.14

图1.1.14　帕拉城的基本构件1

图1.1.15　马可・卡萨格兰德与帕拉城模型

图1.1.16　帕拉城的基本构件2

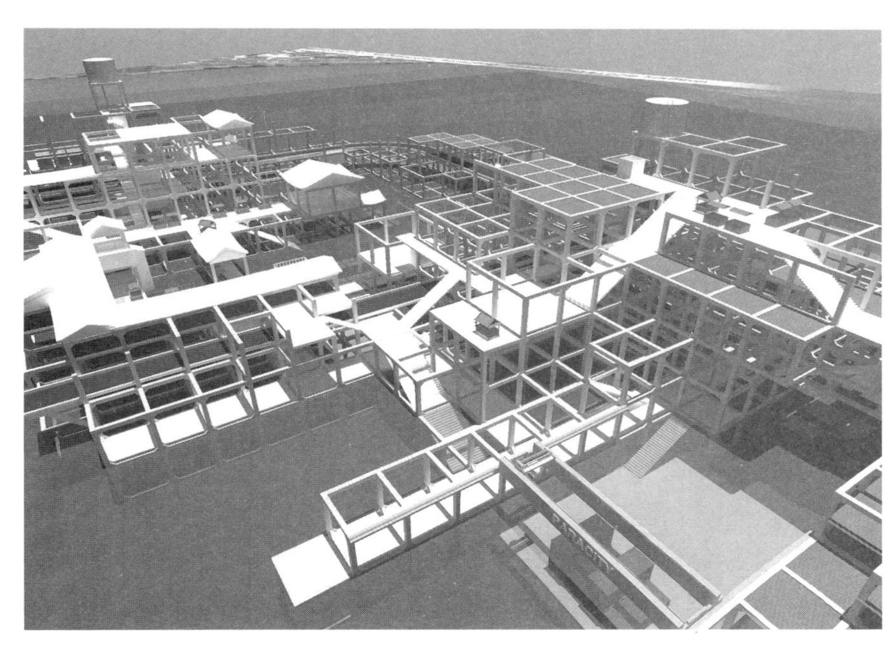

图1.1.17　帕拉城洪水情景效果图

图1.1.15至图1.1.17

1.1.4　参考文献

Casagrande Laboratory.（2010）. *Anarchist Gardener*. Taipei：Ruin Academy. Web：http://issuu.com/ ruin-academy/docs/anarchist_gardener_issue_one.

Casagrande，M.（2013）. *Biourban Acupuncture–From Treasure Hill of Taipei to Artena*. Rome：International Society of Biourbanism.

Casagrande，M.（2015）. *Paracity*：*Urban Acupuncture*. Netherlands：Oil Forest League.

1.2 在景观中穿越和舞动的设计课：反射性运动作为初始的探索性设计工具

卡罗拉·温格伦（Carola Wingren）

通过设计进行风景园林实践是复杂的，它涉及了不同类型的（景观）挑战、表现形式和设计过程。用设计进行风景园林教学指导可能更加复杂，因为它也关乎教学目标。在本节中，我将讨论在设计过程的初始阶段，不同的游历景观（moving through landscape）方式是如何增强学生对景观的理解和设计能力的。为此，我会叙述并分析我在硕士阶段设计工作室课程中的一部分教学实践。

在景观中移动/行走是一种了解景观尺度、空间、材料、地形等的常用方法。此处讨论的例子是基于设计工作室课程教学环境的直觉探索（intuitive explorations）和不同学科领域文献中的例子，比如风景园林（Foxley & Vogt，2010；Schultz & van Etteger，2017；de Wit，2016）、地理学（Ryan，2012）以及艺术、舞蹈编排设计、特定场地表演（Pearson，2010）。在20世纪60年代，编舞家安娜·哈普林（Anna Halprin）和她的风景园林设计师丈夫劳伦斯·哈普林（Lawrence）开展的跨学科合作就十分有趣，在合作过程中，建筑师和当地居民参与探索过程，随后还基于空间和运动之间的关系做了相应的图解（谱记）（Halprin，1986；cf. Hirsch，2016；Merriman，2010）。

在过去10年中，这样的工作室课程每年举行一次。它在冬天举行，常常与其他初步探索性练习和教学工具（剖面图绘制、模型制作等）一起进行“穿越景观（moving through the landscape）”训练。这有利于快速、透彻地理解后续设计任务中选择的景观，同时，在未来的设计中鼓励体验、实验、探索的态度。每一年的设计任务有所不同，例如“高密度城市的绿色景观”“与海平面上升有关的沿海设计”“与城市洪涝有关的设计”和“滨海纪念场所”。由于经常在相应的探索或研究项目中提出主题，因此教学目的有两个：挖掘主题并找到更好的教学工具。

1.2.1 目标和方法

尽管“穿越景观”是一种公认的学习方法，但在不同案例中如何穿越景观以及最终结果（取决于不同的移动、分析、表达方式）都是不同的。用2012—2015工作室课程教学举例，在这两年中，教学方法发生了明显变化。在2012—2013年，“穿越景观”训练的组织与规划和现有景观的物理层面因素有关，而在2014—2015年，它考虑了景观随时间变化的具体过程。同时，方法论也从“穿越风景”并用“图解”再现这些经历（Svensson & Wingren，2012；Wingren，2015）转变为基于舞蹈编排艺术的“舞动穿越景观（dancing through the landscape)"，并在"肢体运动"（Wingren，2018）中再现景观现实和未来过程。2012—2015年的所有练习均基于景观（内部和外部）体验，并做了以交流为目标的可视化转译。

在这里从两个角度讨论工作坊的成果：学生和老师。学生的观点在每年的课程评估中确定，包括对教学策略及方法的评分和个人反思。在课程结束时，学生会被问到20个或更多的问题，一些是常规的，一些是由老师个人准备的。与本节内容相关的有以下几个问题："哪个主题对你来说最具有价值（列出3个）？""哪些主题可以被添加或者删改？"除此之外还有两个问题，关于运动工作坊是否有增强小组活力和促进对景观过程理解的作用："你是否同意整个团队的整体感觉是积极而特殊的？如果不是，为什么？"以及"你是否同意身体/力量和运动工作坊让你对难以理解的问题有了更深入的了解，比如流水的强度（包括2015年的侵蚀）和它对人类建造工程及生活带来的影响？"

由于探索是工作室课程初步教学阶段的一部分，是从教师对实践的预先理解和学生想象需求中直观地发展起来的，因此教师的视角也很重要。正如以前的工作（Wingren，2009），反思个人实践的问题会通过透明化的方式进行处理，以便读者可以得出自己的结论。2014年工作坊的透明化是通过对一份最初的虚构日记进行摘录而实现的（图1.2.1），我作为主要老师，通过早期的内心反思和观看电影《上升海水》（Rising Waters）（Varhegyi，2016），重温2014年课程的经验。在最后的总结讨论中会讨论这两种视角的结果。

从教师的角度分析材料时，会清晰地呈现出4个类别的结论：①时间安排框架，②抽象的目标和水平，③调查的方法和工具——调查和阐述它们的自由，④用于交流的表达方式。其他结论包括：⑤艺术方法的参与如何提升设计能力和个人定位水平，⑥它们如何影响和促进景观研究的发展，以及与当代新设计方法和挑战有关的风景园林的普遍问题。工作坊的具体介绍如下，结果总结在基于类别①～⑥的结论性讨论中。

1.2.2 综述——运动练习或工作坊

在第一学年（2012—2013），学生们被要求探索一个现有景观的特征，如场地的密度或湿度、绿化数量、声音或气味的强度等。展示用的工具包括钢笔、铅笔，在某种程度上还包括录音机和照相机以及纸张（A3大小），以便在大厅中展示成果和进行讨论。

学生们有一天是到现场行走，一天在工作室课程中将体验转化为交流，最后一天通过演讲和讨论来推进概念（密度、绿色空间或其他）发展。2012年，学生们被要求从一个边缘（一半学生的设计项目在农业区域）步行到另一个边缘（另一半学生的设计项目在港口区域），沿着一条指定的线路穿越马尔默城市中心以调查密度（图1.2.2）。这个为了将一个关于密度的开放且抽象的问题可视化而进行的训练，起初引发了很多问题和不安全感，但最终发展成描述不同类型物体（建筑、植被、风、天空、光、人类活动等）密度的个人表达方式。学生们以断点和强度作为重要因素，通过线型的丰富性、颜色或其他方式（Svensson & Wingren，2012）进行表达（图1.2.3）。2013年，学生们从南到北穿过赫尔辛堡市（他们关于"绿色针灸"的个人设计任务就位于这一段），并被要求对城市的特殊感知或城市环境的物理面貌进行可视化表达，比如绿色景观、潮湿度、声音、味道等（图1.2.4）。还有一些问题可能由于任务更具体，几个学生会在他们的个人设计项目中继续调查。

February 2014, extract from C:s (fictive) diary

Sunday night Febryary 16th – the movement workshop will soon start: "Anxiety….about organizing this week's movement workshop….. excited, but so nervous….

Wednesday February 19th – the performance is approaching: After the first day in Höganäs, searching for the specific landscape and movements for the performance, we have spent three days in the temporary dance studio at school, where the happy atmosphere of the first days has gone and everyone is getting increasingly serious about the task. The physical challenge involved in practicing dance and movement six hours a day for a whole week has been difficult for many students. The most challenging time was in the middle of the week, when the students started to question the meaning of everything, with comments such as: 'I didn't choose to study dance when applying for landscape architecture' and 'This seems too political'. The choreographer R called for me on Wednesday and we were both determined that it would end there. A meeting with all the students and one-to-one talks with the most hesitant, who were given the offer to leave (no one did), calmed the situation and gave me the chance to reformulate and clarify the aim and method. The work went on with more convinced students and I could relax.

Thursday February 20th: Oh I am so tired, but at the same time happy about all these people helping in this work. I do not really know what I have started. The team has been developed through need and, in addition to the choreographer and myself, consists now of a film maker, two PhD students, and one course assistant who encircle the rehearsal, working on documentation, sound, advertising, permission, and props. We work intuitively and new things turn up the whole time. G has chosen a palette of sounds, representing rainfall, storms, and thunder, but also life by the sea, like birds or children at play, to dramatize the story. Props have been chosen step-by-step, in relation to the story developing from the students' and choreographer's work; six geese representing the wildlife, swimming hats representing a future bathing culture developed in relation to an historical context, snow sticks in fluorescent colors representing danger and forces from waves and storms. The sticks are also used to show other kinds of forces or actions, such as rowing with oars. To represent water, all students use bright blue hats and gloves, glowing against their dark jackets and trousers. I am exhausted, but there is no way back. I need to trust myself!

Friday February 21st: A 'run through' on site was performed today, with visitors from the media, to announce the show. We are spending tonight in the youth hostel on-site, singing, watching ourselves on television, laughing, and restoring the team, because tomorrow is the show….here we come!

Saturday February 22nd: After a final dress rehearsal in the morning, the performance began at midday, starting at the beach, where both choreographer and film-man went into the icy water to challenge the students to do their best. By midday an audience of 50-100 people had gathered by the harbor. The students seemed to feel the responsibility to move the audience emotionally by their imagined story. For half an hour they walked, ran, danced, and moved for more than one kilometer along a stretch from the harbor and the sea through streets and by houses to the plaza in front of the library. Here, a final scene representing the slow rate at which people understand, accept and act took place, ending with one person falling down on the ground; drowned because of refusing to listen to warnings from others. Young and old seemed to understand the very direct communication of risks, fears, and possibilities for action. Tears were shed and comments were given during this half-hour performance, which for me culminated in hearing a ten-year-old boy saying to his friend: 'Now she died, drowned!' People were then invited to the library, where there was an open discussion about how to handle sea level rise in the local situation of Höganäs. People discussed what to believe, what to do, and especially which responsibilities individuals, municipalities, and politicians should bear. Experts' (our) answers were precise but mentioned different strategies and students found that they were now responsible for testing different solutions. The shared responsibility for dealing with future challenges became obvious.

Saturday February 22nd, later: I am so tired….. but also touched, by the collective work of the student group. And so convinced that the way we worked has influenced their design process, by a specific understanding that would have been difficult to gain without this work, and the understanding of local citizens. The situation in the library will affect their understanding of their own responsibilities in relation to the municipality's strategic work with new housing and sea level rise. Next time I will also allocate resources to follow up the experiences of the locals – it wasn't possible this time. Why wasn't the Mayor there. Didn't he dare?

图1.2.1 虚构日记摘录

摘自教师兼研究员C（本章作者）的一篇虚构日记，描述了2014年期间在舞蹈运动工作坊的感受和经历。

图1.2.2　下穿铁路的通道

这是2012年在马尔默的密集步行期间，罗森格德住宅区以北的铁路的下穿通道。这个点被证明是学生们个人表达性绘画中最重要的“断点”之一。

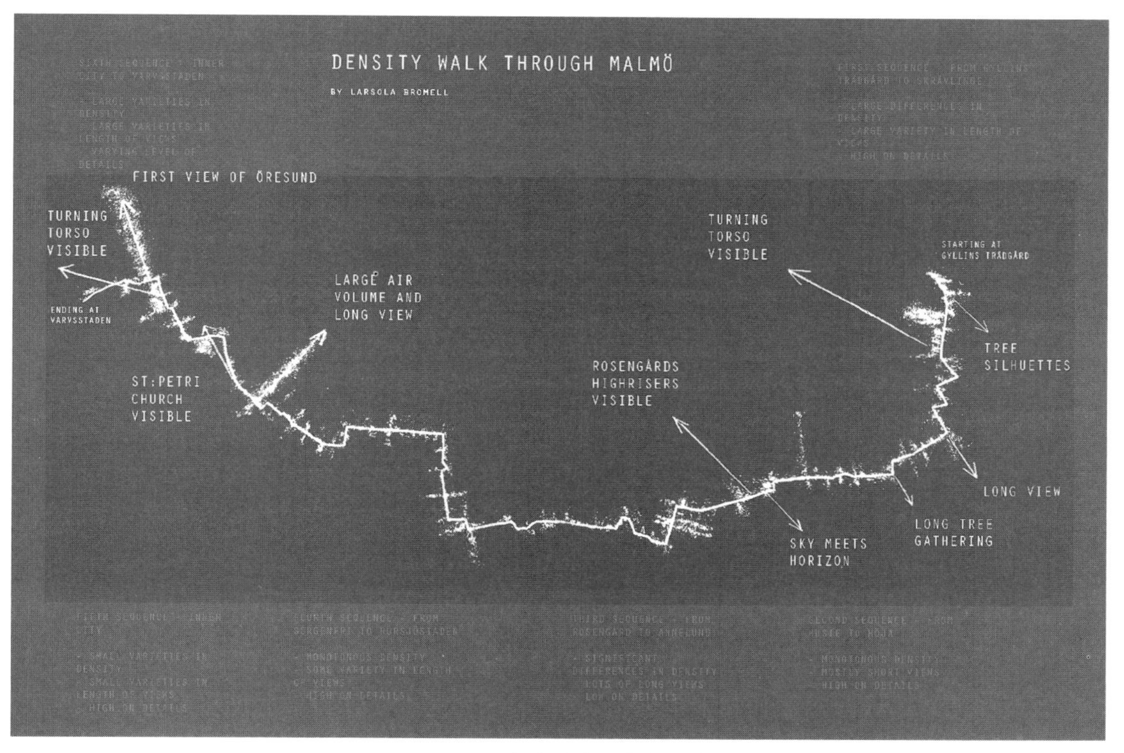

图1.2.3　密度的个人表达方式

拉索拉·布罗梅尔（Larsola Bromell）在他的步行图中详细测量了密度和长度，并描述了从Gyllins trädgårdar到Varvsstaden的6个序列（2012）。

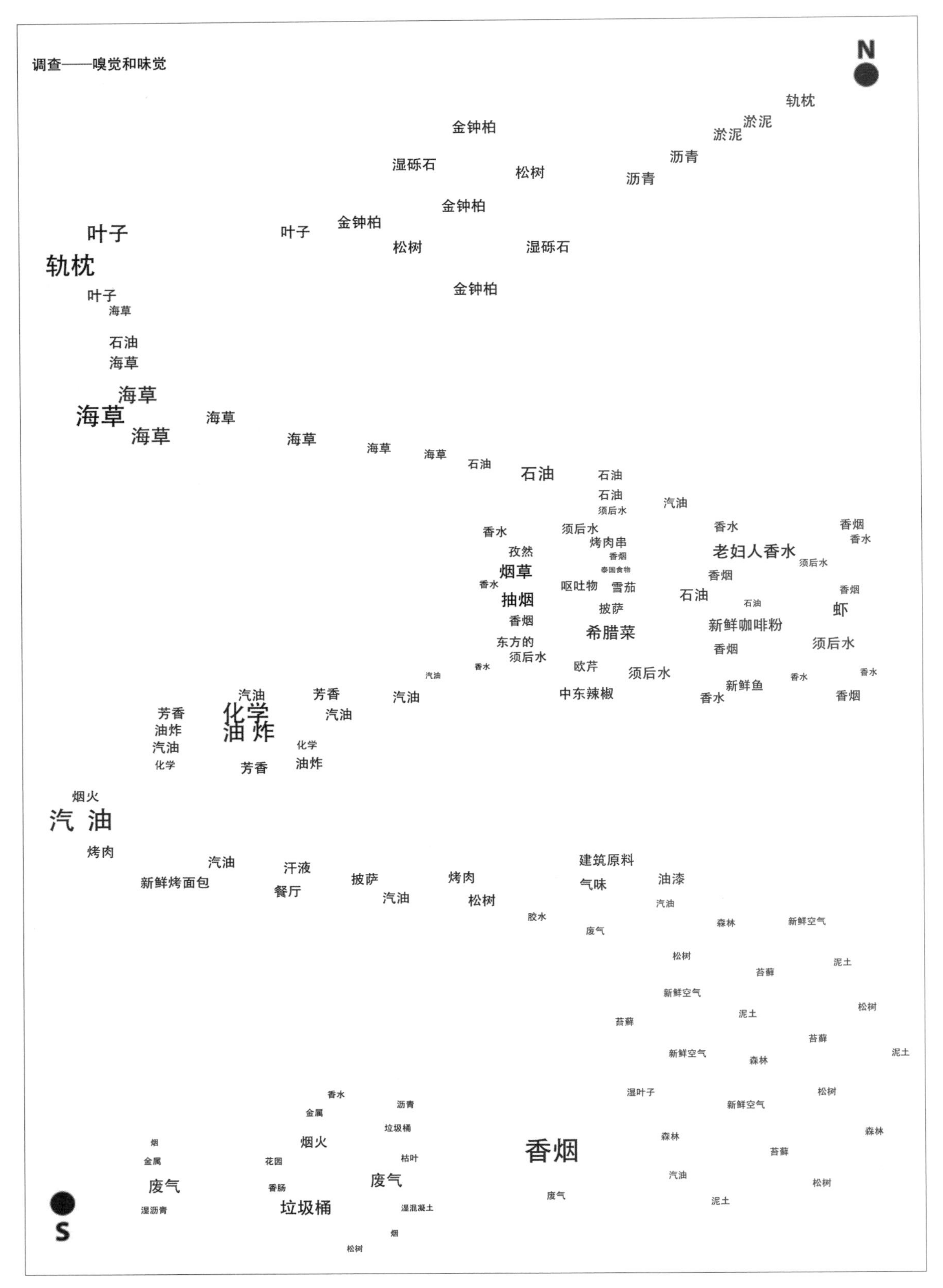

图1.2.4 气味的可视化表达

宝琳娜·卡尔曼（Paulina Källman）在赫尔辛堡从南走到北时表达出她遇到的不同气味。她通过字体的大小记录下气味的强烈程度。

在2014—2015年，课程的设计挑战相对抽象：需要了解海平面上升对未来景观的影响以及必要的设计应对策略。因此，我们引入舞蹈和编舞作为一个重要的探索工具，通过身体体验使对象变得具体且可理解（Thrift，2007）（图1.2.5）。

图1.2.5

图1.2.5　2014年舞蹈运动工作坊公演海报设计（设计者：Alvaker）

这些运动训练的时间比早期的工作坊时间更长，它们被分成两部分：一部分涉及野外远足，需要准备草图、原料、图片和声音等内容；另一部分包括几天时间在户外海边进行行走与跳舞，以及在临时舞蹈工作室课程中，为表演而精心设计不同的动作（2014年公开）。在这些基于编舞的工作室课程中，学生的身体在编舞指导下扮演工具的角色，以进一步组成一个合作小组。在小组中，个人的想法需要被小组所容纳、接受、转化，或者拒绝。在2015年的工作坊（位于韦灵厄）中包括一个“运动和体验播客”，一名工程博士生参与了这项工作。她的专业知识对探索的方向起了决定性作用，最终她选择了海岸侵蚀作为她的研究方向（图1.2.6、图1.2.7）。在这个时间最长以及对身体和心理都有最高要求的工作坊，最终是以一个公共表演的形式作为结束（2014，赫格纳斯）。作为老师和研究者，我通过询问编舞者来设置主题：“你能让学生们在这条线上走，并与海浪起舞吗？这样他们就能明白这是怎么回事了？”有一个技术团队支持这项工作，他们寻找道具，制作声音，并用照片和电影进行记录（Varhegyi，2016）（图1.2.8至图1.2.12）。

OMKRETSEN BURLÖV SVEDALA TRELLEBORG VELLINGE

BARNFATTIGDOM

Vart fjä
i Arlöv

Stranddansen ger känsla för sand

Söndag
15/2 öppet
11-15

图1.2.6　舞蹈运动工作坊被新闻报道

2014年，舞蹈运动工作坊的一场公开演出被报纸和电视报道及讨论。2015年，当演出不再公开时，媒体专门来到海滩上拍照并且为海滩舞蹈写了一篇文章，标题为“海滩之舞带来一种沙子的感觉”。

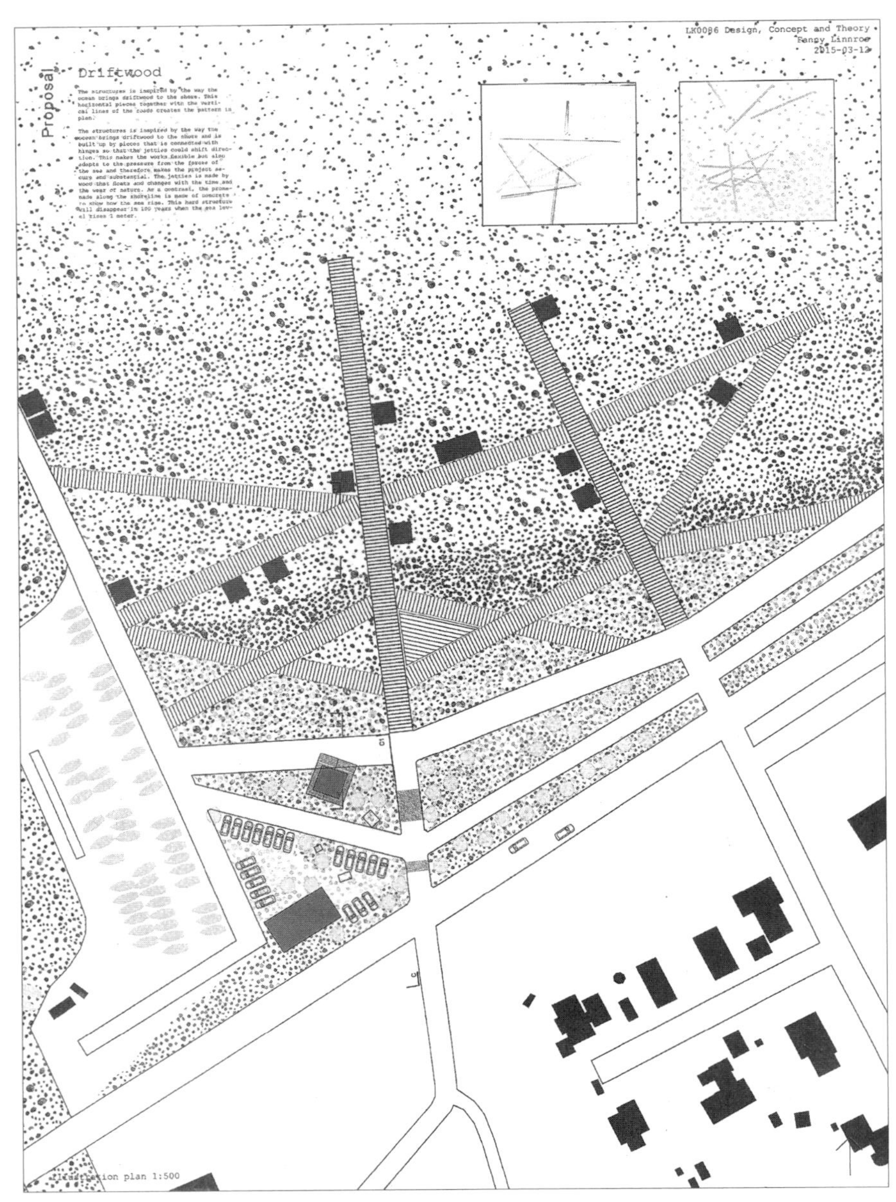

图1.2.7　学生作业（另见彩图3）

这是2015年学生范妮·林罗斯（Fanny Linnros）的作业，沙粒带来的灵感体现在了她的表达技巧中。

图1.2.8 学生第一次面对现场（照片来源：约翰·韦伯）

2014年2月17日（周一），学生们第一次面对大海和场地，且与编舞师里奥纳赫·尼尼尔（Rionach Ní Neíll）进行讨论。

图1.2.9 学生在工作室中进行练习（照片来源：约翰·韦伯）

从周二到周四，学生回到学校后在工作室课程中进行练习，探索不同行动是如何表达情绪和力量的。

图1.2.10 学生为表演进行彩排（照片来源：约翰·韦伯）

2月21日（周五）是学生在工作场地的最后一天，他们在赫格纳斯的场地上为第二天早上最终的“穿越”进行彩排。摄影师和编舞师让学生们挑战在进行“hakka”表演前从沙丘处跑下来进入冰冷的水中，以挑战大海。

图 1.2.11　正式表演场景（照片来源：约翰·韦伯）

观众观看了大概半小时的表演，从港口到主干道再到离图书馆 1km 远处。学生们只使用了蓝色帽子、手套和红色荧光棒，表现了大海在未来不同地区所面临的挑战，但同时他们还将赫格纳斯变成更好的滨海度假胜地的可能性呈现出来。学生们通过身体姿态表现出尽管海浪很猛烈，墙也倒塌了，但市民们互相帮助且团结一致的场景。

图 1.2.12　每个人都受邀参与在图书馆中进行的讨论：研究人员、学生、政客和普通公众

1.2.3 学生课程评价结果

我们在工作室课程结束时组织了一次自愿的课程评价。每年有80% ～ 90%的学生完成评估［2012年30（完成评估人数）/37（总人数），2013年29/33，2014年25/31，2015年31/34］。在2012年和2013年，7名学生（23%～24%的受访者）将运动工作坊（密度训练周）列为在他们第一年的7个训练中最重要的活动；5名学生（16% ～ 17%的受访者）认为这是在第二年的10个训练中最有价值的活动；有几名学生提到了在进入期末项目前进行一系列初始练习的重要性；只有少数学生希望取消这项练习（2013）。2012年，一名学生这样描述它的重要性："密度训练周是最有价值的练习之一，因为我认为对我们来说那天体验景观的方式是很重要的……"

当训练改为"运动/舞蹈"时，7名（2014）和10名（2015）学生（32% ～ 35%的受访者）提到运动工作坊是最有价值的练习之一。只有两名学生希望去掉这个练习，还有两名学生提出了一些小的改进建议（2015）。2015年的一条评论强调了这项训练是如何促进对空间和氛围的理解及激发学生的想象力："海滩上的播客和在海滩上跳舞有助于理解我周围的氛围和空间。把它作为一种理解景观以及人与自然的需求的工具是一种非常灵活的方式。"

2014年和2015年的工作室课程体现出了积极向上的集体动力，学生们对"团结"的平均评分为4.5分，在1—5分制的评分中中位数为5分（1分表示完全不同意，5分表示完全同意）。一些学生给出了积极的评价，如"我们感觉""团结起来""成为班级的一部分"。2014年的一条评论是："我真的很喜欢成为这门课的一员。特别是在舞蹈周的时候，我们真的很团结，我觉得我对这里的老师和学生都很了解。"关于运动工作坊如何促进对难点问题（与海平面上升有关的交流及研究问题）的理解方面可能为时过早，因为编舞师认为至少需要9个月的时间才能使"身体体验"成为认知知识（Varhegyi，2016）。但它仍然得到了学生们的积极评价，他们给出了一个中等评级4分。其他评论也是积极的（没有消极的）（图1.2.13）。

Student from 2014

"As Rionach [choreographer] told us, it might take some time to understand what we have experienced during the movement week. I trust that this process will take place and I agree [that exercise give great understanding for ...the strength of the water...] because of that... For me the week gave me insight about how you can use alternative methods to change negative images of a site together with locals, in the way that Anna and Lawrence Halprin worked in some projects, very interesting."

Students from 2015

"Very good week. Gave a thorough understanding of the forces in nature and that we shouldn't think that we have it all under control in our maps, sections, pictures, models etc. We need more forms to express movements and forces in nature."

"I was skeptical about this exercise after having viewed the film from the last year. I didn't think I would participate in a public display of dance/movement. However, this exercise did end up being the most eye-opening experience of the whole course and I think that it was necessary for me as a designer to let go of certain inhibitions and also allow myself to be more conscious about experiencing place or landscape. Super excited about this exercise!"

图1.2.13 2014年和2015年学生的两条笔记

这两条笔记回答关于运动工作坊如何促进对难题的理解，比如水流的强度及它对人类的生活有何作用。

1.2.4 总结讨论

（1）时间安排框架程度　时间的投入程度通常被看作是反映工作好坏的重要因素，在工作坊中同样如此，虽然没有被其所证明。第一次较为简单的工作坊（2012—2013）与2014—2015年的工作坊在时间分配上存在差异。2014—2015年的工作坊引入更多的人才、技能和专业演讲，这也花费了更多时间。如果深入研究时间安排的重要性会变得很有意思。

（2）抽象的目标及程度　最初，抽象让学生们对任务和工作的理解变得复杂化，但到最后，结果变得有趣起来。复杂的舞蹈动作是受欧洲艺术与地理研讨会的启发，以一种直观的方式引入的，以满足寻找研究景观过程方法的需求。当没有找到专业的景观方法时，就会引入“艺术帮助”的方法。2012—2013年的工作坊采用了更接近风景园林设计的方法，所有的工作坊都涉及将景观体验变成具体可视化的东西，2014—2015年的工作坊进一步涉及应对“不确定性”挑战。

（3）调查方法和工具及自由地展示　在2012—2013年的工作坊中，可使用方法和工具（行走，记录，使用钢笔、颜料和纸呈现）的简单化给予学生自由，其个人风格很大程度上与这种简单的可视化/交流方式有关。在2014—2015年的工作坊中，这种自由已经部分消失，引入其他专业人士及集体化工作方式使个人做出决定的可能性很小。每一次可视化必须由集体或小组决定，编舞师和老师（我）都认可同一个目标（表演）对于工作进展的重要性。

（4）交流表达　2012—2013年的工作坊鼓励学生们提出新的、可行的绘图沟通方法，最终呈现出许多不同的但也有相似性的表现技巧，这对随后的演示阶段有教学价值。许多学生使用线和点进行交流，对他们来说，使用某种振幅显示相对密度或强度很重要（Svensson & Wingren，2012）。舞蹈工作坊的表演在向其他学生或公众展示时产生了即时效果，同时公开表演结束后的成果可以用于协作设计或规划过程。这些包括：关于海平面上升的公开讨论、一部以研究为目的的30min电影、受关注的大学以外的报纸、电视节目、其他机构的讲座和两个展览，在这个过程中运动工作坊可以被视为一个重要的杠杆（Germundsson & Wingren，2017）。

（5）艺术方法——设计能力和个人定位　本节对运动工作坊的描述和分析表明，在最初的风景园林设计阶段中，可以通过身体体验和基于运动及编舞的艺术探索方式来理解景观、景观变化及其问题的复杂性。身体体验的价值（Thrift，2007），特别是与社会和景观变化以及风景园林设计相关的，已经被许多学者提到过（Hirsch，2016；Merriman，2010）。可以说，艺术方法的介入既促进个人对未来设计工作的定位，也有助于提高基本设计能力以适应社会。

（6）艺术方法——促进景观研究及其与当代新设计方法和挑战的共同基础　有学者已经指出探索性艺术方法对于跨学科研究的价值（Rust，2007），我们的工作坊和劳伦斯·哈普林的景观作品支持了这一观点。继续这样的工作是非常有价值的，这将促进与当代设计新挑战和景观研究发展相关的共同交流及“环境意识的共同语境（common language of environment awareness）”（Hirsch，2016；Wingren，2018）。在这些工作坊中，非常重要的是使学生和老师意识到挑战，对涉及的内容以及未来使用的图像或其他材料进行充分准备和协商将有助于此类工作。在工作坊结束后的至少一年的时间里，会安排后续的学习，让具体的知识变成认知也是非常有价值的。

1.2.5 致谢

我要特别感谢我的同事、风景园林设计师吉特卡·斯文森（Jitka Svensson），多年来我和他一起开展了行走训练，他一直是运动工作坊的支持者和创意提出者。特别感谢舞蹈指导里奥纳赫·尼尼尔（Rionach Ní Neíll），他在2014—2015年举办了舞蹈运动工作坊。这项工作的其他重要贡献者包括赫加纳斯市规划办公室的负责人克斯汀·尼勒马克（Kerstin Nilermark）、博士生贡纳尔·塞尔文（Gunnar Cerwén）和卡尼·艾娃·林德（Kani Ava Lind）、共同研究员托马斯·杰蒙德森（Tomas Germundsson），当然还有瑞典应急局，他们的研究资金帮助我们举办了2014年的运动工作坊。我也非常感谢摄影师约翰·韦伯（John S Webb）和电影制作人拉霍斯·瓦尔赫吉（Lajos Varhegyi），他们让2014年的舞蹈运动工作坊成为可能。整个时期的关键人员是课程助理：梅尔·塔维斯特（Merle Talviste）、汉妮·尼尔森（Hanne Nilsson）、卡罗琳娜·阿尔瓦克（Karolina Alvaker）和拉索拉·布罗梅尔（Larsola Bromell）。最后，非常感谢多年来参与运动工作坊的风景园林设计硕士，特别是2012—2015年的所有参与者！

1.2.6 参考文献

de Wit，S.I.（2016）.“Let’s walk urban landscapes. New pathways in design research. ” *Journal of Landscape Architecture* 11：1. 96–97. DOI：10.1080/18626033.2016.1144695.

Foxley，A. & Vogt，G.（2010）. *Distance & engagement：walking，thinking and making landscape*. Baden，Switzerland：Lars Muller Publishers.

Germundsson，T. & Wingren，C.（2017）.“Kampen om kusten–en ekologisk，ekonomisk och politisk utmaning.” *In Politisk ekologi–om makt och miljöer*. Eds. Jönsson，E. & Andersson，E. Studentlitteratur. Lund.

Halprin，L.（1986）. *Lawrence Halprin：Changing Places*（exhibition），San Francisco Museum of Modern Art from 3 July to 24 August 1986，San Francisco，CA：The Museum.

Hirsch，A.（2016）. *The Collective Creativity of Anna and Lawrence Halprin*. GIA Reader.

Merriman. P.（2010）.“Architecture/dance：choreo graphing and inhabiting spaces with Anna and Lawrence Halprin. ” *Cultural Geographies* 17：427.

Pearson，M.（2010）. *Site–specific Performance*. Houndmills，Basingstoke，Hampshire：Palgrave Macmillan.

Rust. C.（2007）.“Unstated contributions：How artistic inquiry can inform inter–disciplinary research.” *International Journal of Design* 1（3）：69–76.

Ryan，A.（2012）. *Where Land Meets Sea：Coastal Explorations of Landscape，Representation and Spatial Experience*. Farnham：Ashgate.

Schultz，H. & van Etteger，R.（2017）.“Walking In.” *Research in Landscape Architecture：Methods and Methodology*. Eds. Van den Brink，A.，Bruns，D.，Tobi，H. and Bell，S. London：Taylor & Francis Ltd，179–193.

Svensson，J. & Wingren，C.（2012）. *Investigation of design tools for urban green in a densified city*. https://ign.ku.dk/ english/research/landscape–architecture–planning/ landscape–architecture–urbanism/world–in–denmark/ world–denmark–2012/papers/.

Thrift, N.J.（2007）. *Non-representational Theory: Space, Politics, Affect*. Milton Park, Abingdon, Oxon: Routledge.

Varhegyi, L.（2016）. The film Rising waters: https://vimeo.com/193333694.

Wingren, C.（2018）. “The human body as a sensory tool for designing—in order to understand, express and propose changes in coastal landscapes. A time for designing.” *Landscape Review* 18: 1.

Wingren, C.（2016）. “New strategies to act within the uncertain.” http://conferences.chalmers.se/index.php/Transvaluation/Transvaluation/schedConf/presentation.

Wingren, C.（2015）. “Urbana nyanser av grönt.” *Stad & Land* nr 187. SLU, Alnarp.

Wingren, C.（2009）. “En landskapsarkitekts konstnärli- ga praktik-kunskapsutveckling via en självbiografisk studie.” *Acta Universitatis agriculturae Sueciae* nr 2009: 27, Alnarp.

1.3 野外学校：风景园林课程中的艺术性与物质性

罗西·索伦（Roxi Thoren）

1.3.1 景观中的材料探究

加斯东·巴什拉尔（Gaston Bachelard）在《水与梦——论物质的想象》（*L'eau et les rêves*）中描述了两种类型的想象：形式想象和物质想象。他认为形式想象基于新奇和外观、外表和光线，而物质想象是建立在事物的本质和物质性上（Bachelard，1942：1）。用眼睛看到的事物与用手感知的物质性之间的差异对于维持以设计思维和创作为核心的风景园林教学有着至关重要的作用。

巴什拉尔呼吁在“诗歌创作”中结合形式和物质想象，但感叹当代审美哲学对物质因素的忽视（Bachelard，1942：2）。80年之后，这种情况并没有得到改善，在许多景观项目中，人们可以看到侧重形式想象的趋势。数字媒体使教师更容易点燃形式想象的火花，鼓励学生在创新和外观上的创造力。这种形式的创造力有价值且至关重要，它“在有欢乐的地方起作用……通过形式和颜色的变化，或者通过表皮变形而产生”（Bachelard，1942：2）。但同样重要的是巴什拉尔的物质想象概念，它探索“稳定、致密、缓慢和丰富”，追求的不是新的，而是永恒。巴什拉尔的文章是对物质认识论重要性的呼吁，即知识是通过对物质的物理性操作而不是对形式的视觉操作而产生的。

在我们的风景园林课程中，我们应该在哪里引入这种“稳定、致密、缓慢和丰富”的学习？本节描述了基于物质基础的一种教学模式，风景园林的学生通过实验、原型设计和创造“再一次转向世界，看看它能教给我们什么（turn once again toward the world for what it has to teach us）”的装置艺术来学习（Ingold，2013：6）。在为期一个月的课程中，学生使用情境艺术的方法，正如克莱尔·多尔蒂（Claire Doherty）所定义的那样，对当代风景园林设计理念进行探讨和质疑。学生通过运用典型的景观设计工作室课程实践之外的物质认识思维创造艺术装置，来参与其中，用巴什拉尔的话来说即到他们所选择的物质的“特定的规则和诗学”中去。这些规则和诗学引导学生去获得他们本不会有的一些想法。每一个艺术装置都是对风景园林学科中物质性本质探究的一个例子。

1.3.2 课程中的野外工作

远眺野外学校（Overlook Field School）由两门课程组成：春季研讨会和为期一个月的夏季田野学校。这两门课程试图重塑“第二自然”——生产性景观——作为风景园林学科的核心研究内容，并将风景园林设计师重新定位为大尺度土地规划决策专家团队的核心。这两门课程也试图在景观课程中进行集中实践、创作和材料实验。在研讨会和田野学校，学生与包括风景园林设计师、艺术家和其他设计师在内的教师团队一起工作。同时，学生被要求不断地改进他们的艺术作品，通过挖掘物理场所的潜力和局限性来进行学习。

每年，学院都会选择一个关于生产性景观的年度探究主题，包括农业、林业和废弃地。通过阅读、实地考察和客座讲座，春季研讨会为年度探讨主题提供了理论基础。本研讨会亦为学生提供实践基础，让他们能建立实地调研的原型方式，并为艺术作品做初步设计，这些作品将在田野学校被进一步深化。在田野学校期间，学生们会在一个161.87hm^{2}的农场上住一个月，将土地、湖泊和森林作为实地研究的场地，最终在一个现场艺术装置展览中检验和应用他们的理论和实践知识。通过对年度主题和学生自己的问题进行探究，这些艺术品不同程度地揭示或融入了场地的生态系统，监测和记录自然和生态过程与变化，或随着时间的推移与动物和场地变化过程共同被创造。

虽然每个环节都很快，但设计概念深化进展很慢，因为学生们要在6个月的时间里和不同的专家通过不同的讨论会、不同的视角和媒介重新审视和完善自己的想法。在野外的课程学习里，学生们在夏天的四个星期里在农场生活、学习和创作。在农场居住提供了一个不寻常的沉浸式体验机会。学生们迅速地将他们的设计从场地资料和初步模型中推进到最终项目的原型，但他们的想法是在几天内慢慢地展开的，可能在某次吃饭、乘车或游泳时会再次回溯问题或主题。

1.3.3 田野调研

学生以景观为基础内容，通过实地调查研究年度主题。当研究农业主题时，野外学校组织学生参观了大规模工业化的番茄农场、小规模的运用生物动力学原理运作的农场、地区食品配送中心和当地农贸市场，并收集有关土地利用、作物轮作、经济模式和市场的数据等，以了解设计在恢复农业文化、可持续食用系统、生态环境和美化环境中的作用（图1.3.1）。同样地，当研究能源主题时，野外学校会带领学生参观水力发电涡轮大厅、沼气再利用工程、水力压裂设备和天然气井、风能和太阳能电池阵列以及煤矿等，同时通过采访行业内的代表人物来探索产业背后的系统，去发掘设计可以干预的点，例如可以改善某类管道的生态功能或教育公众如何开采和利用资源（图1.3.2）。

1.3.4 艺术作为一种调研方式

通过借鉴比尔兹利（Beardsley，1984）、拜伊（Bye，1983）、迪伊（Dee，2012）、霍威特（Howett，1985）、克罗格（Krog，1981）和其他许多人的工作，野外学校将艺术方法定位为景观实践的一种关键模式。学生们通过与国际公认的艺术家和设计师合作进行材料创造作为对场地调研部分的回应，最终在野外学校景观课程上完成装置设计。艺术家詹姆斯·特瑞尔（James Turrell）曾说过“艺术的媒介是感知”，学生作品常常试图反映或阐明自己对景观感知的改变或提高，或者创建一个能够代表游客对这个地方的感知的场所。这些项目往往揭示了使用自然资源的矛盾及无法预料的后果。在以能源研究为年度主题的这一年里，一些学生装置突出了酸性矿井排水的问题——地下水通过废弃矿井后会发生酸化并将铁矿中的沉积物带入河流中（图1.3.3）。这些装置也经常展示在场地中无法看到的方面，几件有关能源主题的艺术品通过利用自然资源，展示了现场风能或太阳能生产的潜力。

图1.3.1　苗床和拱形的大棚

图1.3.2　天然气钻井

图 1.3.3

图1.3.3 酸性矿井废水与水中的铁矿物质发生溶解反应形成的沉淀物覆盖在许多地区的河流和湖泊中

1.3.5 在地艺术和情景艺术

在《存在与环境》(*Being and Circumstance*)一书中，雕塑家罗伯特·欧文(Robert Irwin)试图阐明户外雕塑和它们的场所之间的关系，他参与了场所营造行为，并将这些在地作品描述为“现象艺术(phenomenal art)”。他将现象艺术描述为一种艺术家和观众感知世界、改造世界、再现世界的方式(Irwin，1985：23，26)，这与风景园林的目标相一致。他讨论了四种类型的在地艺术，它们与场地的关系从“超越性(transcendent)”关系，到通过艺术作品的布置创造了一个不同于“日常(ordinary)”环境的情景，到在艺术作品创造过程中通过“坐、看、走”对场地进行现象性解读(Irwin，1985：7–26)。最后一种类型——特定场所雕塑(site-conditioned sculpture)——“跨越了传统艺术与建筑、景观、城市规划的界限”，并在创造雕塑的意义方面，将观众置于与艺术家平等的地位，创造了“一种现象艺术的社会意义(social implication of a phenomenal art)”(Irwin，1985：28)。欧文的这一主张迫使我们把艺术和风景园林之间的关系不再看作是非此即彼，而是两者兼而有之。大多数当代风景园林实践都属于欧文的“特定场所”范畴，使用艺术方法，从场地分析、观察场地系统、自然事件、现存的秩序系统和感官体验开始，并最终导向一种艺术表达，这是对场地的“温和的精炼(quiet distillation)”(Irwin，1985：27)。欧文将“场地决定(site-determined)”描述为一种艺术实践，在其中艺术家是次要于“存在和环境”的，即艺术家和观察者的主观体验，以及场所本身的瞬时性和物理条件。

这样的作品为观者创造了不同空间和时间中的情景，使其可以进行探索、反思和洞察。这些作品也为理解景观及其土壤、生物和气候系统提供了潜在的有利机会，因为“情境创作质疑将特定场所理所当然地理解为固定和稳定”（Doherty，2009：23）。从这个角度来看，反对将景观作为视觉或固定的概念，需要理解景观的可变性和主观性，这在任何风景园林的教学中都是至关重要的。创造在地艺术和情境艺术要求学生们努力理解这些复杂的、相互冲突的以及对景观有争议的解释，而他们也将在自己的职业生涯中设计这些景观。

艺术历史学家克莱尔·多尔蒂（Claire Doherty）将情景艺术归类为探索四个关键主题：特定场地和位置、当代性、介入与打断，以及作为正在进行中的场地。多尔蒂提供了一个分析框架，用于分析来自野外学校的学生作品，并评判其在风景园林学科中的重要性。下文叙述和展示的学生作品都选自野外学校的四个夏季学期的课程中，学生们研究了森林（2013）、能源（2014）、水资源（2015）以及与动物共同创造（2016）等主题。多尔蒂的模型使我们能够通过各种研究找到学生作品之间的联系，并强调了在研究和设计过程中教导学生使用艺术方法的教学价值。

1.3.6 特定场地和位置

这些艺术作品探索了一个地点偶然发生的细节，特定种类的树木和动物的生态轨迹，一个地点的文化历史和过去的功能或区域的地貌。这些作品往往揭示了风景园林设计需要深深扎根于一个地方特定的生物和土壤条件，这些地方经常被隐藏起来，让开发者或游客难以理解。这些作品希望观察者看到这个地点在一次短暂访问期间看不到的内容。

远眺野外学校是一群脆弱的蝾螈的家园。这些动物很难被发现，它们通常藏在森林地面的落叶中，雨后才出现。贾斯汀·考（Justin Kau）的作品“3只蝾螈，180分钟”（2016），跟踪了身披耀眼橘色外皮的幼年期蝾螈的踪迹（图1.3.4）。考监测了一群幼年期蝾螈3h，然后通过建造与幼年期蝾螈相同橙色的小石头墙，以记录下它们在藏于森林地面之前的运动轨迹。这些矮墙将蝾螈短暂的行为凸显出来，包括了它们的颜色、运动的快慢以及它们蜿蜒的路径，向观察者揭示了这个神秘邻居的鲜明个性。

图1.3.4 3只蝾螈，180分钟 贾斯汀·考 2016

凯特·特罗普·范霍尔斯特（Kate Tromp van Holst）的作品“矿山、垃圾堆、手工艺品”（2014），探讨了物质文化从提取、生产到废弃的周期过程，在小型垃圾填埋场中挖掘20世纪早期的废弃手工艺品，并将它们与创造这个地区财富的煤矿业有关的物件并置（图1.3.5）。这件作品用当地填埋物的物质特性来将这个场地与采掘区域景观联系起来，并且通过这种方式，指出经济与物质系统问题导致了景观的退化。

图1.3.5　矿山、垃圾堆、手工艺品　凯特·特罗普·范霍尔斯特　2014

1.3.7　当代性

多尔蒂（2009）将当代性描述为对场地即时性状态感知的艺术品，强调了当下的场地条件是由过去演变而来。在一些户外学校的项目中，学生展现了这种具有历时性的场地以便回应过去，同时由于它与现在有关，并可启发当下。通过这种营造，学生也设想了当下的干预措施，因为它们会塑造未来的景观。这些类型的项目通常反映了这个400hm^{2}土地的地理与文化历史特征，探索它现有的社会、生态条件及挑战，推测未来可能会介入该场地景观的多种可能性。很多项目都在探究这片土地当前受到的挑战，包括该地区数量激增的鹿，其吃草行为会导致现有的灌木层消失，以及外来入侵植物或入侵的甲壳虫对白蜡林所造成的破坏。

艾玛·弗罗（Emma Froh）的作品“唱歌的金丝雀”（2013），探索了文化景观的梦幻历史和当下维持的状态与塑造未来景观的媒介及无形过程之间的张力关系。该作品的灵感来自场地上的捕鹿设备，但并没有将向外看并观察鹿的观众隐藏起来，而是聚焦于内部，使用形式、颜色和视频装置来突出鹿的无形存在，它们正在啃食和破坏未来的森林（图1.3.6）。

相似地，“在过渡中”（2016）这件作品介入森林演变的漫长过程中，突出了非人类物种的景观形成作用。通过减法和加法设计，雷切尔·斯宾塞（Rachel Spencer）和吉利·斯通（Jillian Stone）将6棵垂死的白蜡树变成了象征森林变迁的雅努斯（Janus）。这棵树的一侧被剥去了树皮并涂上了油漆，以揭示翠绿的白蜡蛀虫留下的痕迹，这种入侵物种吃掉了形成层并包围了这棵树。在树的另外一面，仿佛从树的背面雕刻出来一样，一个充满了本地树种种子的饲养器具用来鼓励松鼠将种子运走并在附近的土地上窖藏，重新培育未来的森林（图1.3.7）。

图1.3.6 唱歌的金丝雀 艾玛·弗罗 2013

1.3.8 介入与打断

所有的景观都是动态过程的联结。艺术作品使用介入和打断作为一种策略以识别这些场地系统，或者加强、或者破坏它们，以使观众能够察觉到它们。在户外学校，学生们在现场识别当地的材料、能量、人员或营养流动并将这些运用到他们的作品之中，打断、过滤和收集这些被识别的系统。基尼·皮尔西（Gini Piercy）的作品“遮蓬”（2013）介入并凸显了森林树冠的滤光现象，他用帆布带创建了一个斑纹的遮盖布，展现了森林作为滤光器的作用（图1.3.8）。这个装置强调了在阔叶林中光的质量，这里连树冠的阴影都是明亮的，光穿过帆布带之间的空隙会产生跳跃的斑点。谢尔比·迈耶斯（Shelby Meyers）、凯尔·波拉克（Kyle Pollack）和科林·波兰斯基（Colin Poranski）的作品“水仪式”（2015）探索了水在场地和地区之

图1.3.7 在过渡中 雷切尔·斯宾塞和吉利·斯通 2016

间的流动；该作品由物理元素组成，构成了一场表演，这是一种仪式，是参与者通过清洗物件而使蓄水盆产生污垢的过程。作品思考了我们在水循环过程中的位置，以及我们在水的浓缩和扩散、污染和净化中的作用（图1.3.9）。

图1.3.8　遮蓬　基尼·皮尔西　2013

图1.3.8、图1.3.9

图1.3.9　水仪式　谢尔比·迈耶斯　凯尔·波拉克和科林·波兰斯基　2015

1.3.9 作为正在进行中的场地

许多景观变化过程是缓慢的，需要几十年的时间。它们的变化过程是无形的，但十分有生命力。参与这些正在发生的变化过程的景观艺术品表明埋下了未来的种子，一种已经在创造中的新形式。在远眺野外学校，正在发生的变化过程包括翠绿的白蜡蛀虫正在杀死现有的森林、鹿啃食幼苗和灌木，这两个过程都将把大片森林变成草地。

在作品“预览”（2013）中，帕蒂·海因斯（Patty Hines）在一片小灌木林中的白蜡树干上缠绕了黑色的臂章（图1.3.10）。这些臂章看起来没有组合规律，但在两个点上，它们排列成一个穿过森林的单一的实体空隙。它们预示着由翠绿的白蜡蛀虫导致树木不可避免的死亡所形成的灰烬，白蜡蛀虫将会杀死远眺野外学校70%的森林。

安德鲁·杰普森-沙利文（Andrew Jepson-sullivan）在作品“电子细叶草”（2014）中有趣地研究了旧农田的再生过程：植物将太阳能转化为生物质能，物种在贫瘠的土壤上定居并重建（图1.3.11）。作品的灵感来自远眺野外学校起伏的草地，并探索了可再生能源在艺术和风景园林设计中的使用。色彩鲜艳的灯管形成了一片茂密草丛的草状茎，每根茎的末端都安装有由太阳能电池板形成的花序，当它们随风摇摆时，反射出的光线使森林空地充满活力。

奥黛丽·查曼和布林·戴维斯合作的作品“白色”（2015）批判了自然资源是用之不竭的思想，以及揭示了当拥有权力者只看重现状而非未来的环境保护时文化将面临的风险。这件作品描绘了宾夕法尼亚州东北部的煤矿开采历史，当采矿业崩溃时，许多城镇的经济、文化和国内机构也崩溃了。看似坚实的文化基础——生计、家庭、健康——被揭示出是脆弱的并处在危险之中的。在这件艺术作品中，白色的家庭家具被悬挂在树冠上，并用冰块固定住。随着天气变暖，冰块融化，象征着文明的家具就慢慢地降了下来。最后由于自然资源枯竭，家具斜倚在干涸的河床上（图1.3.12）。

图1.3.10　预览　帕蒂·海因斯　2013

图1.3.11　电子细叶草　安德鲁·杰普森-沙利文　2014

图1.3.12　白色　奥黛丽·查曼和布林·戴维斯　2015

1.3.10 材料实践对课程的重要性

在罗伯特·史密森（Robert Smithson）的《在场与不在场的辩证法》（*Dialectics of Site and Nonsite*）一书中，他批评工作室课程或画廊展览是一种“不在场”的，一种抽象、奇异、封闭、内部导向的行为。他反对将这些引入场地作为艺术的场所，减法设计方法更适合开放和不确定的环境（Smithson，1972：143）。关于工作室课程设计的教学方法，我们可以也应该进行类似的讨论。风景园林导师教授未来将会成为场地设计师的学生，内容既包括工作坊“不在场”的深入内在的设计理念，也包括对于开放及不确定的场地理解能力。巴什拉尔的形式和物质想象力为每个教学领域的策略提供了一个框架，形式想象力（formal imagination）适合工作室课程，物质想象力（material imagination）适合基于场地的设计。这两种类型的想象，以及这两种类型的教育方法，对于风景园林设计教育来说都是至关重要的，因为学生们学习如何将土地、土壤特征和栖息者塑造成一个理想的未来环境。远眺野外学校促使学生要将他们对风景园林专业的内涵理解扩大到包括以场地为基础的艺术实践，将创造作为一种探究和表达的模式。通过艺术实践，学生从事了人类学家蒂姆·英戈尔德（Tim Ingold）所称的“一种探究的艺术（an art of inquiry）”，知识通过实践和与材料接触产生（Ingold，2013：6）。学生的艺术作品揭示了场地的历时性，他们探索创造了现在的过去，以及构成未来形式的现在。他们表现出一种感知、观察物体的方式——山、树、建筑——作为一直运动着的地质、生态和社会过程短暂的实体组合。这些既不是物体，也不是景观，体现了远眺野外学校森林和土地的丰富日常。

材料的实践和艺术化探究，使人对地方产生诗意的理解。设计出有思想的、清晰的，以微妙的方式赋予意义的场所需要艺术性。这可以通过艺术观察、在场体验，以及通过物质想象的工作来学习。如果我们的风景园林专业学生想要从事场所创造的工作，那么研究艺术家对空间创造的感知以及对于物质的了解应该被视为一种必要，而不是一种奢侈。

多琳·梅西（Doreen Massey）写道：“人们常说，这是一个事物加速、扩散的时代……很多关于空间、地点和后现代的描写都强调一个新的阶段，即马克思所说的‘空间被时间湮灭（the annihilation of space by time）’。”（Massey，1994：152）尽管梅西对这种“时空压缩（space-time compression）”提出了批评和质疑，但“远眺野外学校”的艺术作品表明，通过情境探索和对物质的冥想，野外工作可能可以逆转这种毁灭，并随着时间的推移建立空间。

1.3.11 参考文献

Bachelard，G.（1942）. *Water and Dreams*：*An Essay on the Imagination of Matter*. E. R. Farrell（trans.）1983. Dallas：Pegasus Foundation.

Beardsley，J.（1984）. *Earthworks and Beyond*：*Contemporary art in the Landscape*. New York：Abbeville Press.

Bye，A. E.（1983）. *Art into Landscape*：*Landscape into Art*. Mesa，AZ：PDA Publishers.

Dee，C.（2012）. *To Design Landscape*：*Art*，*Nature & Utility*. London，New York：Routledge.

Doherty，C，ed.（2009）. *Situation*. Cambridge：MIT Press.

Howett，C.（1985）. “Landscape Architecture：Making a place for art”，*Places：A Quarterly Journal of Environmental Design* 2/4：52–60.

Ingold，T.（2013）. *Making：Anthropology，Archaeology，Art and Architecture*. London，UK，New York，NY：Routledge.

Irwin，R.（1985）. *Being and Circumstance：Notes Toward a Conditional Art*. Culver City，CA：Lapis Press.

Krog，S.（1981）. “Is It Art?” *Landscape Architecture* 71/3：373–376.

Massey，D.（1994）. *Space，Place，and Gender*. Minneapolis，MN：University of Minnesota Press.

Smithson，R.（1972）. “Dialectics of Site and Nonsite” in J. Flam（ed）*Robert Smithson：The Collected Writings*. Oakland，CA：University of California Press.

1.4 创造性栖居景观：再生设计课程

香农·萨瑟利（Shannon Satherley）

1.4.1 引言

在当代设计工作室课程教学中，主流的教学方法是以“学习成果（learning outcomes）”为导向，这与另一种通过创造性体验引导学生学习的教学方式存在矛盾（Satherley，2017：2）。这种“矛盾”在以保证学生就业优先的大学非常普遍。该趋势反映了设计实践在经济迅速发展的社会环境中越来越注重实际问题的解决，而忽视设计本身的推敲和实验的价值（Buchanan，2007）。在高等教育中，道蒂（Doughty）指出过于强调定量地评估学习成果会如何降低学生的“好奇心”和“想象力”的投入（2006）。里昂（Lyon）也认同这一点，认为设计教育越来越不相信“魅力（magic）”和“神秘性（mystery）”（2011：117）。这不是说解决实际问题就缺乏想象力，恰恰相反，这种矛盾主要在于如何保持两者之间的平衡。如果我们接受景观是“艺术”与“科学”的结合这一观念（Weller，2006：71），那么景观教学面临的挑战就是如何引导学生体验景观的艺术性，使学生在设计过程中进行创意性实验的同时，又要掌握能获得专业学位的实践技能。

为应对这样的挑战，昆士兰理工大学风景园林设计专业本科的可再生工作室课程尝试将创造性的艺术方法和实地规划设计技能教学结合在一起。该工作室课程设置在4年制学习过程的中间阶段，它规定学习成果要优先巩固这些实践技能，并给予学生创造性设计发展很小的空间，倾向评估结果而不是过程。由于这门课程设置在更具有挑战性、更需要思辨性的高级设计课程之前，因此笔者认为鼓励学生在景观转译和设计过程中的创造力，即创新性和想象力（inventive，imaginative）也很重要（OED，2010）。

从2014年起，这门设计课在即兴表演和视觉艺术会场布里斯班发电艺术中心（Brisbane Powerhouse）进行，这里也被看作是这门设计课的“客户”。发电艺术中心始建于20世纪30年代，过去是城市的主要供电厂，并在1971年被废弃。直到2000年，废弃的建筑和场地得以重建，并作为布里斯班发电艺术中心重新开放。因此基于这段历史，该学期设计课的任务是通过规划设计“重新激活整个发电厂的景观，使其作为一个开放系统，激发创造性活力”。

该任务及设计课的教学策略是以英戈尔德（Ingold）的“创造性居所（creative inhabitance）”为概念基础提出，即景观是通过“合并重组，而非置入（incorporation，not of inscription）”，被持续不断地再创造。该门课程鼓励学生探索我们在景观内做什么可以让景观创造出更多内容，而不是我们在景观上放什么。也就是用景观来设计，而不是脱离景观进行设计，并且像注重风景园林设计结果一样注重设计的过程。英戈尔德提出的“创造性居所”的字面意义也得到体现，在布里斯班发电艺术中心充满活力的艺术项目中指导创造性设计。在项目中要求学生通过他们自己的艺术叙事、表演和装置探索或“栖息（inhabit）”景观。这个过程使他们了解更多传统设计发展过程，直到他们学期末提交发电厂的平面设计规划。

意料之中，学生对创造性的栖居景观设计过程充满激情。课程教学人员和参观设计的从业人员也观察到学生作业中的创造力和对特定景观的回应（landscape-specific responsiveness）相比前些年的同一课程有了提高，同时学生们也获得了以成果为导向教学模式所要求的实践技能。本节会进一步描述可再生工作室课程的教学策略，并且讨论了一小部分学生的经验和成果来诠释它如何极大程度地鼓励了创造性课程的学习。

1.4.2 创造性栖居景观：一种教学策略

（1）介绍创造性艺术模式　布坎南（Buchanan）认为设计师与艺术家一样用“好奇”的目光探索新事物，这种新奇会随着对场地的熟悉而消失（2007：44–5）。因此，在可再生设计工作室课程的前1/3课程中，学生过于熟悉发电厂景观之前，我们让他们通过物质或想象的方式来体验场地，使用创造性的艺术方法，如讲故事、表演和制作视觉艺术。这些活动为学生提供在课程早期阶段就开始萌发设计概念的方式，同时，许多人仍能保持对场地景观“新奇”或“神秘”的新鲜感，并因此有丰富的创造性设计灵感。他们也在艺术会场中第一时间体验着艺术过程，并因此开始“栖息”在景观中：他们在这个空间及场所中工作，也在这个过程中工作。

布里斯班发电艺术中心是后工业景观（图1.4.1），因此老师会向学生首先介绍彼得·拉茨（Latz + Partner’s）如何运用想象力和讲故事的方式创造“废弃工业上的富有想象力的景观”（Latz and Latz，2001：73）。彼得·拉茨（Peter Latz）在开始设计北杜伊斯堡风景公园时，将场地内的高炉想象成由龙或乌鸦包围的高山（Weilacher，1996；Latz，2001）。这种前所未有的设计实践形式是为了让学生相信这种方法的合理性，鼓励他们采用这种方式，或从包括V2不稳定媒体研究所（V2_Institute for Unstable Media）和红地球（Red Earth）在内的广泛资源中选择营造创造性栖居景观的另一种方法或过程，又或者提出他们自己的方法。这引导他们对景观进行为期三周的自由创造探索与实验（图1.4.2）。正如努斯鲍姆

图1.4.1　学生群体访问布里斯班发电艺术中心（Job，2014）

图1.4.2 学生尝试画出太阳的轨迹（Job，2014）

（Nussbaum）所描述，不确定性带来新的机遇（2013），鼓励学生将整个过程看作是只有“兴趣”而没有“对错”的创造性实验。

（2）区分创造过程和结果 为了回应前面提到的优先考虑“学习成果”的教学方式，威尔逊（Wilson）和赞伯兰（Zamberlain）认为设计界对创造力的定义趋向于关注设计产品的新颖度和原创度，而不是如何应用、激发、加强以及实施创造力的各种模式（2017：115）。在可再生工作坊中，要求学生选择一种艺术手法作为他们自己创造性栖居景观的指南，而不是单纯地选择一种形式模仿或应用，也不是将他人已有的想法直接放置于场地上。

实验性景观探索的第一个阶段在第四周达到高潮，每个学生都在发电厂景观的一个空间中进行了艺术性的“干预”，这激发了他们的想象力（图1.4.3）。这种干预可以是讲故事、表演、布置艺术装置或进行参与体验，例如步行指南（图1.4.4），目的是向班级同学、游客和路人表达自己对此地景观感知到的与众不同的品质（图1.4.5）。公开表演或展示与传统设计工作室课程的汇报有所不同，其内容更具个性、环境则更具公共性。它为学生提供在发电

图1.4.3 学生使用遗留结构以突出显示历史痕迹和景观感受（Satherley，2015）

图1.4.4　学生进行编舞表演（Satherley，2016）

图1.4.5　一个学生的诗意表演（Satherley，2015）

使用音乐和泡泡强调了场地不可思议的工业景观遗迹。

厂艺术中心场地内完成设计的真实体验，并将全班同学聚集在一起，作为相互支持的听众。正如描述的那样，这促使许多学生变得轻松和自信，尤其对自己的创造力及其在设计过程中的作用。

对这些景观干预措施进行正式评估是很有必要的。每个学生都要提交一份简短说明阐述他们选择创造性艺术过程的主要原因，以及如何回应这种特定景观。他们还必须反思他们从设计过程和最终干预中学到哪些是可行的，哪些是不可行的，以此指导他们的发电厂景观设计开发。主要评估的是这些说明中所揭示的思维批判性和创造力。从一开始，学生就清楚地认识到，课程为了鼓励创造性的试验，借鉴了埃尔斯沃思（Ellsworth）的“情感教学法（pedagogies of sensation）”，这与英戈尔德（Ingold）认为人体运动和感觉是传授知识的关键这一理解相呼应。这为“思维体验的可能……作为思想的实验而不是简单呈现已知事物”提供了条件（Ellsworth，2005：27）。

（3）通过创造性的栖居景观规划场地　为了确保学生达到该课程的实践学习成果要求，

前四周也包含他们先前学习到的场地设计技能的巩固训练，包括简要的设计分析，客户会议，对景观的要素、功能、历史及政治的调查。学生在介绍他们干预措施的同一天要提交场地的机遇和挑战条件评估。他们主要在自己私下的时间中完成此工作，并在课堂上得到反馈，以此保证这些熟练掌握的方法与不太熟悉的景观干预方式一起评估，为学生自由地沉浸在理想的创造性实验中提供安全感与自由度。在剩余的学期中，教学遵循传统构思设计概念和场地规划的过程，但会不断参照每个学生之前的景观干预体验。许多工作室课程在发电厂中举办，使学生能在场地景观中检验和修正想法（图1.4.6）。通过这些方式，他们最初的“奇观”和创造性的景观构想被贯彻到他们的场地规划设计中。

图1.4.6　测试和修改发电厂房景观的设计理念（Satherley，2015）

1.4.3　学习创造性的栖居景观：学生感受

再生工作室课程（ReGenerate Studio）教学策略能否成功地鼓励学生进行创造性设计尝试自然是因学生而异，但除少数人外，大部分学生都证明这种方法是行得通的。对于某些学生来说，他们能熟练掌握创造性艺术的方法并能很容易地应用于景观干预。不管怎样，有趣的是，大多数学生都发现自己在某种程度上创造性地“栖居”在发电厂中，并感受到他们是在内部进行设计，而不是仅做表面设计。

在其中一个创造性栖居景观的案例中，学生的景观干预需要全班同学在天黑后一起参加戏剧性的装饰树木的仪式（图1.4.7）。他借鉴了几个仪式化表演的案例，目的是在景观中“提炼和庆祝现在状态的仪式（distil and celebrate the rituals present）”。尽管该仪式本身有点平淡，但学生认为设计该仪式的过程“丰富了我对发电厂房屋景观的理解”。然后，他制定了一个名为介入（Intervention）的设计概念（图1.4.8）和场地平面（图1.4.9），即“抽象的表演任务”（学生a，2016）。他将自己的作品描述为“对仪式的空间化描述（spatialised depiction of ritual amplified）”，基于布里斯班发电艺术中心被废弃的现状，使其成为涂鸦和实验表演等“地下”艺术的场所（学生a，2015）。介入这一方案是基于发电厂景观提出的一

图1.4.7　学生a装扮树的仪式（Satherley，2015）（另见彩图4）

图1.4.8　设计概念及细节（Thorp，2015）（另见彩图5）

图1.4.9　场地平面及细节（Thorp，2015）（另见彩图6）

种形式复杂的物质化干预，既挖掘出以前煤仓的意义，又向外延伸至布里斯班河（Brisbane River）。它在历史空间和新空间之间创建了一个间隙空间，激发发电厂景观中的新旧艺术和社会交往的活力。

另一名学生的干预措施是从英国艺术家安东尼·戈德斯沃西（Anthony Goldsworthy）的创作过程中汲取灵感，将河岸现场发现的小浮木精心地放入修剪整齐的花园中，放置好的漂流木用于引导游客穿过花园（图1.4.10），直到最后才揭示包含了一块被遗忘的遗址碎

图1.4.10　一个浮木装置引导游客穿过花园（Satherley，2015）

片的隐藏空间（图1.4.11）。学生将这种逻辑引入了她的设计概念（图1.4.12）和场地规划（图1.4.13）中，提出向游客依次呈现发电厂景观的5个不同方面的游览设计。尽管这位学生很轻松地展示了自己的创作过程，但她之前已经发现表达设计概念具有挑战性。干预过程为她提供了一种“在很难准确表达想法的时候传达一种思路”的新方式，她的景观探索和干预成为“我在课程后期始终使用的一种资源，因为它捕获并重述了早期灵感以及对该场地的理解”（学生b，2016）。

图1.4.10、图1.4.11

图1.4.11　最后揭示的隐秘空间（Satherley，2015）

图1.4.12　学生b的设计概念与细节（Mill-O'Kane，2015）（另见彩图7）

图1.4.12、图1.4.13

图1.4.13　学生b的设计平面与细节（Mill-O'Kane，2015）（另见彩图8）

但是，对于某些学生来说，采用创造性的艺术方法十分具有挑战性。一名有工程学从业经验的学生惊讶地发现，从他最终的发电厂景观场地平面中可以清楚地看出与他的干预过程相关，“如果没有该方法的引导，我的想法和设计生成过程更多就会是对场地的技术性回应，就不会那么有创意了”（学生c，2016）。他最终想法的实现表明干预过程可以引导学生发现自己的创造力，并具有将其服务于风景园林设计过程的潜力。该学生最初对干预过程的价值表示深深怀疑，他与教职人员发生了冲突，后来考虑到自己的成绩才同意这样做，他解释了他的经历：

“……我误解了活动与场地之间的联系，场地应该是创造性思维和表演的场所。直到我完成装置的全部过程并开始探索创意的可能性时，我才意识到我可以回想并借鉴这种抽象的思维方式来帮助我的设计过程”（学生c，2016）。

最初，他写下了探索发电厂景观的过程：一个失意的人反复参观场地并四处走走以希望有一个想法的故事。行走时，他开始了解景观的现有循环模式，哪里行动流畅以及在哪里受阻。这位学生的景观干预是：边讲故事边引导听众走过5个代表他心路历程不同阶段和景观循环模式的足迹装置（图1.4.14、图1.4.15）。他将这种心路历程与发电厂的发电历史相结合，以此创作设计概念（图1.4.16）和场地平面图（图1.4.17），从主剧院建筑中提取了集中

图1.4.14　学生c在引导下讲述他的故事（Satherley，2015）

图1.4.15　学生c引导步行的装置细节（Satherley，2015）

图1.4.16　学生c的设计概念细节（Niven，2015）

的“创造性能源”，并将其在整个景观中循环，解决了创造性能源的“阻碍”问题，并增加已经自由通畅的区域面积（学生c，2015）。

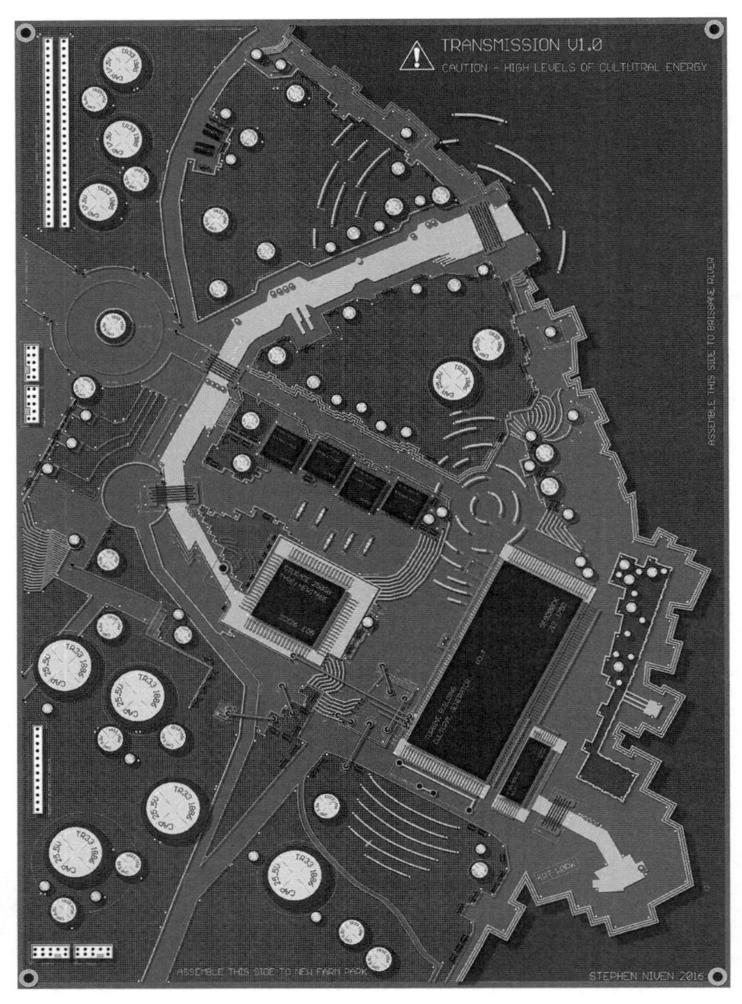

图1.4.17

图1.4.17　学生c的设计平面与细节（Niven，2015）

尽管这名学生最初对此持怀疑态度，他仍在不知不觉中以某种方式“栖居”在了景观中，这使“他的创造性融入了新的意义。他的设计本身就是最真实的学习过程。该学习的最终成果……仅捕获并传达了其丰富性”（Satherley，2017：10）。值得高兴的是，该学生通过向未来的学生介绍他的所学来回应这一经历，并鼓励他们相信“创造性的景观居住过程（creative landscape inhabitance process）”。

1.4.4 总结

在学期末，学生的最终场地平面图将在布里斯班发电艺术中心进行展示（图1.4.18），并在此选出10个人与高级风景园林设计师一起参加大师班，随后作品将在发电厂美术馆公开展览（图1.4.19、图1.4.20）。这些展出作品影响了目前发电厂景观“实际”总体规划的发展：证明了所产生理念的创造性和实践性（Maxwell，2017）。

图1.4.18　一名学生向布里斯班发电厂的管理和设计实践人员展示他的场地规划方案（Job，2014）

图1.4.19　再生工作室课程一号展览厅的一面墙（Satherley，2015）

图1.4.20　学生们在再生工作室课程一号展览厅中讨论他们的作品（Satherley，2015）

再生工作室课程的创造性栖居景观教学策略将熟练掌握的场地规划方法和通常不熟悉的创造性艺术实践方法相结合，是鼓励学生创造力的成功实验。它引导学生从内部体验景观，而不仅是将其作为需要解决的一系列实际问题，并以可评估的结果呈现。这种方式解决了学习的“结果”优先于学习过程之间的明显冲突，这种冲突可能会使学生在风景园林设计过程中减少富有想象力的参与，从而削弱他们的创造力，它也重申了风景园林设计中“艺术”作为“艺术手段”的重要性（Weller，2006）。

1.4.5 参考文献

Brisbane Powerhouse，“Our Story” [website]，https://brisbanepowerhouse.org/the-building/ history-heritage/our-story/，accessed 12 June 2017.

Buchanan，R.（2007）.“Wonder and Astonishment：The Communion of Art and Design”，*Design Issues* 23/4：39–45. www.jstor.org/stable/25224131.

Doughty，H. A.（2006）.“Blooming Idiots：Educational objectives，learning taxonomies and the pedagogy of Benjamin Bloom”，*The College Quarterly* 9/4. http://collegequarterly.ca/2006-vol09-num04-fall/ doughty.html.

Ellsworth，E. A.（2005）. *Places of Learning：Media Architecture Pedagogy*. New York：Routledge.

Ingold，T.（1993）.“The Temporality of Landscape”，*World Archaeology* 25/2：152–174.

Latz，A. Latz，P.（2001）.“Imaginative Landscapes out of Industrial Dereliction”，in M. Echenique and A. Saint（eds.），*Cities for the New Millennium*. London：Spon Press，73–78.

Latz，P.(2001).“Landscape Park Duisburg Nord：The Metamorphosis of an Industrial Site”，in N. Kirkwood(ed.)，*Manufactured Sites：Rethinking the Post-Industrial Landscape*. London：Spon Press，150–161.

Lyon，P.（2011）. *Design Education：Learning，Teaching and Researching Through Design*. Farnham：Gower Publishing Ltd.

Maxwell，F. [CEO，Brisbane Powerhouse]，Interview with Shannon Satherley 31 May 2017.

Nussbaum，B.（2013）. *Creative Intelligence：Harnessing the Power to Create，Connect，and Inspire*. New York：Harper Collins.

OED Online，（2010）. 3rd ed. Creative，adj. Oxford University Press. http://www.oed.com.ezp01.library.qut.edu.au/viewdictionaryentry/Entry/44072.

Red Earth [website]，http://www.redearth.co.uk/ about.html，accessed 22 July 2017.

Satherley，S.（2014–2016）. *The ReGenerate Studio Design Brief*. Unpublished. Brisbane：Queensland University of Technology.

Satherley，S.（2017）.“The Creative Landscape：Experimenting with a Hybridised Teaching Strategy”，Proceedings of the Australian Council of University Art and Design Schools Annual Conference，29–30 September 2016，Brisbane，Qld Australia. http://acuads. com.au/conference/article/the-creative-landscape experimenting-with-a-hybridised-teaching-strategy/.

Student a.（2015）.“Intervention” [Design concept and site plan].

Student a. [Email to author]，1 August 2016.

Student b. [Email to author]，3 August 2016.

Student c. [Email to author]，29 July 2016.

Student c.（2015）.“Transmission” [Design concept and site plan].

V2_Institute for Unstable Media，‘V2_Knowledgebase’ [website]，http://knowledgebase.projects.v2.nl/component/knowledgebase/?view=list&type=ecology-&Itemid=108>，accessed 22 July 2017.

Weilacher，U.（1996）. *Between Landscape Architecture and Land Art*. Basel：Birkhäuser.

Weller，R.（2006）. "An Art of Instrumentality"，in C. Waldheim（ed.），*The Landscape Urbanism Reader* . New York：Princeton Architectural Press，69–85.

Wilson，S. E. Zamberlan，L.（2017）. "Design Pedagogy for an Unknown Future：A View from the Expanding Field of Design Scholarship and Professional Practice"，*International Journal of Art and Design Education* 36/1：106–117.

1.5　特定场地的城市设计课：转型城市中的临时设计装置

贝蒂娜·拉姆（Bettina Lamm），
安妮·玛格丽特·瓦格纳（Anne Margrethe Wagner）

在城市干预工作室课程中，我们通过在城市环境中制作和构建临时的、小规模的1：1的干预装置，来探索创造空间设计方案的方法。工作室课程的场地设置在了学校外正在经历变革的地方，这为我们提供了有趣且有关联的周边环境，我们可以在其中探索并做出回应。我们专注于转型中的城市地区，例如以前的工业用地、待挑战的公共区域以及有潜力容纳新事物的景观。每年，新的地点都会为我们提供特定的环境背景，以便根据空间质量、规划条件以及共同的社会特征来开展工作。

该课程以战术都市主义和临时性建筑为主的当代城市建设方法为出发点，其中城市转型基于较小的战略干预而不是大规模的重新设计。城市针灸（urban acupuncture）一词是由芬兰建筑师马可·卡萨格兰德（Marco Casagrande）提出的，其概念是通过战略性“切入（incisions）”来应对城市挑战，这些“切入”可对其周围环境产生涟漪反应，并引发更广泛的转型。空间干预通过将新的意义、体验和转译置入现有环境中，而被视为改变的潜在推动者。

城市干预工作室课程也立足于哥本哈根大学风景园林设计与城市主义研究小组中存在的一些主要研究主题，即改造研究（Braae，2015）、临时使用（Wagner，2016）、公共空间、社会互动和共同设计（Wagner，Lamm & Wenge，2018）。其他景观和城市设计教育机构也利用类似的方法作为教学工具。Hafeniuniversität的社区大学是战术性设计-建造工作室课程环境中最激进的安排之一，在2011—2014年期间，汉堡威廉斯堡社区的一栋废弃建筑通过空间改造和社会激活被居住和转型（Lamm，Wagner，2016：27-28）。在这里，学生们生活、工作、拆除建筑并建造了诸如“人类酒店”这样的极端装置，同时通过每周的晚餐、音乐俱乐部和儿童工作坊参与当地的社会活动。虽然城市干预工作室课程的设置没有那么极端，但社区大学通过就地取材的方式，将场地、生活、建筑创作和社会实践融为一体，既是一种建筑方法论，也是一种教学方法论，具有启示作用。

1.5.1　课程缺陷

在比较传统的设计工作室课程背景中，风景园林设计专业的学生大多是在假设的基础上，通过各种表达进行工作。这些对于任何设计工作来说都是很重要的，但也会造成学生在分析场地、把握尺度、创造合适的设计方式和最终是否能够被居住、被观赏、被感知以及被体验的层面上存在差距。在城市干预工作室课程中，我们试图通过工作室课程的设置来弥补这一差距，在整个课程中学生在原地探索和分享对一个特定场地的了解，在这个过程中，学生的设计成为全面的地方行动。

我们的经验是，工作室课程的嵌入性为如何将多维度的场地分解、融合并转化为场地设计提供了宝贵的经验。在实践中，这意味着我们将工作室课程搬到我们工作的地点。工作的桌子被现场条件所取代，在一个几乎是手工制作的过程中开发项目（Lamm，Reynolds，2015）。

1.5.2　结构

该课程已经开展了7年，现在已经进入第8年。在春季学期的9周时间里，我们在真实环境中搭建了一个工作室课程工作空间，将作为约25名学生的试验场地。每周有两天的教学活动，课程内容包括日常作业、讲座、讨论、工作坊工作、演讲和面向实际建造设计的小组制作。多年来，我们已经形成了一套营造学习环境的模式。我们不是简单的指导者，而是将自己视为一个过程的促进者，在这个过程中，学习是通过现场操作和制作进行的。这种结构创造了一个框架和一套方法，使学生嵌入课程的情境和实践理念中。

1.5.3　合作背景

该课程基于与外部合作伙伴和当地利益相关者的紧密合作，他们在工作室课程的教学中发挥了重要作用。这就需要在筹备过程中投入大量的资源来寻找有趣的场地，并签订合作协议，使工作室课程成为可能。通常情况下，各个机构、土地所有者、文化部门和市政府部门对与大学的合作持非常开放的态度。他们把工作室课程看作是对他们日常议程的一种新的贡献，帮助他们思考如何开发一个场地。尽管哥本哈根及其周边地区的建筑活动在2008—2015年期间停滞不前后有所回升，然而，寻找合适的区域变得更加困难。如今的场地竞争更加激烈，这使得为学生提供实验空间变得更加复杂。

1.5.4　工作空间

在课程期间，我们借用场地作为工作室和工作空间。有时，这需要我们花一整天的时间来清理和布置我们的临时工作室。其他时候，我们需要协商我们的利用方式，以及与他人共享空间。这些空间类型多种多样，从一个前军事基地到办公室环境，再到一个破旧的仓库。在剧院岛（Theatre Island），我们与一个排练歌剧团共享一栋建筑，而在克厄港，我们与模型船建造者共处一室。其他空间也可以作为活动空间，我们永远无法确定早上会进入什么样的状态。有时具有挑战性，但绝不会无聊，这些相当具体的经历提高了现场参与度。工作室课程成为现场的一部分，让我们在进行结构化的现场研究的同时，也（短暂地）通过我们的存在吸收现场的气氛和条件。学生们还学会了互动、协商，并最大限度地利用当地现有的技术、资源和策略方法。

1.5.5 现象学和战略方法

我们同时从两个方向和两个尺度来探索场地。首先，我们以实践和动手的方式，将城市干预原型化为现有的场所条件。该课程在哲学上根植于现象学传统，其中感官体验优先，我们试图直接和间接地训练学生，使其意识到这些品质。与此相匹配的是一种更具策略性的方法，通过让当地的利益相关者参与进来，并整合历史条件、政策文件和潜在的地方愿景。因此，通过小型的具体干预措施，可以实现大规模的策略规划。

1.5.6 场地特殊性

本课程的出发点是两个场地特殊性的概念。我们应用权美媛（Kwoon Miwon）围绕当代公共艺术衍生出来的场地特殊性的定义，其中多层次的背景包括：①现象的、空间的、体验的；②社会的、文化的、历史的。这两类都可以通过现场分析来理解和解读，并作为设计干预的出发点来应用（Kwoon，2004）。正如安德里亚·卡恩（Andrea Kahn）所讨论的，我们还将场地理解为具有“控制区域”和“影响区域”的特征，以阐述设计和环境的规模和关系动态（Kahn，2005）。

1.5.7 解读场地

我们在开课的第一天就开始了场地探索练习，这是在不提供任何有关场地简介、当地政策和议程信息的情况下进行的。我们相信，当学生能够以感性的模式亲身探索和体验场地时，这种更直接、更具体的体验能够提高学生对当地氛围和空间特质的认识（图1.5.1）。学生们各自在现场游走、感知和发现，通过一组照片和绘画练习来组织这种探索，他们所能看到的、听到的、闻到的和感觉到的，让他们专注于可感知的空间特质（图1.5.2）。受凯莉·史密斯（Keri Smith）的《如何探索世界》（*How to be an Explorer of the World*）（Smith，2008）一书的启发，这次探索被设定为一种没有地图、没有具体旅游路线的漫游，只是限定一个边界和回来的时间。一部分目的是要学生变得迷失或失去自我，去停留、徘徊和发现，总之是要对眼前的场地氛围和特征留下强烈的印象，在进入文化和政治空间层之前，学生要围绕着这些品质创造一个词汇表，因为文化和政治因素往往会掩盖更凸显的空间品质。通过绘画和照片练习，学生可利用边缘、表面、地平线、痕迹、质感等主题寻找某些空间特征，其结果是一系列个人的解释，即形成集体阅读。之后学生为每个主题制作一张海报，将其所有的视觉投入联系起来。这些图像成为所有学生可以从中汲取灵感的共同资源的一部分。

在空间探索和地图绘制之后，我们开始调查场地周围的文化、历史、法律和政治规划情况。我们设置了一个研讨会，在此学生可以遇到当地的利益相关者，了解他们对场地的看法，以及他们各自能给学生提供什么样的合作框架。与当地的规划者、土地所有者、管理者，通常也包括文化机构交谈，可为学生和教师提供第一手的情况资料，以使学生了解遗址周围的当前文化和环境现状、政策、用途和使用者。在整个课程中，学生与作为主要的“客户”的利益相关者保持对话。作为教师，我们为当地的合作者建立良好的合作基础，但在这个过程中，学生必须直接与当地的利益相关者谈判，了解他们的立场，并为他们的想法提供支撑。

图1.5.1 手工制作地图

探索军事遗址在改造过程中的氛围和空间特质。城市干预工作室课程，剧院岛，2016年。

1.5.8 简介

学生们被提供了一个项目简介，其中安排了一个设计挑战，以解决特定的场地问题和明确潜在的框架干预应该做什么和回应什么。我们使用城市干预的主题作为一种开放式的方法来构想和影响我们的空间环境，协调身体、空间和文化背景之间的关系。学生们探索一个地方的物理环境、社会关系和过程情况，并创造干预措施，以回应和重新解释这种背景。项目简介通常是相当开放的，让学生在现场选择一个地点或在现场的情况下工作，以及为他们的设计干预提出一个概念。他们以跨学科小组的形式进行工作，每个小组最多4人。每年，我们都有一个特定的主题，如装饰性建筑（Follies）、景观场景图（Landscape Scenographies）、空间对话（Spatial Dialogues）以及空间与界面（Spaces & Interfaces）。有一年，我们的目标是将一个仓库装卸区改造成一个好玩的公共景观。还有一年，我们设定一个荒唐的隐喻让学生在革新区（Refshaleøen）复杂的前工业景观中创造可见的游乐地。在2018年，特定主题是重新思考一个遗产和港口遗址，这个地方在空间联系和吸引人方面有许多问题需要解决。干预必须与身体和人的尺度有关，吸引人们前来进行坐、躺、走及停留等活动。装置必须同时与空间和场地条件保持有意识的空间和文化关联。

摄影旅行

图1.5.2　2015年革新区探索场地的图像拼贴

每个学生根据一组主题和词汇拍摄现场照片。照片被分组展示为对形态和文字特征的集体分析。照片拼贴来自城市干预工作室课程中学生拍摄的照片（Lamm，Reynolds，2015：8）。

1.5.9 干预措施作为变革的动力

因此，工作坊探索如何通过城市干预进行场地改造并实现潜在文化的体验和交流，促进游客和场地之间形成新的动态关系和互动。在每个项目中，装置作为互动的艺术作品，旨在重构所选的环境，将“情景”作为其“对象”（Massumi，2008：13）。在这个框架中，装置是根据它们所做的以及它们如何创造互动和影响来构思和回应的。它是可以连接现象和体验的一个界面，并为与环境之间和环境内新的交流提供实现的途径。因此，界面不仅仅是事物，而是带有变革力量的过程性方向和效果（Galloway，2012：Ⅶ）。在这里，这种城市界面可以被看作是一个地区现有环境的地震仪（seismographs），同时也为重新解读和理解一个地点是什么以及如何处理它创造了条件。在地形模糊的景观中，新的身体尺度的物体可以使场地开放，邀请人与人之间进行互动，将具体的关系与现象学和叙事学的特质衔接起来。因此，不同的现实可以互动的区域被创造出来（Galloway，2012：Ⅶ）。界面联系在这里一方面可以理解为实物“提供”（Gibson，1979：127），吸引并将人定位在现场特定位置的方式，从而与环境建立起一种比例关系，另一方面也可以理解为装置对环境文化层面的叙述方式。

1.5.10 1：1设计行动

虽然学生们会按实际尺度构建小型项目，但这并不是一门技能课。其目的和意图反而是教学生尝试探索如何进行干预既能回应一个地方的叙事，又能提供一个装置，让人能够亲自在现场参与。通过构建空间和空间干预，他们了解到空间与人身体的关系——包括他们自己的身体。他们可以亲身体验他们的空间如何被使用和接受。在1：1设计和建造时，工具和制作过程促使学生对他们项目的了解变得更加精确。概念必须可以转化为物理实体和空间设计，测量必须被定义，细节的解决方式必须超越通常的绘画方式。在这里，他们亲身体验设计决策如何转化为设计方案，以及必须经过哪些反复的步骤才能达到结果（图1.5.3）。

课程进行到一半时，学生会对自己的想法进行1：1的实体模型制作，让同学和当地的利益相关者给予反馈，也提供了一个让当地政府批准的机会。实体模型制作是学生理解自己概念的转折点，学生在此获得支撑以便了解如何执行他们的想法并将其转化为现实。实体干预的制作本身似乎在更深的层次上将空间知识灌输给学生，而不是像在更传统的表现模式下工作的那样。它要求学生对自己项目的想法进行具体的描述，并让学生立即感受到他们的干预如何与当地环境相结合。在整个课程中，学生会与市民、市政当局、赞助商等接触，从而训练他们与当地利益相关者沟通和互动的技巧（图1.5.4）。

1.5.11 早餐沙龙

课程中的一个教学活动是每周举办一次早餐沙龙。我们在现场的某个地方摆上一张桌子，每次都选择在不同的地点，邀请学生共同进餐（图1.5.5）。我们发现，把在社交活动中摄取食物和从新的方位感知现场结合起来，加深了学生对场所的理解和促进了对课程主题的共同体验。城市早餐沙龙也是关于小组项目的集体反思，也可以与邀请的嘉宾围绕与项目简

图1.5.3　装置作品“红地毯”的模型和1 ∶ 1样本模型

由琳娜·卡洛夫·雅各布森（Linnea Carlov Jacobsen）、薇薇卡·加达森（Vivica Gardarsson）、莫滕·戈斯塔·斯文森（Morten Gosta Svennson）和亚历山大（Alexander）设计的装置，为码头创造了视觉和空间的标志，城市干预工作室课程，革新区，2015年。

图1.5.4　2015年革新区城市干预工作室课程现场开展的学生1∶1设计活动的材料准备和搭建活动

图1.5.5　城市早餐沙龙

2016年，剧院岛城市干预工作室课程开展城市早餐沙龙，学生在此共享早餐并进行对话，讨论设计迭代、规划问题和现场体验。

要说明相关的主题进行对话。嘉宾包括建筑师、规划师、艺术家、当地的利益相关者和研究人员，他们与学生们面对面进行交流，而不是像往常一样使用幻灯片。特别是在课程即将结束，当各小组忙于完成他们的发言时，沙龙的功能是作为一种有组织但又是非正式的方式来保证一定共识。它为这个过程增加了戏剧性和表演性的一面，也体现在项目简介中，要求学生根据他们的装置如何进行互动、体验、叙述和行为表现来创造他们的设计。

1.5.12　背景挑战

城市干预工作室课程的设置旨在教授分析场地的方法，这些方法可以跨越尺度联系和被激活，涉及体验维度以及更宏观的城市发展问题。这些方法在现场产生，并与现场发生对话。这也意味着，学生们将遇到与建造1∶1装置有关的挑战，这些挑战在干预的特定情况下显露出来，但会涉及更大的问题，如政治、利益相关者诉求或监管限制。我们认为这些经验是重要的学习点，因为学生们以一种非常实际的方式学习，以应对他们在职业生涯中可能面对的问题。城市干预工作室课程的学习过程对学生来说并不容易，经常会出现许多挫折时刻。

多年来，城市干预工作室课程的成果是各种针对特定场地的设计干预，学生们的制作技巧和设计准确性不断让我们惊叹。虽然这个过程可能是充满挑战的，有许多不可预见的障碍，但学生最后几乎都获得很好的体验。制作真实的东西并看到它变成现实，既能给学生带来深刻的满足感，也能使其理解设计思想如何转化为实际制作的干预措施（图1.5.6至图1.5.10）。

图1.5.6　装置作品“触手可及的水”

该作品通过一组楼梯和一个仿佛漂浮在岩石上的平台，让人们可以到达水面。装置制作：凯西莉·安德里亚·布埃（Cæcilie Andrea Bue）、海伦娜·布鲁恩·索伦森（Helene Bruun Sørensen）、卡斯帕·弗达格（Kasper Foldager）、马琳·凯尔森（Marlene Kjeldsen），城市干预工作室课程，景观场景图，剧院岛，2016年。

图1.5.7　被改造成秋千的起重机

在剧院码头，一台起重机被改造成一个秋千，在甲板和水面之间晃动，这个空间作为一个休闲场所被重新定义。装置制作：古德尼·阿斯杰尔松（Gudni Brynjolfur Asgeirsson）、玛莎·戈特利布（Martha Gottlieb）、托马斯·尼奇尼（Thomas Nichini）、娜娜·康特尼·普拉姆（Nanna Kontni Prahm），城市干预工作室课程，景观场景图，剧院岛，2016年。

图1.5.8 转变为港口的登陆码头

风浪决定了码头成为该港口的终点，帆赋予了风一种形式，并在水面、码头和天空的水平层之间创造了一种对话。装置制作：劳拉·万斯加德（Laura Vangsgaard）、弗兰斯·埃林德（Frans Elinder）、娜塔莎·隆德（Natasja Lund）、西蒙·马德森（Simon Madsen）和卡特琳娜·达尔斯加德（Katrine Dalsgaard），城市干预工作室课程，文化园，赫尔辛格，2018年。

图1.5.8至图1.5.10

图1.5.9 摇摆船

摇摆船为剧院岛的草地带来了玩乐的元素，其模仿了港湾的船只形态。在这里，游客可以一起或独自荡秋千或休息。装置制作：琼·坎波斯（Joan Campos）、克里斯汀·沃林·詹森（Kristine Wallin Jensen）、玛尔塔·德斯卡（Marta Derska）和特蕾莎·伯尔（Theresa Burre），城市干预工作室课程，剧院岛，2016年。

图 1.5.10　表演楼梯

用一个大楼梯连接了装卸码头和铺装场地，其可以作为连接点，也可以作为晒太阳休息的地方和一个表演空间。学生将仓库变成临时文化场所的装置，LOd67，城市干预工作室课程，2013 年。

1.5.13　展览会开幕日

城市干预工作室课程的高潮是一次公开活动，学生们在活动中向当地利益相关者、公众和其他人展示他们的设计建造作品。朝着最后阶段努力，然后分享和庆祝一个完成得很好的工作是很重要的。在这里，学生也感受到其他人如何体验他们的项目。当他们可以在展览会开幕日上展示他们制作的景观装置时，最后的成果让学生们有一种自豪感和成就感。

有时，装置只停留了很短的时间——几天或一周——可能是因为它们很脆弱，也可能是因为与权限冲突。有时候，这些装置会持续很长时间，并被纳入场地的日常使用中，这就是装置设计的初衷：通过提供新的体验、使用和行为方式，轻微地改变一个地方的状态。

1.5.14　总结

以分析具体现场情况、采用各种标量方法和体现物理装置思想为出发点，我们试图从方法谱系和所涉及的主题上探索设计领域的教育方式，补充更为成熟的表达模式和参与方法。该方法对设计过程、现场环境的解读，特别是对通过亲手建造来学习空间的行为产生一些有趣的意义。学生既能培养策略方式和技术技能，也能培养对所参与环境的敏感性。

并非所有关于景观和城市设计的内容都可以在这种类型的现场课程中教授，但对现场的互动进行实验，构建真实尺度的空间，可使学生了解当地的复杂性，并对场所、身体和尺度之间的关系有深刻的理解，这将在他们的整个学习和专业实践中都提供有益帮助。

1.5.15 参考文献

Braae, E. (2015). *Beauty Redeemed—Recycling post-industrial landscapes*. Risskov/Basel: Ikaros Press & Birkhäuser.

Casagrande, M. (2014). Paracity: Urban Acupunc ture. Conference: Public Spaces Bratislava. Bratislava, Slovakia.

Diedrich, L. (2013). "Translating Harbourscapes. Site-specific Design Approaches in Contemporary European Harbour Transformation" Ph.D. diss. Copenhagen University.

Galloway, A. (2012). *The Interface Effect*. Cambridge: Polity Press.

Gibson, J. (1979). *The Ecological Approach to Visual Perception* (HMH).

Ignasi de Solà-Morales Rubió (1995). "Terrain Vague" in Davidson, C (ed.), *Anyplace*. Cambridge: MIT Press, pp 118–123.

Ingold, T. (2013). *Making: Anthropology, Archaeology, Art and Architecture*. Routledge.

Kahn, A. (2005). "Defining Urban Sites" in Burns, C. & Kahn, A. (eds.), *Site Matters*. Routledge, pp 281–296.

Kwoon, M. (2004). *One Place after Another—Site-Specific Art and Locational Identity, A critical history of site-specific art since the late 1960s*. MIT Press.

Lamm, B. & Wagner, A.M. (2016). *Book of Pilots—Transforming Cities and Landscapes through Temporary Use*: [SEEDS Workpackage 5]. University of Copenhagen.

Lamm, B. & Reynolds, R. (2015). *Follies Staging Refshaleøen, Urban Intervention Studio*, Landscape Architecture and Planning, University of Copenhagen.

Lamm, B., Kural, R. & Wagner, A. (2015). *Playable, Bevægelsesinstallationer i by – og landskabsrum*, Humlebæk: Rhodos.

Massumi, B. (2008). "The Thinking-Feeling of What Happens" in Thain, A., Brunner, C. & Prevost, N. (eds.), *INFLeXions* No. 1– How is Research-Creation ?

Smith, K. (2008). *How to be an Explorer of the World: The portable life museum*. Penguin.

Wagner, A.M. (2016). *Permitted Exceptions: Authorised Temporary Urban Spaces between Vision and Everyday*. Department of Geosciences and Natural Resource Management, Faculty of Science, University of Copenhagen, Frederiksberg.

Wagner, A.M., Lamm, B. & Winge, L. (2018). "Move the Neighbourhood with children: Learning by co-designing urban environments" *Charette – Journal of the association of architectural educators* (aae), vol. 5, no. 2.

All photos by Bettina Lamm.

1.6 数字设计：设计课程的机遇与挑战

吉莉安·沃利斯（Jillian Walliss），海克·拉赫曼（Heike Rahmann）

在我们的《景观建筑和数字技术：重构设计和建造》（*Landscape Architecture and Digital Technologies：re-conceptualising design and making*）一书出版的两年里，数字工具已经从主要作为再现工具转向更为综合的应用。在设计工作室课程中引入数字技术具有一定挑战性，例如，通常需要利用宝贵的工作室课程时间教授软件，更困难的是训练相应的设计思维，以便有效地利用参数化建模、仿真、实时数据的潜能。本节通过描述墨尔本大学和皇家墨尔本理工大学的数字工作室课程方法来介绍数字设计逻辑的特点，并指出在初级和高级阶段培养学生应用这种思维能力的策略。

1.6.1 参数化教学法

数字工作室课程教学法的核心是理解参数化设计过程的概念和操作特征。简而言之，一个参数模型是通过一系列称为参数的规则来构建的，该模型具有内在的逻辑，它有助于通过一种相关和协调的方式修改对象的参数和关系（Woodbury，2010：11）。相比之下，3D模型是通过使用类似工具的操作直接创建空间，在此过程中，如果有变动，则必须重新构建模型。然而，参数模型是对输入变量的直接响应，不需要重建模型。

因此，参数化模型与三维数字模型或模拟表达（如平面图）的区别就在于关系的建立和维护。这一特征表明设计师在设计过程中处理信息和形式的方式发生了重大变化。丹尼尔·戴维斯（Daniel Davis）在《参数化模型》（*Parametric Models*）一书中评论“明确参数与结果之间的关系”不仅打破了“创造者”和“使用者”之间的隔阂，而且还“将参数模型与传统操作工具和其他设计表现形式区分开来”（2013：210），“使创造与使用完美结合”（2013：212）。

《建筑话语的成长体》（*A Growing Body of Architectural Discourse*）（Woodbury，2010；Bury & Bury，2010；Oxman，2008）探究了伴随参数化建模而来的设计思维的转变。奥克斯曼特别强调了设计师、设计过程和信息之间的一种新的交互作用，这种交互关系脱离了与基于纸张的设计过程相关的视觉逻辑。她认为“设计师式思维”的概念是随着唐纳德·舍恩（Donald Schön）对“基于纸张的”设计过程的富有影响力的认知研究而流行起来，其前提是用视觉表现方式“回应”或“与物质问题的对话”过程（Oxman，2008：101）。然而，在参数化模型中，由于设计过程从隐性向显性知识转变，设计的认知过程被重新定义为“我们创造、表达、实现并与确切的、完善的认知表达相互作用的能力”（Oxman，2006：243）。

在风景园林设计中，参数化模型为场地创建了一个替代物，能在同一个数字模型中进行信息分析和设计探索。这一过程与传统的线性、分阶段的规划设计过程不同，后者通常是在综合大量的场地分析后形成设计概念。参数化模型很少直接转化成形式，而是作为呈现场地可能行为和探索设计决策含义的媒介。因此，吉鲁特等人（2010：376）将设计过程描述为引导性（directive）而非规定性（prescriptive）的：

“与参数化过程相关的依赖随机变量的设计过程不同，受控决策以明确的绩效目标为导向。”由此参数化产生的设计过程是直觉物理干预和可操作“变量”相结合的产物，因此设计结果是“引导性”而不是“规定性”。

将这些计算机技术整合到设计工作室课程中具有挑战性。正如布莱恩·奥斯本（Brian Osborn，2014）评论的那样：“许多当代设计工具，比如参数化建模，学生往往要通过大量的接触和练习，才能熟悉这些工具。”采用非线性工作流程进一步增加了设计的复杂性，同时，实时数据和模拟所提供的大量可能性需要高水平的批判性思维及熟练掌握科学和数学原理。因此，让学生在学习中尽早接触数字技术十分重要，在接下来的几年里，这让他们有足够的时间来挖掘他们的潜力并增强信心。

我们的数字设计教学方法将重点放在如何在早期设计工作室课程中引入数字技能和相应的设计思维。第一个课程例子是“设计技能（Design Techniques）”，这是墨尔本大学三年制风景园林硕士项目的入门课程。由于没有单独的表现技法课程，该课程将表现技法和设计生成相结合，是一门核心课程。第二个例子是一个垂直整合的本科课程，它是皇家墨尔本理工大学风景园林设计学士课程的一部分，学生通过专门的交流学习，在开始工作室课程学习之前就有基本的数字知识，并有机会将这些技能应用到设计项目中。

1.6.2 基本工作流程

在为期12周的学期，每周8小时的时间内，设计技能课程（Design Techniques）介绍数字软件（Adobe套件、Rhinoceros和Grasshopper）、设计过程和设计理论。学生来自不同的背景下，并且大多数学生从未有过设计经验。课程的设计任务是设计一个小型的以地形为基础的公园，重点是学习设计过程，包括实体、数字、参数化建模。通过设置需要用到所有这些工具的作业，鼓励学生理解这些工具的潜力、缺陷及工作流程顺序。

在这样一个多元化的学生群体中，重要的是要认可不同的学习节奏、增强整个课程的成就感和最大化输出学习成果。工作室课程还举办了一系列讲座介绍20世纪末的设计思想，包括数字设计实践的影响。

课程的前半部分着重于形式的生成，首先介绍了用于展示设计先例研究的Adobe套件。有了对Adobe套件的基本认识，学生们完成了为期半天的设计工作坊任务。学生通过使用模型黏土和指定的地形操作，如倾斜、雕刻或踩踏，完成场地地形的第一次设计迭代。这个黏土模型是引入Rhino软件的基础，学生操作物理模型的方法在Rhino中被相应的工具取代，并用这些工具在数字空间中构建地形。学生们尝试根据属性将物理模型转换为数字模型（图1.6.1、图1.6.2），当他们应用新学的数字技能能够自由控制形状和尺度时，即可深化设计。他们还开发了另外两种探索方法——通过进一步地形迭代和使用Grasshopper将坡道整合到他们的方案中。

添加的Grasshopper程序使模型参数化，并清晰地展示模型是如何随着斜坡坡度、大小和位置的改变而修复和改变的。在该阶段的最后，他们将首选的Rhino方案转换为计算机数控切割模型（CNC routed model），并呈现出一张全景渲染视图。该作品最终将在一个短暂的快闪展览（quick pop-up exhibition）中展出：这是认可短时间内所取得成就的重要时刻。

第二阶段课程内容转向了呈现设计理念，向学生介绍通过改善材料、种植、交通、尺度来优化地形形态的技术。例如，使用Grasshopper插件（Lady Bug & Honey Bee）和气象数据进行参数化工作，根据气候因素测定拟种植的地点和关键要素的方位。在最后三周，学生完成一系列由数字模型得来的图像，包括一张等轴爆炸图、一张长断面图和两张渲染的全景图（图1.6.3）。在12周的时间里，工作室课程提升了学生使用数字工具的信心和能力，最重要的是让他们对参数化模型在概念与技术上有一个清晰的理解。

关于皇家墨尔本理工大学的课程，必须承认他们的课程是垂直整合的，允许跨年级的学生在一起学习设计。在这种教学结构中，学生带着他们各自学习获得的学科知识进行交流。虽然这些学生比读墨尔本大学课程的学生有更多的机会接触设计，但技能水平的多样性仍然需要课程负责人根据学生个人的能力和设计经验来指导他们的设计技能和过程。

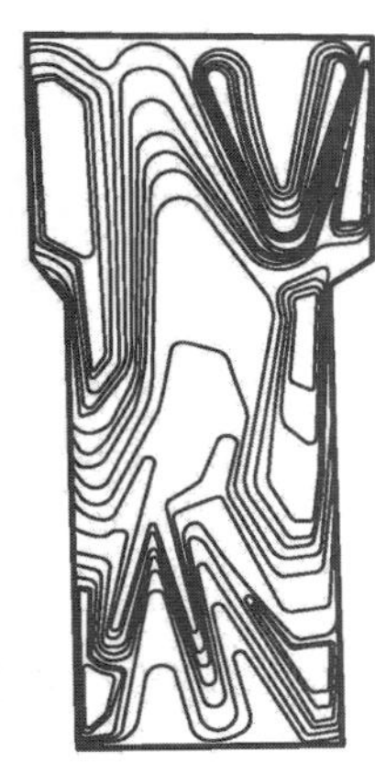
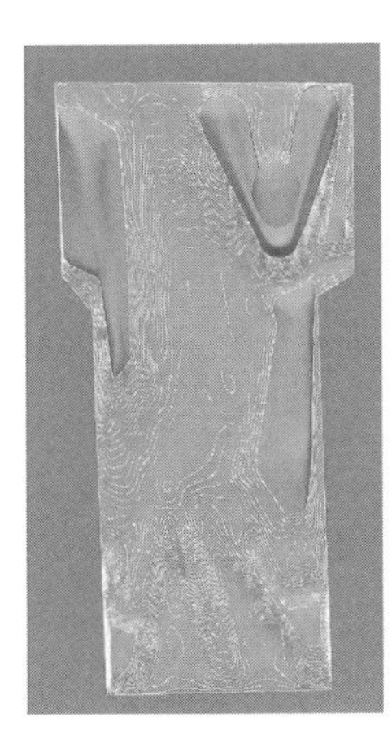
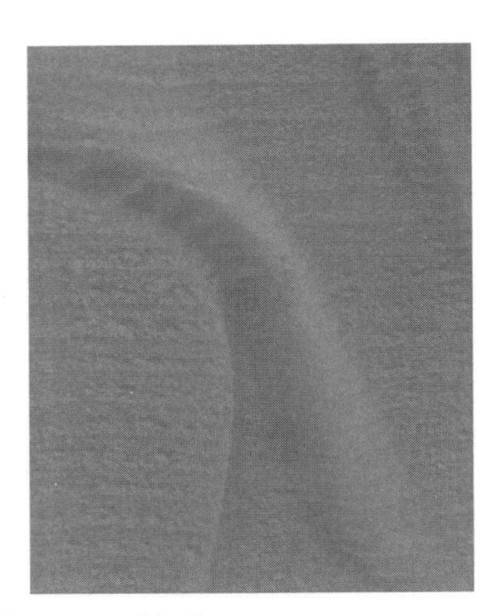

图1.6.1　从实体（黏土）到数字（Rhino）再到实体（切割）的设计探索

图1.6.2　在数字模型中测试人对形式的体验

图1.6.3　来自一个具有哲学背景的学生的最终图纸（另见彩图9）

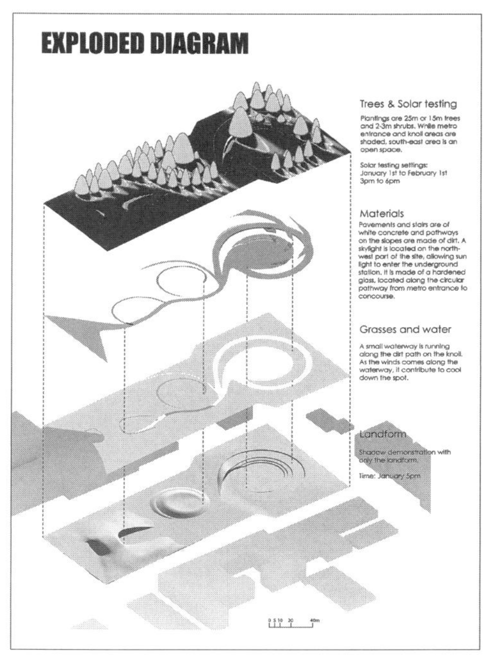

该课程通过计算机模拟和数字技术，探索了响应墨尔本郊区小河流水位波动的设计干预。将直观的形式探索与基于设计规则的方法相结合，并通过引入坡度、水流动力学和物质运动（侵蚀和沉积）等参数检验该设计干预效果。

学生们通过基于现场观察和流动动力学研究的绘画练习开始重建水体流动过程。然后，这些练习内容将被转化为使用黏土和流动沙子进行制作的实体模型研究（physical form studies）。这之后与前面提到的课程类似，要将实体模型转换为Rhino中的数字模型，这个数字模型是研究水的流动和地形之间关系的基础。在这个阶段中，针对不同的学生采取不同的试验方向。学习过参数化表达课程的学生可以将参数化技术（Grasshopper）应用于他们的设计中，而初学者则通过视觉判断来理解他们设计决策的意义。

与那些采用视觉决策的学生相比，使用参数化技术的学生在实时反馈的帮助下建立了更快、更强大的生成式探索过程。例如，其中一个学生项目（图1.6.4）反对目前基于泥沙淤积的机械挖掘的疏浚过程，用系统驱动的响应方式取而代之，将泥沙淤积过程重新塑造为一种生成生产性土地的过程。学生通过改变斜坡的坡度参数、水的横向压力探索各种关系的可能性，从而产生一种新的地形，该地形影响泥沙沉积的位置，从而影响河流的流动路径。该设计干预是一个适应性景观，它响应了两种水的力量——雨水流（来自城市环境）和波浪作用（来自海湾）。

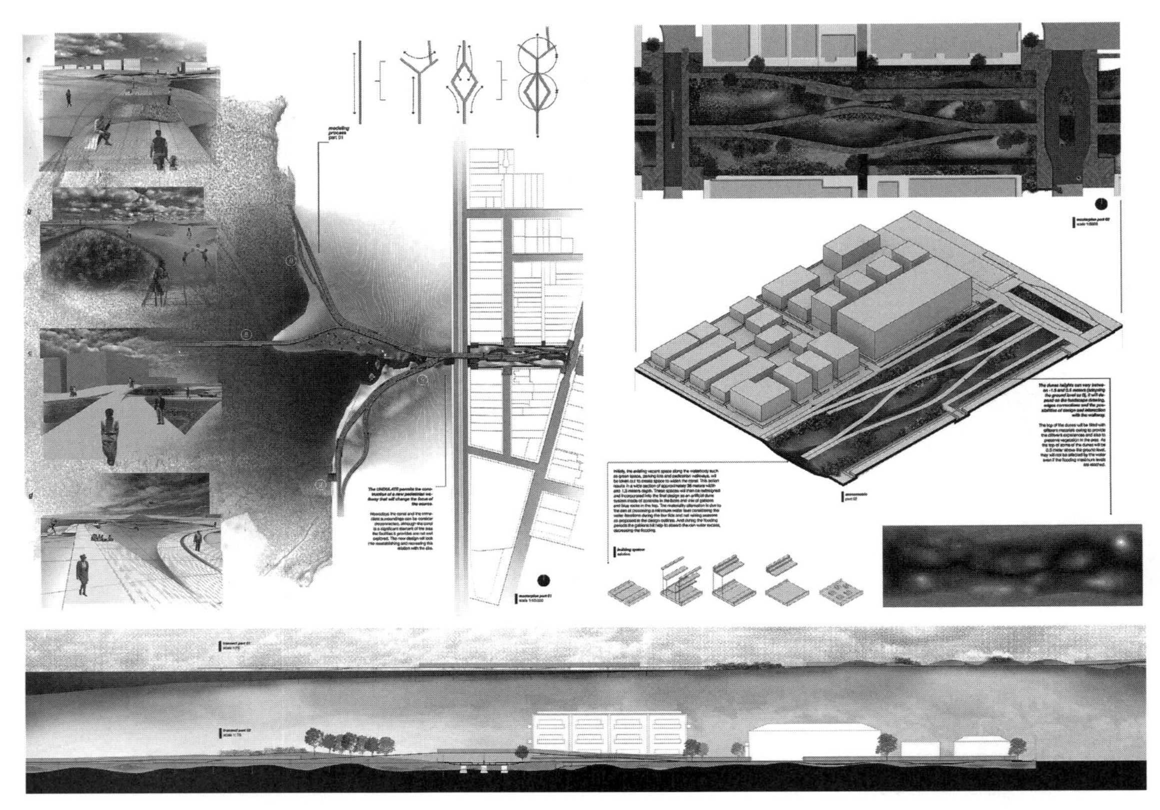

图1.6.4　系统驱动对疏浚的响应（另见彩图10）

学生的多样性极大地影响了这两个课程引入数字工具的步骤和方式。在墨尔本大学模式中，指引没有设计背景的学生将数字设计作为他们的第一设计语言，重点放在培养对设计过程的理解上。在皇家墨尔本理工大学的例子中，垂直课程结构的同等学习让初学者接触到高级数字应用，这是他们在自己的学习过程中还没有经历过的。重要的是，两门工作室课程都鼓励数字和模拟技术交叉的工作流程。

在接下来的内容中，我们将转向更高年级的课程——利用计算机技术来处理与澳大利亚、亚洲城市相关的气候变化问题：高温和污染。虽然设计师在减少热浪的频率或空气污染的程度方面几乎无能为力，但设计可以影响人类对这些现象的体验，这可以通过实时数据和模拟来了解。我们通过讨论墨尔本大学的硕士课程——研究墨尔本郊区一个小城市的热浪条件，以及皇家墨尔本理工大学本科景观课程——探索通过设计减轻越南胡志明市（HCMC）所面临的有害污染物程度，来强调这些数字化方法的价值。

1.6.3　通过数据和模拟来定义设计问题

越来越容易获取的实时数据和可实现的模拟为研究动态、不可见的大气现象提供了有价值的技术，但处理数据需要高水平的批判性思维，以识别有潜力发展成“高价值”问题的不寻常或有影响力的事件。虽然许多学生熟练掌握了数字工具，但掌握这种批判性思维远比想象的要难得多。在处理大尺度和复杂的环境问题时，这变得尤为重要，因为在大尺度的环境下，空间设计对潜在问题的影响是有限的。因此，课程反对仅是表面解决问题倾向，应鼓励让多视角和技术性的方法成为课程设计中不可或缺的角色。在这种背景下，课程要清晰地说明数据对于设计的价值，并要把握好评估性和生成性设计技术之间的关系。重要的是，课程的目标并不是达到科学领域的专业数据分析水平；相反，是生成一种设计过程——以“数字模拟、设计理论和现有科学研究相结合”的方式研究系统的行为（Walliss & Rahmann，2018：135）。

环境条件对设计的限制因素之一是获取与学生各自设计背景相关的有效、全面的数据集。在胡志明市（HCMC）工作室课程的案例中，现有的污染数据仅限于一个地点的单一污染物类型。因此，学生必须通过采用Arduino设备（微控制器）和手持式传感器进行大量的实地考察工作来记录自己的数据（图1.6.5）。同样，墨尔本热浪工作室课程（heat studio）连续5周用小型i-buttons记录不同场地微气候的温度数据。人居尺度的温度数据记录为墨尔本更大尺度的气象数据提供重要参照，通常是在机场和其他主要地标进行记录。

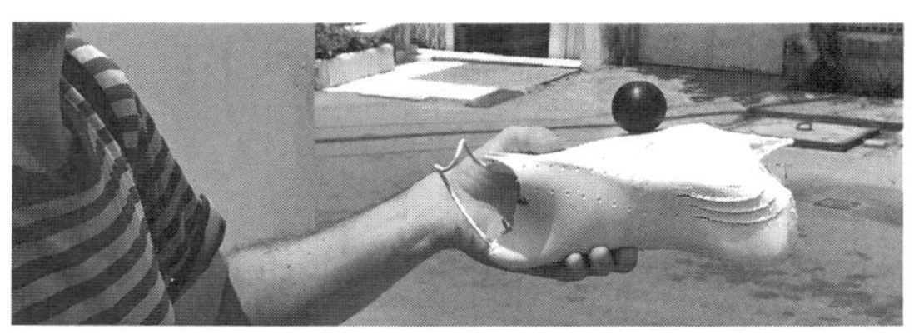

图1.6.5　移动传感器提供了记录现场和周边环境特定数据集的机会

这些自己收集的局部数据集促使更为严谨地探索建构形式和环境条件的相互关系，最重要的是，以此帮助识别设计干预的关键点（具有高影响度和高相关性的地点）。在胡志明市工作室课程中，学生发现了不同城市环境与污染类型的变化关系。一个研究小组揭示了城市形态与污染物（SO_X，NO_X，O_3）积累之间的联系，尽管该社区距离主要交通道路较远。

另一项调查发现，城市部分地区的颗粒物（PM2.5和PM10）浓度水平与建造活动有关。该分析强调了针对特定场地设计的必要性，指出使用普遍的数据集来定义污染问题的风险。例如，第一个团队的研究认为有必要通过促进空气流通来“洗去”城市的污染，与此相反，第二个团队的观察揭示了引入防风林来解决建筑工地污染问题的重要性。

回溯墨尔本大学的课程，一个小组对场地数据的时间规律进行了仔细的分析，突然发现一个有趣的异常现象：在每天的某个特定时间，场地温度会低于周围空气温度一个多小时，然后再重新恢复相同的温度。这个无法解释的数据小反常展示了中断热量积聚循环的可能性，并激发了一种“重置舱（reset pods）”休息场所的设计概念——旨在限制场地材料积累热量的休息场所。

在对场地数据的研究中，两个工作室课程都在设计过程中引入实体原型来验证在数据驱动下场地研究的结果。在胡志明市工作室课程中，一个位于墨尔本的团队，通过物理风洞模拟实验验证作用于场地的条件和效果（图1.6.6）。这一过程摒除了其他场地条件的影响，使在场工作坊的学生对观察到的热动力学原理之间的关系有了更清晰的理解。同样，墨尔本工作室课程的学生探究材料（木材和混凝土）对热量的反应，结合数字模拟和实体原型，以根据波动的热条件来测试隔离性能，如图1.6.7所示。

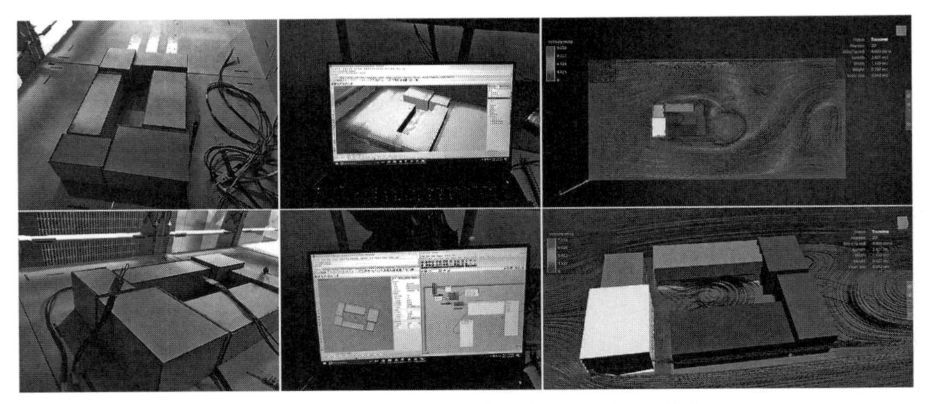

图1.6.6　风洞模拟提供了实体和数字原型之间的接口

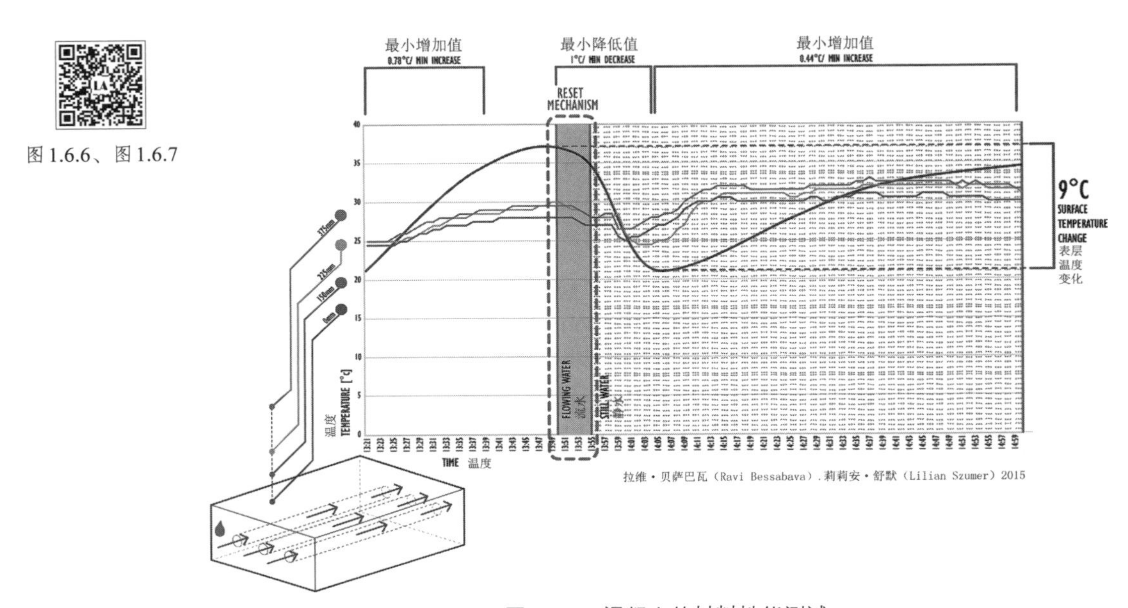

图1.6.7　混凝土的材料性能测试

在随后的设计生成过程中，这种对场地行为的凝练进一步细化了“高价值”问题。例如，胡志明市工作室课程团队认为需要“清洗”他们的场地，建议在小巷中插入一系列的小遮阳篷以增加风的流动性，促进去除狭窄城市空间的污染。学生利用本地遮阳篷结构发展出各种设计解决方案，这些方案通过设定参数来实现所需的气体流动（图1.6.8）。相比之下，研究建筑中特定颗粒物的小组提出了一项城市尺度的设计策略，如图1.6.9所示，分阶段地建设以促进污染物的沉积，该策略考虑了未来总体规划中土地建设过程和住房配置的影响。

墨尔本小组进一步研发了他们的“重置舱”，根据现场动态条件，通过模拟和实时数据集测试了场地选址和形式（图1.6.10、图1.6.11）。这些实验结果与材料研究结合，指导学生创造出一系列的“重置舱”，它根据具体的环境背景而改变，从而创造特定的微气候条件。

这些设计方法展示了模拟和实体原型以及实时数据是如何促进反复定义问题的迭代过程，在此过程中，设计师可以更深入地了解如何改变现象的运作方式，而非“解决”一个问题，课程引导学生去识别特定的设计作用，这反过来会引发新的设计成果。虽然这些设计方法注重表现，但这并不意味着忽略其他设计特质，如美学、材料和个人体验。一旦理解了性能属性，这些特性将作为设计过程的一部分进行探索。

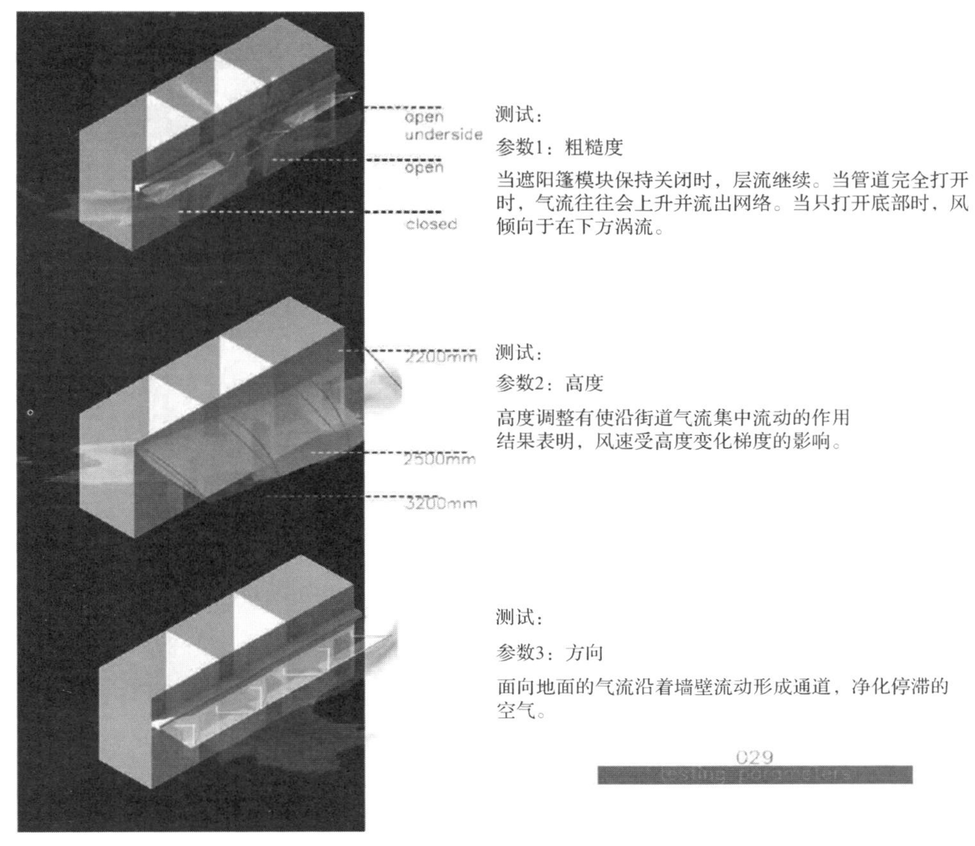

图1.6.8　通过对设定参数进行控制开展设计研究（Will Mulheisen，2017）

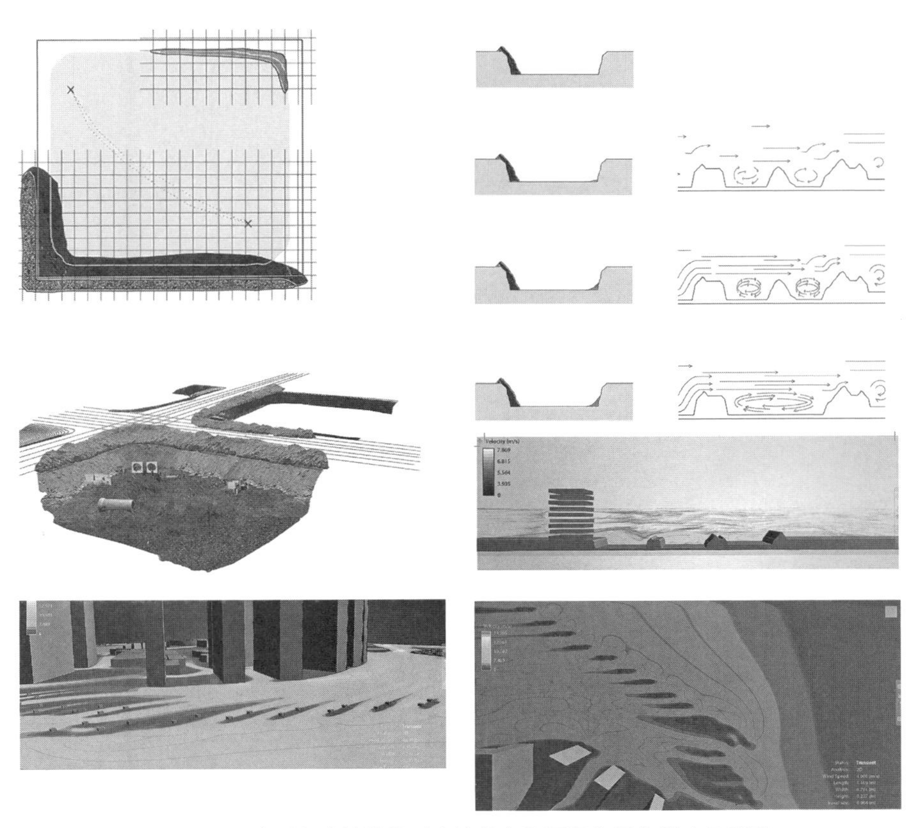

图1.6.9　地形和建筑结构对水流效应和沉积作用的影响示意图

（Louella Exton，Robbie Broadstock，George Willmott，2017）

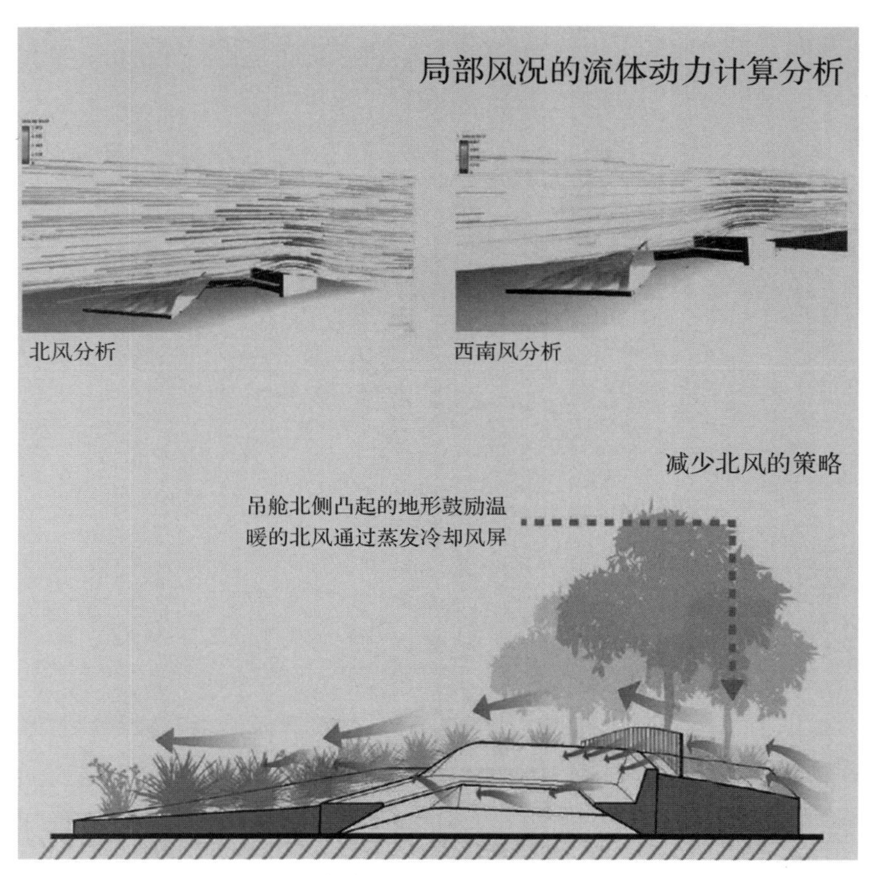

图1.6.10 使用仿真模拟测试“重置舱”（另见彩图11）

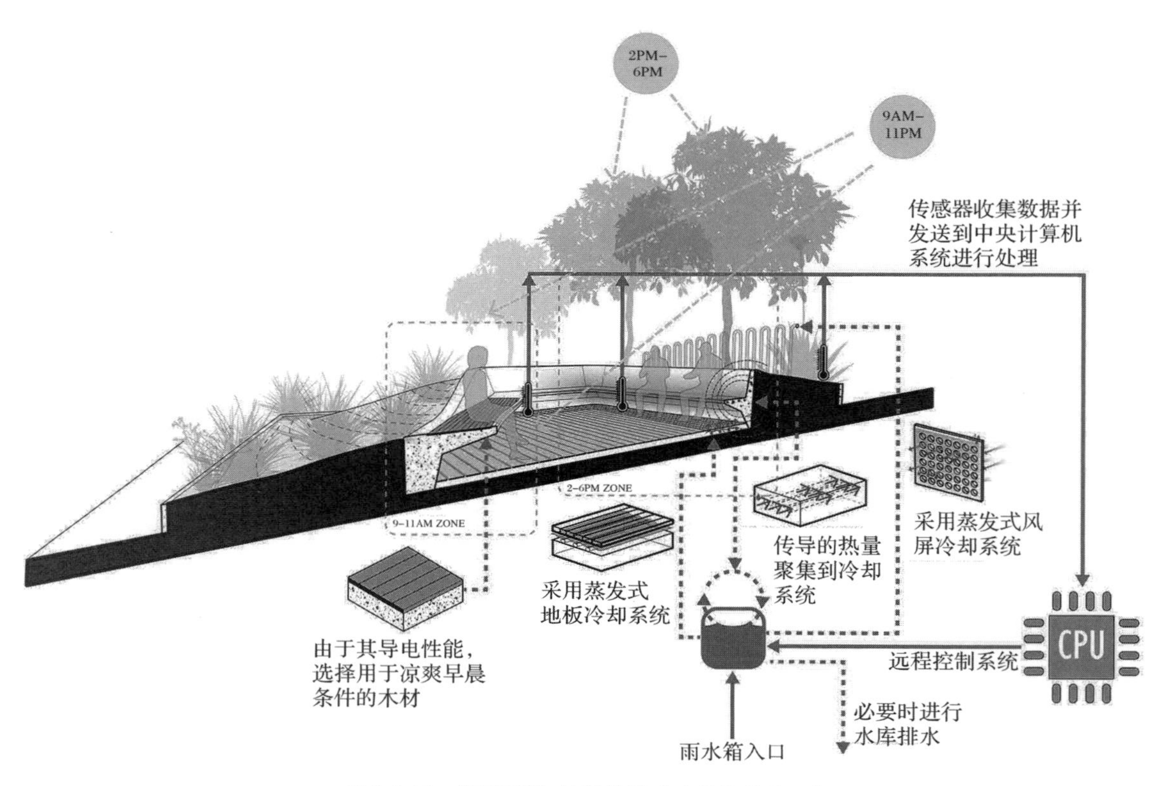

图1.6.11 “重置舱”的最终形式（另见彩图12）

1.6.4 结论

参数化设计需要从隐性知识到显性知识的转变，需要将设计过程分为有影响的参数和规则。这种设计过程不同于更常见的设计和规划过程，后者是在大量的综合场地分析后形成设计概念。此外，参数化过程对视觉推理在指导设计决策方面的主导地位提出挑战，实时数据和模拟为利用现场条件和验证设计干预提供了强大的新途径。

然而，这些新的设计潜力需要在工作室课程安排和目标上进行详细概念化。对于初学者来说，强调包含模拟和数字技术的非线性工作流程以及引入基于规则和行为的设计思维很重要。对于更高级的工作室课程来说，实时数据和模拟带来的广泛可能性需要利用高度的批判性思维对设计过程加以控制。参数化建模和模拟等数字工具没有提供解决方案，而是让风景园林设计师能够用以前没有的方式理解形式与动态系统之间的关系。掌握和使用这些软件只是时间问题，而懂得如何更有效地应用这些工具更具有挑战性。但是，源源不断的新书如《编码：风景园林设计的参数化和计算性设计》（*Codify*：*Parametric and Computational Design in Landscape Architecture*）（Cantrell & Mekies，2018）使学生越来越容易地了解计算性技术在风景园林设计方面具有令人振奋的潜力和价值。

1.6.5 参考文献

Burry，J. & Burry，M.（2010）. *The New Mathematics of Architecture*. London：Thames & Hudson.

Cantrell，B. & Mekies，A.（2018）. *Codify*：*Parametric and Computational Design in Landscape Architecture*. Oxon：Routledge.

Davis，D.（2013）. "Modelled on Software Engineering：Flexible Parametric Models in the Practice of Architecture"，Ph.D. diss. RMIT University Melbourne.

Girot，C.，Bernhard，M.，Ebnöther，Y.，et al.（2010）. "Towards a Meaningful Usage of Digital CNC Tools：Within the field of large-scale landscape architecture"，in *Future Cities*：Proceedings of the 28th Conference on Education in Computer Aided Architectural Design in Europe，September 15-18，2010，Zurich，Switzerland，（ETH Zurich）371–378.

Osborn，B.（2014）. Email communication.

Oxman，R.（2006）. "Theory and Design in the First Digital Age"，*Design Studies*，27：229–265.

Oxman，R.（2008）. "Digital Architecture as a Challenge for Design Pedagogy：Theory，Knowledge，Models and Medium"，*Design Studies* 29：99–120.

Walliss，J. & Rahman，H.（2016）. *Landscape Architecture and Digital Technologies*：*re-conceptualising design and making*. Oxon：Routledge.

Walliss，J. & Rahman，H.（2018）. "Computational Design Methodologies：an enquiry into atmosphere"，in Codify（eds）B. Cantrell & A. Mekies，*Codify*：*Parametric and Computational Design in Landscape Architecture*. Oxon：Routledge. 132–143.

Woodbury，R.（2010）. *Elements of Parametric Design*，Oxon：Routledge.

1.7 设计课程中的一种现象学方法

苏珊·赫灵顿（Susan Herrington）

1.7.1 吉鲁特的景观四步骤概念

在1999年詹姆斯·科纳（James Corner）编撰的《论当代景观复兴》（*Recovering Landscape: Essays in Contemporary Landscape Architecture*）一书中，克里斯托夫·吉鲁特（Christophe Girot）撰写了“景观四步骤概念（Four Trace Concepts in Landscape Architecture）”章节。在文章中，克里斯托夫·吉鲁特指出：“在我的工作过程中，尤其是在复兴场地方面，有四个操作理念可以作为场地调研和设计的工具。我之所以称这些为‘步骤概念’是因为它们紧紧围绕着记忆的问题：标记（marking）、意象（impressing）和建构（founding）（1999：60）。”克里斯托夫·吉鲁特的四步骤概念分别是“着地”（landing）、“停留”（grounding）、“探寻”（finding）、“建构”（founding）。“着地”指在第一次实地考察中应用现象学方法，强调通过直接体验获得对场地的认知。例如，埃德蒙德·胡塞尔（Edmund Husserl，1859—1938）认为我们先直接感受到自然事物，然后才形成有关它们的理论。体验是一种凭直觉感知某物并认为它是真实的意识，体验在本质上可以被描述为对尚未认知的自然事物的意识及其原始意识（Husserl，2002：125）。与胡塞尔的现象学概念相呼应的是，吉鲁特的“着地”包括对现场体验中出现的现象无偏见描述，这不仅限于物质实体，因为现象也可以包括想象和记忆。“因此‘着地’需要一种直觉和印象优先的特殊思维方式……”（Girot，1999：61）。

第二个概念是“停留”，指反复考察、理解和研究场地。吉鲁特认为“停留”是一个呈现可见与不可见事物连续性层面的过程（1999：63）。因此，这一阶段包括在现场体验中发现不同层面的信息和研究收集到的信息。吉鲁特的第三个概念——“探寻”指“揭示支持某人对场地最初直觉的证据”（1999：64）。“探寻”支撑着设计方案，并且“探寻”的方法是多种多样的，它可以来源于一个意外的发现，也可以是通过艰苦钻研探索出的结果。这些发现可能是有形的，比如一处遗迹、一棵具有重要价值的树或者一块石头，也可能是无形的，如某位逝世的名人（1999：63）。最后，“建构”为将来的事件奠定了基础。吉鲁特指出“‘建构’可能是四步骤概念中最持久和最重要的一步，它在综合前三个步骤内容并将其改造为一个新场地的时候出现”（1999：64）。

“只有当我们可以将我们的感受融入科学时，景观复兴才会开始。”（Girot，1999：66）

吉鲁特提出“四步骤概念”有两方面的目的。第一，他赞成景观的复兴是以恢复景观想象力和文化维度为目的，这些维度曾被环境保护主义和感性、静态的景观图像所掩盖。吉鲁特认为法国的风景园林设计师主要关注环境的保护和修复，“这种工作被视为改善被破坏的生态环境和城市化问题的一个重要举措。因此复兴景观的意图毫不意外地以此为核心，因为它暗含了人们对其周围环境质量和景象的关注。然而，也可以拓展景观复兴的含义，激发文化与想象力的维度”（Girot，1999：59）。吉鲁特的第二个目的是强调一个设计师很少属于他所要设计的场地的事实，一个外来设计师如何获取对场地的认知将决定他能否采取明智而合理的设计措施（1999：60）。吉鲁特指出一个场地项目介绍经常是远距离分析的结果，过程被简化为系统和定量程式化公式。与此相反，四步骤概念则要求设计师能够根据他们的直觉印象和场地体验引导项目设计（1999：65）。因此，景观四步骤概念旨在挖掘设计师在设计过程中的创造力和创新能力，并解决设计师因为不熟悉场地而脱离场地的问题。

但上述关于设计过程的内容写于1999年，是否还适用于今天？答案是它现在可能比以往任何时候都更加重要。1999年以来，景观都市主义一直主导着北美风景园林的理论和设计。查尔斯•瓦尔德海姆在1997年提出景观都市主义，认为“景观都市主义可以被理解为一次学科重组，在这次调整中，景观取代了建筑的历史角色成为城市设计的基本建构单元”（2006：37）。自景观都市主义被提出以来，该理论一直受到拥护，因为它将系统，尤其是非人类的系统，置于形式和人文关怀之上。此外，数字媒体和社交网络的蓬勃发展也推动它的崛起。

一些人认为景观都市主义和数字景观可视化分析技术的崛起使设计师更加脱离他们设计的场地。2016年，丽莎•戴德里奇（Lisa Diedrich）、古尼拉•林德霍尔姆（Gunilla Lindholm）、维拉•维森佐蒂（Vera Vicenzotti）在瑞典阿尔纳普组织了一场名为“超越主义：景观都市主义的景观（Beyond ism：the landscape of landscape urbanism）”的国际研讨会，以收集景观都市主义的批判者和倡导者的见解。托尔比约恩•安德森（Thorbjörn Andersson）、伊丽莎白•迈耶（Elizabeth Meyer）、诺埃尔•范多伦（Noël van Doren）等参会者指出，由于缺乏对人类（甚至是城市）问题的关注，这一思潮受到了阻碍，同样地，它忽视了物理景观的贡献，只注重数字景观所表现的美学，而不注重建成作品的美学品质。下面来自温哥华一个工作室课程的例子将说明“四步骤概念”的方法如何体现相反的立场。

1.7.2 四步骤概念和温哥华阿标特斯走廊

“四步骤概念”指导了加拿大不列颠哥伦比亚大学一个研究生景观工作室课程的设计过程。学生们的研究地点是温哥华一条废弃的城市铁路线——阿标特斯（Arbutus）走廊（图1.7.1），该线路横跨温哥华的6个街区，连接了众多的河流道路、地理环境、土地类型以及这些可见物背后隐藏的东西。看似遗弃的阿标特斯走廊却仍然活跃，自从2001年最后一列货运列车通过之后，这里的景观一直富有争议。20年来，加拿大太平洋铁路公司一直无法与温哥华市就地块的交易价格达成一致，与此同时，这里出现了一种由非正式人居生态系统、野生动物和游击式花园（guerrilla gardens）组成的过渡性景观。

这个长廊场地很适合将吉鲁特的“四步骤概念”转换为工作室课程的设计过程。我们的课程吸引了来自世界各地的学生，所以大部分学生对于阿标特斯走廊来说都是外来者。此外，场地的自然特质要求不能仅依靠远距离分析和解释的方法。

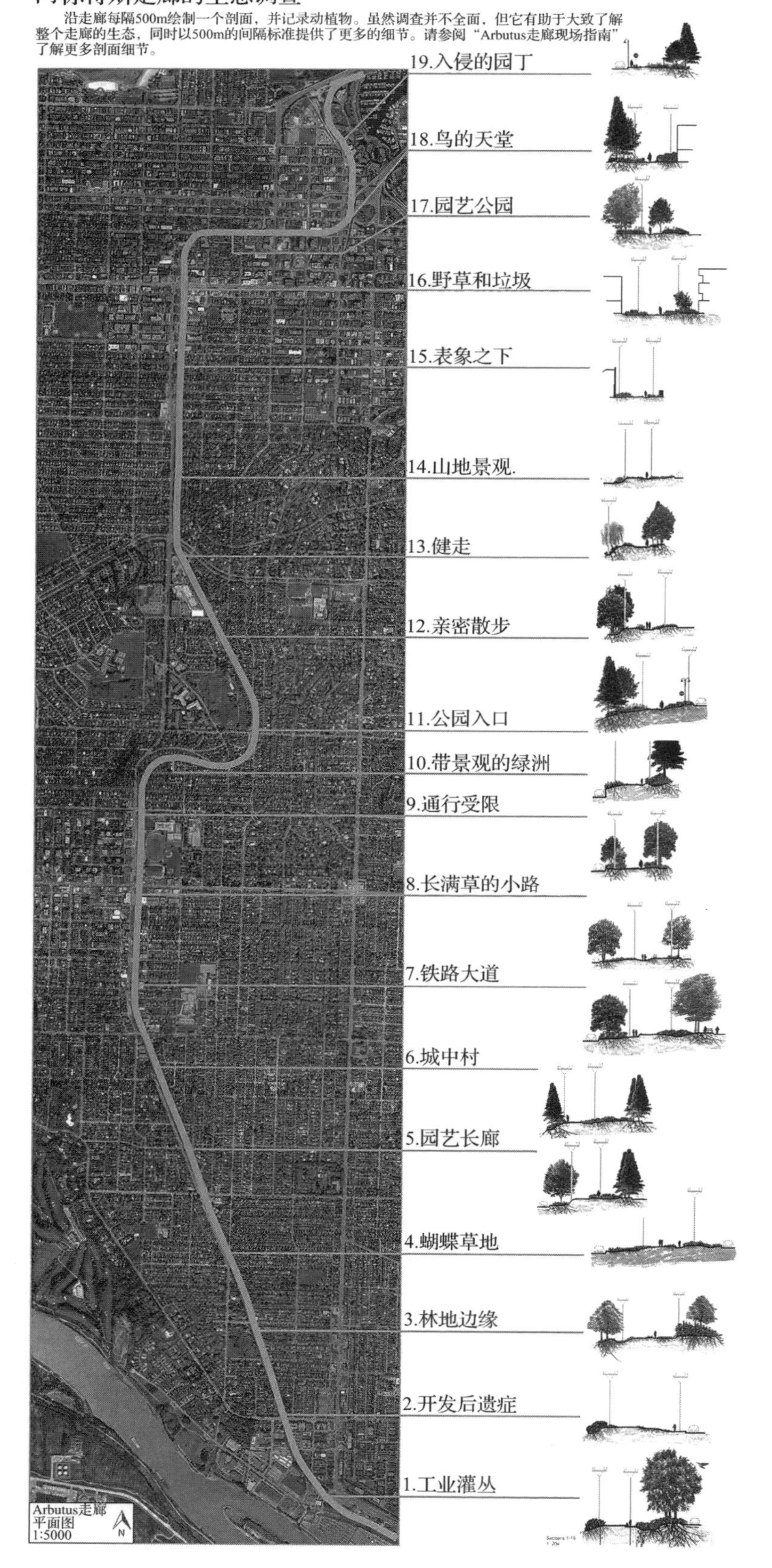

图 1.7.1

图 1.7.1　阿标特斯走廊（不列颠哥伦比亚大学风景园林专业学生绘制）

因为这条长廊拥有非同寻常的尺度——10～20m宽，11km长，因此需要一种能挖掘它体验特性的方式。长廊一旦被开发成为城市的公共空间，这个线性景观会直接服务于周边密集的人口。为了将吉鲁特的理论应用到该课程中，学生们被要求依次阅读风景园林设计中的四步骤概念，完成着地、停留、探寻、建构四项主要作业，并最终在工作室课程结束时提出一份设计方案。

1.7.3 着地

吉鲁特“四步骤概念”中的第一个——着地，呼应了胡塞尔的现象学方法。根据吉鲁特的说法：“在‘着地’的过程中，设计师不允许对任何东西保持平淡或中立，相反，一切都要被看作惊叹和好奇的存在（1999：61）。”为了加强对场地的现象学认知，课程不允许学生使用GIS数据和其他描述场地的数据。没有一个学生曾经成功地走完阿标特斯走廊，所以他们要独自或组队通过走完长廊来“着地”。他们可以从北端或南端开始，并允许在课程的前两周内的任何时间出发。如果他们能带个朋友一起，那么晚上是最好的出发时间，他们还被鼓励带上宠物，并且越独特越好。课程要求学生直接描述他们的体验，并将他们对走廊的认知和他们自己的直接体验并列。学生一旦完成“着地”过程，他们需要提交一份成果，可以是现场照片的图册，按顺序收集的可接触事物的拼贴画，以同样间隔（米）或时间（分钟）采集的声音数据集，或者是用手机拍摄的他们“着地”的简短视频。在“着地”过程中，他们还要用文字记录下他们的体验（图1.7.2）。

图1.7.2 在阿标特斯走廊“着地”

SHANNON PITT
09 SEPTEMBER 2014

“非法的光”

图1.7.3　香农·皮特（Shannon Pit）的“着地”实践成果

香农·皮特在白天进行“着地”，她对在长廊中遇到的违规行为有深刻的印象：从狗到游击式花园、大型广告牌、衣物收集箱，再到垃圾箱、废弃物，这个有争议的场所充分说明了人们每天使用和体验这个场地的多种方式。皮特认为尽管有大量禁止遛狗或园艺的警告标识，但人们似乎并不担心，因为他们使用的是一家铁路公司管理的私人空间。她系统地记录下这些违规的使用行为，命名为“非法的光（Illegal Incandescence）”（图1.7.3）。该词（Incandescence）来源于拉丁语，意思是发光，皮特选择这个名称是因为她在“着地”时受到这些违规的使用行为的启发。

塔玛拉·博内美森（Tamara Bonnemaison）试图从心理地理学的角度来描述她的“着地”，与胡塞尔对体验的直接、公正的描述相似。她将每次“着地”时遇到的不寻常的现象用自己想到的一个虚构名字来命名，这些名字反映了该现象给她留下的直接印象。然后，她用这些名字制作了一个线性拼贴画，其中包括如“机械藤”“浪漫的跳跃鸟瞰”“大蜜蜂草地”等名称。稍后在“着地”过程中回顾这些名字时，博内美森被走廊上的植物和它们的野性生长所打动，并将其作为她体验的中心主题。

1.7.4 停留

“停留”是吉鲁特“四步骤概念”中的第二步。他认为“‘着地’和‘停留’在本质上的区别与次数和时刻有关，‘着地’只在一开始时发生一次，直接而清晰，而‘停留’则会无限地重复。‘停留’更多的是通过反复的考察和研究来读懂和理解一个场地”（1999：62–63）。两周后，在工作室课程剩余的时间内，学生小组进行了一个称为“必要偏题（Necessary Digressions）”的停留练习。这个练习涉及与走廊的利益相关者，如原居民（土地占用者）、铁路公司（土地财产权所有者）和温哥华市代表（土地的潜在所有者）交谈并从中获取信息。这些题外话揭示了关于该场地不可见的信息。正如吉鲁特所指出的，最重要的不一定是肉眼可见的东西，而是使一个地方发展演变的驱动力和事件（1999：63）。

学生利用在“停留”过程中收集到的想法和信息揭示场地可见和不可见现象之间的联系。这个阶段以小组形式进行，包括对走廊的物质和非物质特征、自然特征、基础设施的评估，它的演变历史（公共的）与场地记忆（私人的），当地和地区间物流，它的非正式和正式使用与活动，它的空间和时间维度。

迪安妮·曼泽（Deanne Manzer）和凯瑟琳·皮胡贾（Katherine Pihooja）考虑到走廊的物质和非物质特性，因此将他们发现的关于走廊的主要交流性要素进行量化处理（图1.7.4）。例如，他们统计了场地的物理和文本特征，如194个加拿大太平洋铁路官方标志和318个其他标志。相应地，他们还统计了走廊的非物质特征，比如当年关于阿标特斯走廊的两个Facebook页面、197条推文以及67 900次谷歌点击数据。为了联结这些材料，他们创建了自己的Facebook页面，命名为“阿标特斯走廊的所有人（All Aboard the Arbutus Corridor）”，并在这个页面上发布了他们“停留”阶段的工作成果。曼泽和皮胡贾还发现这个走廊包含72 907个铁路道钉，这在亚马逊上值87 459美元；他们还统计了此处包含18 277根钢轨，在咨询家得宝（The Home Depot）后发现它们价值236 947美元。曼泽和皮胡贾通过把阿标特斯走廊上的物质存在和非物质存在（在线货币）之间进行关联，将场地可见条件和不可见的信息联系了起来。

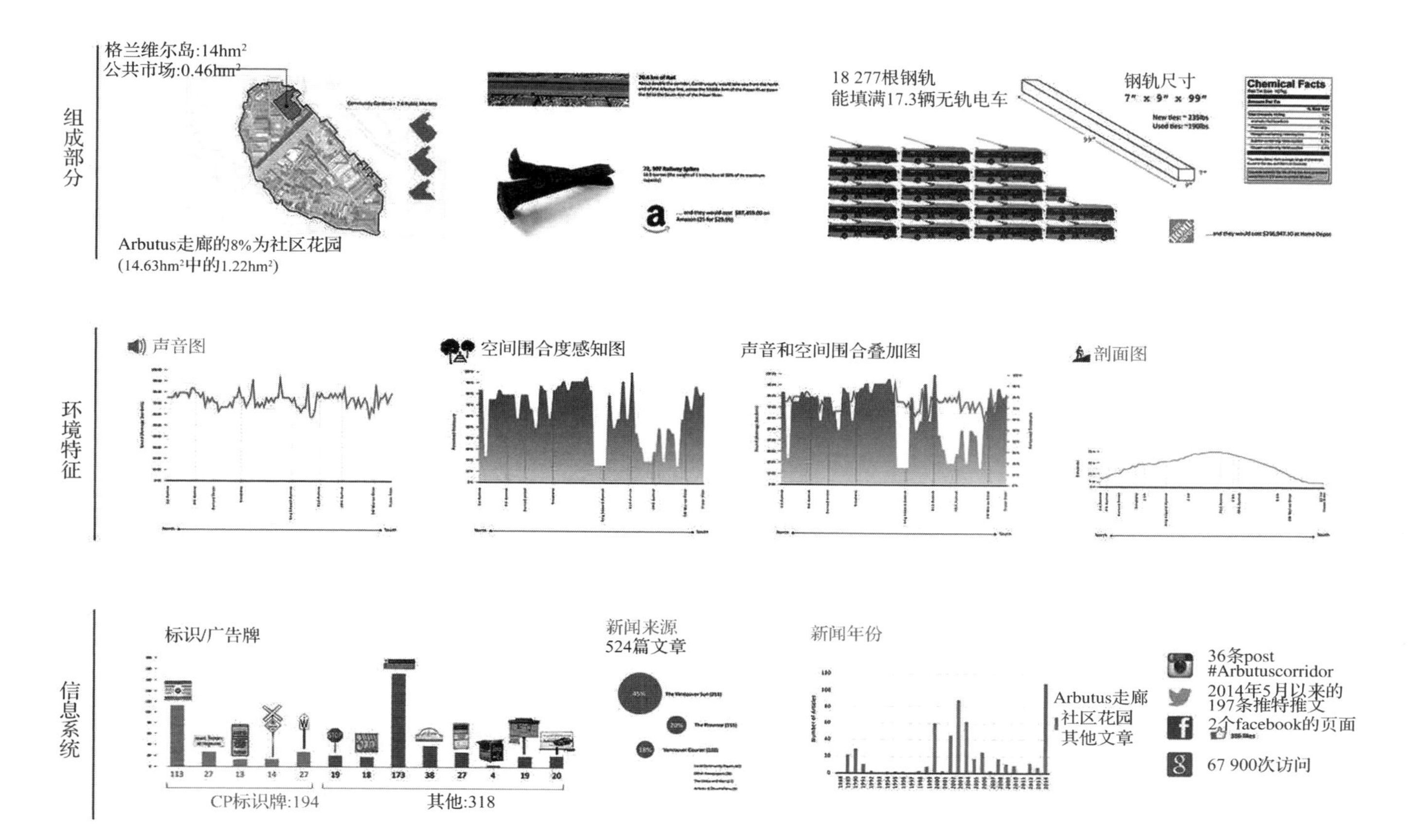

图1.7.4 迪安妮·曼泽和凯瑟琳·皮胡贾的“停留”成果

切尔西·施密特克（Chelsea Schmitke）和希瑟·斯科特（Heather Scott）研究了阿标特斯走廊当地和区域间的物流（图1.7.5），物流包括资源和商品的采购、存储、运输。他们发现阿标特斯走廊是一条直接连接南北的物流通道，使居民和动物可以在北部的福斯溪和南部的弗雷泽河之间流动。走廊沿线的鸟类和蝙蝠的栖息地承担着该场地最重要、主要的生态功能。在大温哥华地区以外的更大尺度范围内，工业和农业运输线路连接各种贸易场所，这条走廊曾经连接着陆地和水域的资源和产品。施密特克和斯科特发现了阿标特斯走廊作为铁路时支撑着众多物流联系，连接亚洲港口与温哥华地区的场所，如联盟粮食码头有限公司和金德摩根温哥华码头；他们还发现了现在作为被遗弃铁路的走廊为生物提供了栖息地空间。

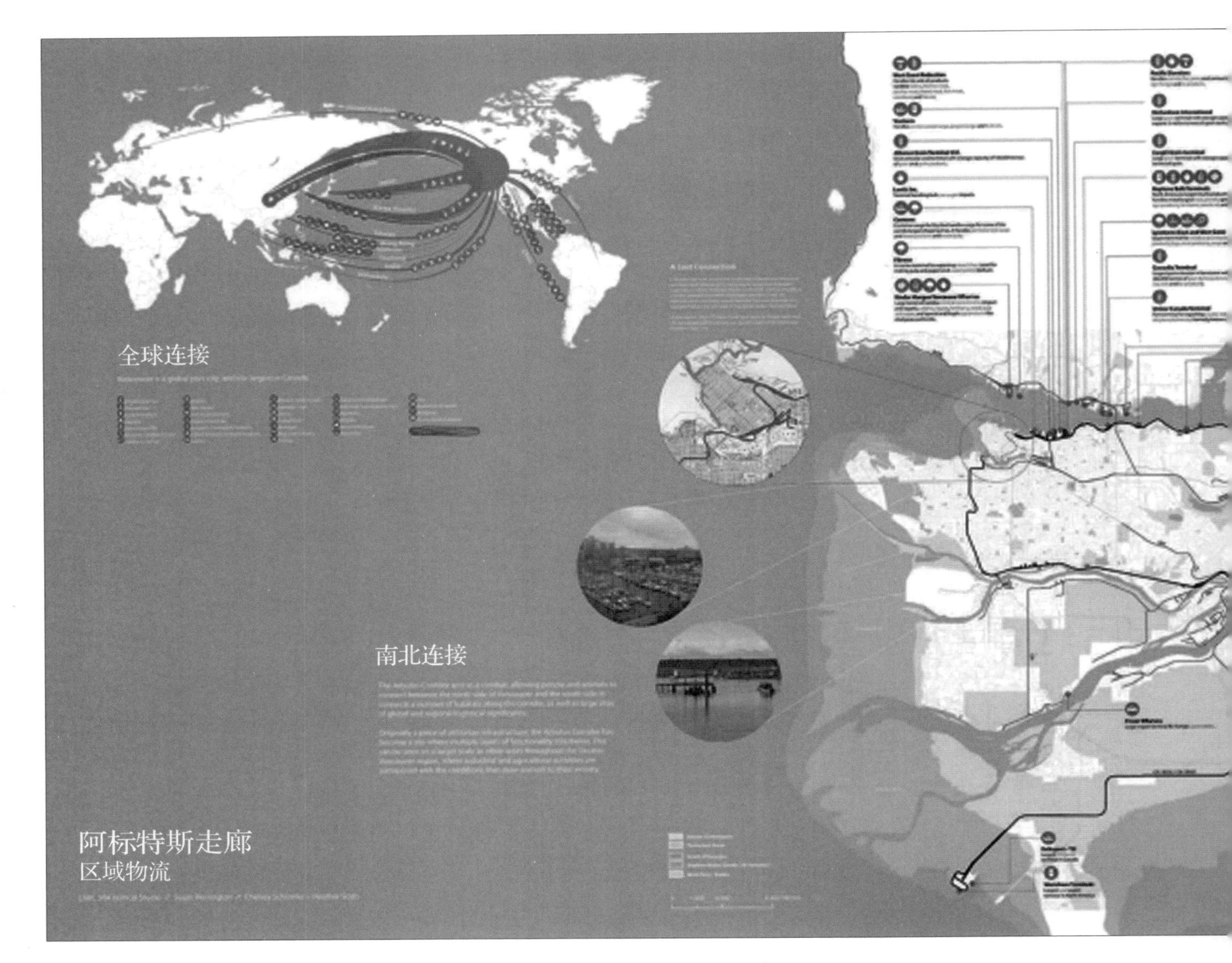

图1.7.5　切尔西·施密特克和希瑟·斯科特的“停留”成果

1.7.5　探寻

“探寻”是当工作坊课程进行到中期时开始进行的，这是三个概念中最具挑战性和最难适应的一个。吉鲁特认为，这可能是“一个意外的或者是通过一些艰苦的方法探索而获得的发现”（1999：63）。该方法要求学生们使用照片、草图、示意图、蒙太奇手法、文字材料来创建视觉矩阵。矩阵将区域、社区、身体尺度的变换（transformation）、演替（succession）和运行（operation）进行比较，每个学生需选择一种尺度来进行工作（图1.7.6）。

在区域尺度，变换解决了未来走廊的多种用途问题，在这个案例中，飞行动物，尤其是鸟类和蝙蝠，创造了一个持续变化的场地。演替展示了这种变换是如何随着时间的推移而

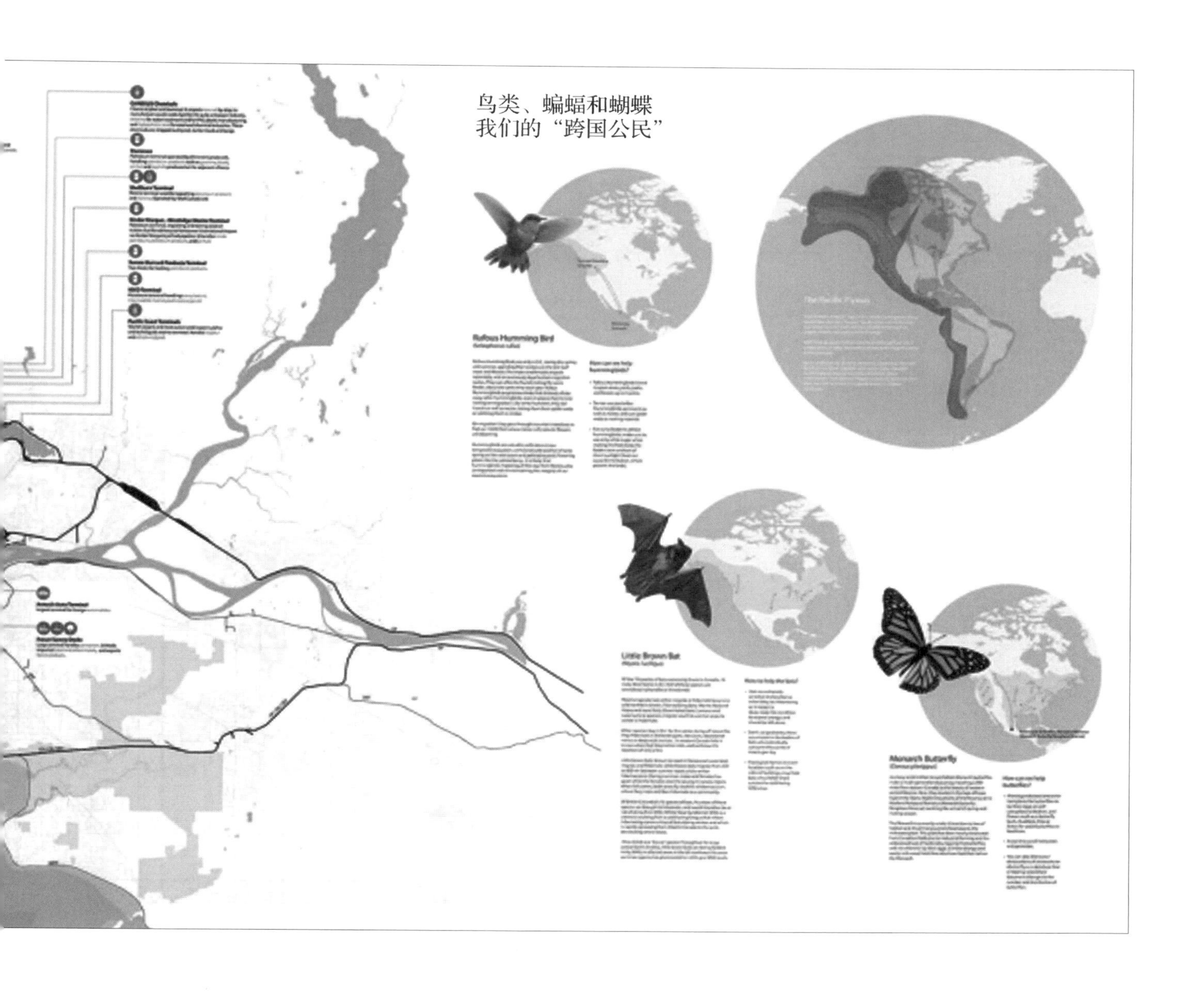

发生的，而一些学生认为走廊是人类飞行的线性空间。运行则涉及这种变换和演替的经济物流。凯瑟琳·皮胡贾提议将该走廊用作beta测试实验室，通过无人机或其他飞行器对场地生态和可持续系统进行检测和记录（图1.7.7）。在与走廊交叉的社区尺度上，希瑟·斯科特推测出一种新的随时间推移而演变的水文状态。在运行上，正如斯科特所设想的那样，这条走廊将成为一个线性湿地网络。在个体的尺度上（人或动物），狗经常被认为是走廊里的活跃角色，虽然它们并不占领这个场所，但人们经常沿着走廊遛狗，用它们的标记使场所发生变化。狗与人类有着悠久的共同生活历史，并随着人类活动和习惯而不断演变。切尔西·施密特克的学习小组设想了一个城市犬类种群的线性区域，她先前的"着地"任务是用绑在狗脑袋上的go pro相机完成的。

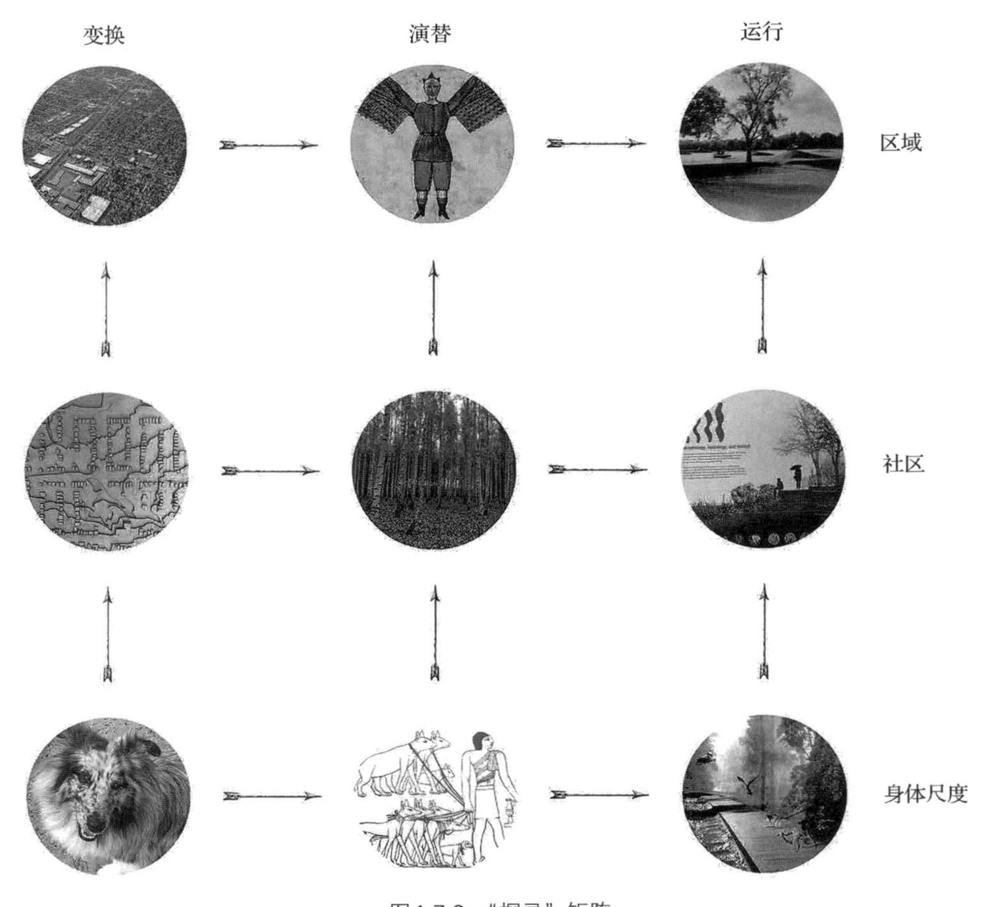

图 1.7.6 “探寻”矩阵

图 1.7.7 切尔西·施密特克和希瑟·斯科特的“探寻”作品

图 1.7.5 至图 1.7.7

1.7.6 建构

在“建构”阶段，学生们综合了走廊的多种尺度、时间过程、速度等信息来设计未来的走廊。学生要考虑走廊的体验潜力，这包括但不限于作为人类和野生动物交通基础设施的走廊、新兴技术的试验场、非正式和正式的经济网络场所、经多个参与者协商的物流景观。由于这一线性景观较高的争议性（互联网、电视、广播和灰色文献等广泛媒体报道的各种观点），学生理解走廊可以作为城市体验的潜力非常重要。这要求学生提交整个11km长廊的概念规划设计成果，通过详细设计（透视图、PS处理过的图片等）和方案组织体现出对材料、人体尺度体验的考虑，并直接与区域环境和视觉建立联系。

斯蒂芬·艾特肯（Steph Aitken）提出营造蝙蝠栖息地。在北美洲，白鼻综合征（WNS）已经使很多喜欢昆虫的蝙蝠种类灭亡，这种疾病也被称为白鼻子，这是因为冬眠的蝙蝠的脸、耳朵、翅膀上长满了白色真菌，最终导致蝙蝠死亡。美国地质勘查局国家野生动物中心估计“自白鼻综合征出现以来，美国东北部的蝙蝠数量减少了80%”（*US Geographical Survey* 2017），该疾病已经传播至北美的西海岸。学生们于“着地”期间在阿标特斯走廊中发现了小棕蝙蝠（*Myotis lucifugus*），白鼻综合征影响了包括小棕蝙蝠在内的多种蝙蝠种类。

由于蝙蝠会返回相同的地方交配和哺乳，艾特肯的提案不仅仅涉及营造蝙蝠栖息地。为吸引昆虫，他建议在湿地中种植湿生植物和挺水植物作为幼虫停留处。艾特肯还设计了岩石缝隙和蝙蝠栖息地结构；为不影响蝙蝠的夜间活动，提案要求移走阿标特斯走廊上的照明灯。艾特肯还想通过社区参与方式来监测阿标特斯走廊沿线的蝙蝠，她提议创建阿标特斯蝙蝠小组并安装蝙蝠摄像机，供当地居民、大学研究人员、小学生观看。她重新设计了公告牌，以宣传蝙蝠和它们的生存环境（图1.7.8）。宣传牌标题为“黑夜的魅力”，以宣传观看蝙蝠的网络摄像机、阿标特斯蝙蝠小组以及减少光污染。

图1.7.8 斯蒂芬·艾特肯的“建构”作品

塔玛拉·博内美森回到了在“着地”过程中被她命名为“浪漫的跳跃鸟瞰区”的场地中。她根据一年中不同时期的日落位置设计了观景平台，这些平台本身以及通往平台的标记也为走廊里丰富的野生动植物的生存提供了便利。日落平台旨在保护各种小型哺乳动物，在这个区域内设计的园路允许老鼠、浣熊和其他小型动物安全穿越。入口标记上层为猫头鹰、北扑翅䴕、绒啄木鸟、北美山雀、紫色马丁鸟、卡罗来纳鹪鹩、普通䴓、冠蝇霸鹟、比氏苇鹪鹩提供了掩蔽的场所。在较低的层（1m以下）中，这里是树燕、蛱蝶、螳螂、蜂鸟鹰蛾、北美橙色灯蛾的庇护场所（图1.7.9、图1.7.10）。

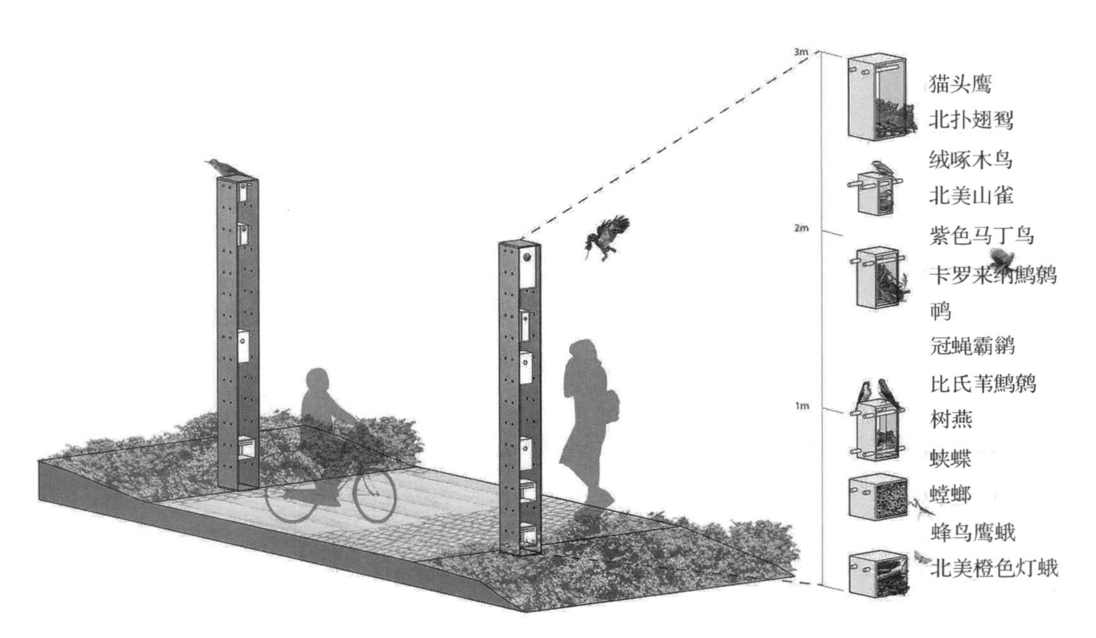

图1.7.9 塔玛拉·博内美森的“建构”作品1（另见彩图13）

图1.7.10 塔玛拉·博内美森的“建构”作品2（另见彩图14）

1.7.7 总结

结合吉鲁特“着地”练习的现象学方法，学生在风景园林设计专业设计工作室课程中探索了在标准场地调研中体验的本质。因此他们通过自己的体验获得了关于走廊的认知，这为他们在场地调研时可能忽略的部分提供了新的见解。令学生感到惊奇的是，尽管他们在工作坊开始之前没有获得该场地的地图或数字化平面图，但这种资料的缺乏使他们能够更全面地专注于“着地”期间的现场体验。

“停留”使学生能够从“着地”体验中清晰地研究场地，许多学生在这个阶段对场地进行了详细的分析；“探寻”让学生能够在不同的想法和尺度之间快速跳转；在规划走廊的未来时，“建构”提供了非常规的方法。此外，吉鲁特的“累积理论”帮助学生理解直觉在获取真实信息关系中的作用，而这类信息通常是在场地分析中得到的。在综合设计的过程中，四步骤理论增强了学生的想象力和场地之间的联系，最后，四个步骤相辅相成，这并不总能在阅读吉鲁特的章节时发现。四步骤概念在设计工作室课程中的应用，揭示了学生是如何迭代他们的研究结果，以及这些探索结果如何激发了其他学生的设计方案。

1.7.8 参考文献

Husserl, E.（2002）. “Pure phenomenology, its method, and its field of investigation”, in Dermont Moran（ed.）, *The Phenomenology Reader*. London：Routledge，124–133.

Girot，C.（1999）. “Four trace concepts in landscape architecture”，in James Corner（ed.），*Recovering Landscape*：*Essays in Contemporary Landscape Architecture*. New York：Princeton Architectural Press，59–68.

US Geological Survey（White-Nose Syndrome（WNS）)，https://www.nwhc.usgs.gov/ disease_information/ white-nose_syndrome/ Accessed 14 April 2017.

2

风景园林营造课程

2.0 简介

技术类学科，比如那些涉及风景园林营造的课程，通常被认为缺乏像传统工作室课程教学那样的吸引力，因为传统工作室课程教学往往更关注风景园林中创造性的内容。然而，营造中所需的创造力应该并不比设计少，这是本章两节内容所强调的。这两节的内容都强调需要采取一种整体性的方法来解决问题，在其中技术是手段而不是目的。

一种在设计项目中处理雨水的整体性方法是彼得·派切克（Peter Petschek）所写2.1节的重点，其将雨水处理作为场所营建过程中不可或缺的一部分。雨水在这里被认为是一种值得珍惜的宝贵资源，而不是一个需要被处理的问题。除了讲述有关材料及场地径流管理的技术问题，本节还进一步描述了如何在基于基础设施建筑信息模型（BIM，Building Information Modelling）的数字景观营造工作流程这一背景下更好地进行教学。

城市环境中绿色基础的设计策略是本章2.2节的主题。在本节中，玛丽亚-比阿特丽斯·安德鲁奇（Maria-Beatrice Andreucci）描述了罗马大学所开设的风景园林设计工作室课程，该设计工作室课程的核心是基于项目进行学习。这种以学生为中心的方法涉及多学科小组的教学，该方法围绕一个特定场所，并以学生自己制定的项目概况作为基础。

2.1 雨水管理作为瑞士拉珀斯维尔应用科学大学场地工程教学的一部分

彼得·派切克（Peter Petschek）

2.1.1 概要

保护雨水是非常紧迫的任务，雨水对于我们的饮用水供应至关重要。同许多其他欧洲国家一样，瑞士人们普遍认为清洁水必须回归到自然水循环中，并且这一观念得到联邦法律、工程标准和城市法规的明确支持（VSA，2004）。瑞士拉珀斯维尔应用科学大学（HSR University of Applied Sciences Rapperswil Switzerland）在其景观场地工程教育中强调雨水管理的重要性。竖向设计是使雨水回归到自然循环中最基本、最有效的方法之一。瑞士拉珀斯维尔应用科学大学的雨水管理方法通过使用智慧造景（landscaping-SMART，BIM流程）的数字竖向设计实现此目标。

雨水管理简介

清洁的水是一种必不可少的宝贵资源，降水补充了生活、农业和工业用水所需的地下水。为了保证地下水中不含毒素和其他污染物，雨水管理是必要的。作者更喜欢不那么引人注目的术语“雨水（rainwater）”，而不是美国出版物中使用的“暴雨（stormwater）”，因为雨水是人需要照顾的宝贵资产，它不像暴雨那样危险。

瑞士联邦《水资源保护法》中对雨水保护策略的要求为：未受污染的水要像各种不透水建筑在地面上建造之前一样渗入或被过滤到地下；如果这难以实现，水必须以缓慢的速度流入河流和湖泊。

《瑞士城市地区雨水渗透、保留和引导指南》（*Swiss guidelines for the percolation*，*retention and guidance of rainwater in urban areas*）（VSA，2004）解释了雨水管理过程，是建筑师、土木工程师和风景园林设计师必须遵守的标准。

今天，很多不同的产品被用来保留、过滤和渗滤水以帮助进行雨水管理。绿色屋顶是减少建筑物径流的好方法，许多绿色屋顶的产品都是可获得的。透水性铺装还提供了另一种雨水管理的解决方案。一些混凝土制品是多孔的，而另一些则有开口或更宽的接缝从而使水可以穿透。在池塘、盆地和洼地这些不可进行常规截留和渗滤的地方，可以使用地下模块化的截留系统，这些产品是由聚乙烯（PE）制成的，它们像海绵一样工作，滞留率为90%，能够承受4m深的土壤压力。在水被滞留在这些结构中然后慢慢渗透之前，它必须在表土中经历一个自然过滤过程。如果这难以实现，可以用特殊过滤系统（雨水吸附过滤器）作为检修孔或排水沟系统的一部分，这将模拟自然土壤的过滤功能。由于这些工程解决方案的出现，雨水管理现在可以在那些之前被借口推托的地方实现，比如“我们没有空间用作滞留池或洼地”。如果水没有流向指定的渗透位置或结构，则所有标准和材料都无效，设计水面和引导水面的行为称为竖向设计。在下文，将使用“竖向（grading）”一词。

2.1.2 竖向和雨水管理

“简单地说，竖向就是设计”（Storm，2009：1）。虽然风景园林专业的范围非常广泛，而且过多的竖向设计不一定是每个项目必需的一部分，但是风景园林师设计的每一个措施都涉及对地球表面的一些改变，因此，竖向设计在风景园林设计中起着关键作用。“塑造地球表面是场地规划师和风景园林设计师的主要职能之一”（Storm，2009：VII）。利用等高线、高程点和剖面进行竖向设计是控制雨水并将其引导至渗滤区域的第一步。设计最小和最大坡度的标准可以确保水有效地流经不同的表面。竖向设计不会在曲面顶部停止。

“很难将竖向设计与调节和控制雨水径流的措施分开，因为其中一种行为直接影响另一种行为”（Storm，2009：24）。地下排水系统包括检修孔、排水沟和管道。如果现场没有渗滤空间，水必须流向检修孔和排水沟，然后通过管道将其引至滞留区。地下排水设计，包括水量计算以控制所有要素的尺寸，属于整体竖向设计过程。重要的是不要忘记路基也必须有坡度，通常与顶面坡度相同。

在设计蓄水池和渗滤池、生物洼地和雨水花园时，也需要进行竖向设计，这有助于将不同元素整合到一个整体设计概念中。通过竖向创建的剖面获得了体积信息（剖面体积法），该信息与场地中土壤特定的渗透率一起用于确定渗滤系统，如滞留池和渗滤池的大小。

2.1.3 BIM，智慧造景与雨水管理

建筑信息模型（BIM）最初是为复杂的建筑项目开发的。同样重要的是要记住BIM是一种方法和过程，而不仅仅是一种软件。BIM过程中的3个层次的任务是BIM构建、BIM协调和BIM管理。基础设施BIM的主要思想类似于建筑BIM，是由不同的项目合作伙伴共用一个完整的数据模型。合作伙伴可能包括土木、结构和环境工程师、规划师、风景园林设计师、建筑承包商以及政府或城市机构。所有规划师和工程师只使用一个模型，因此可以在规划阶段而不是在施工期间在现场检查问题。基础设施BIM还没有像建筑BIM那样被明确定义，因为基础设施项目变得更加多样化，分布在更大的地理区域。另一方面，基础设施行业使用迷你BIM（Little BIM）已经有相当长一段时间了。当只有一个专业在使用数据时，就使用“迷你”一词，全球导航卫星系统（GNSS）土方工程就是这样。

目前，瑞士大多数大中型土木建筑公司都在土方工程中使用全球导航卫星系统（GNSS）技术和数字地形模型，以降低成本和提高精度。这种结合是BIM的一个重要方面。智慧造景（Petschek，2014：179–211）描述了从数据生成开始，通过建模到为景观全球导航卫星系统机器控制的土方工程施工现场准备数据的工作流程（图2.1.1）。它不包括BIM的一些内容，如数据结构和工作组织。智慧造景强调以下几点：

① 为了建立一个适用于全球导航卫星系统机器控制的数字地形模型（DTM，Digital Terrain Model），需要现有条件的精确数据。最好雇佣一个专业测量员来获取数据，因为这不是风景园林设计师的工作。

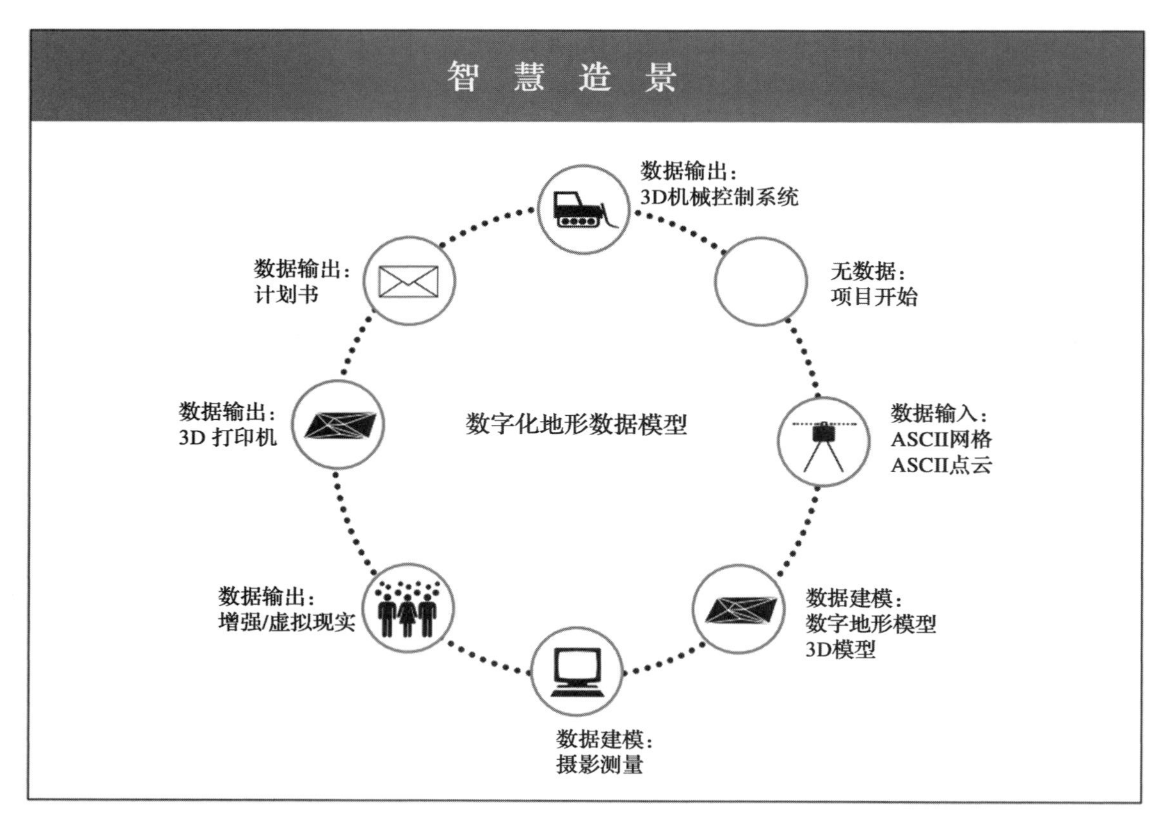

图2.1.1 智慧造景过程和中心的数字化地形数据模型（DTM）是雨水管理的一部分

② 数字地形模型是智慧造景的核心要素。拟建场地的数字地形模型可实现正确、高效和精确的地表和地下设计。建立详细的数字地形模型是风景园林设计师的主要能力之一。

③ 只有土木工程与建筑软件相结合，才能形成风景园林设计的BIM模型。

④ 模拟地形模型也是风景园林设计中非常重要的工具。尽管手工模型在竖向设计研究中始终扮演着重要的角色，但最终它们必须转换为数字地形模型。摄影测量软件促进了这种转移，风景园林设计师必须熟悉摄影测量的概念，并能熟练应用软件。

⑤ 配备基于全球导航卫星系统的3D机器控制（制导）系统的挖掘机和推土机需要数字地形模型数据来塑造拟建场地。这些机器保证了高精度的表面。承包商负责这项任务，但风景园林设计师需要对此有一个基本的了解，以创建一个正确的数字地形模型。

智慧造景作为基础设施BIM的一部分，不仅提高了施工过程的效率和精度，还支持雨水管理。所有DTM表面必须有坡度，以便径流流动。斜坡、路缘、排水沟、集水池、检修孔、管道、洼地、渗滤区和蓄水池都在数字地形模型中定义。通过了解数字竖向和DTM的工作原理，风景园林设计师可以精确地分析和设计现场的水流。

2.1.4 场地工程教学与雨水管理

与欧洲其他国家（如德国）的学校相比，瑞士拉珀斯维尔应用科学大学的场地工程教学最重要的内容是竖向，因为德国学校的课程只是简单地将该主题作为测量课程的一部分进行教学。瑞士的竖向课程与美国和加拿大的学校课程非常相似，美国和加拿大学校需要对等高线、高程点、纵断面、体积计算、地下排水工程等进行严格的设计训练。“我确实知道，也许美国所有的风景园林专业自第二次世界大战以来，甚至更早的时候，就已经将这些科目纳入了他们的课程。”布鲁斯·沙基（Bruce Sharky）教授在关于美国竖向设计教育历史的电子邮件中说道。我们可以认为美国非常重要的有一整章专门讨论竖向和排水的执照考试，对课程有很大的影响。在美国出版的一系列关于竖向的书籍中也显示了这个话题的重要性。

在瑞士拉珀斯维尔应用科学大学，竖向设计教学发生在模拟和数字技术的应用中。在第一学期，学生掌握徒手绘制等高线、集水池、检修孔和管道尺寸标注的知识，并对测量设备有了很好的了解。因此，他们在第二学期的课程中几乎只接触数字化模拟竖向。“大多数与现场工程相关的计算和绘图任务已完全自动化”（Storm，2009：VIII）。数字竖向课程包括以下几个方面：

① 导入测量和GIS数据。

② 点、等高线和特征线的三角测量。

③ TIN（三角不规则网络）理论。

④ 使用点和要素线命令进行场地设计。

⑤ 体积计算、数字管道和检修孔布局。

⑥ 道路线形和廊道设计。

⑦ 利用无人机技术进行近景摄影测量。

⑧ 全球导航卫星系统挖掘机说明书。

建筑业的发展进步是强调数字竖向的一个原因，第二个原因是学生更容易使用。如何证明学生能更好地利用数字工具解决竖向问题？几年前，一项使用比较方法的实验证明了数字工具的优势。瑞士拉珀斯维尔应用科学大学的学生必须参加两次考试，其中他们必须解决一个典型的竖向问题。第一次考试要求他们用传统的手工模拟计算和手绘的方法绘制网球场的位置。在第二次考试中，学生们使用了Civil 3D，一种专门用于数字化评分任务的软件。结果很清楚，更多的学生用数字竖向设计方法完成了任务，而不是手工模拟竖向法。今天，更直观的软件可能会显示出更倾向于使用数字竖向的结果。

第二学期的场地设计项目是第一年场地工程教育的核心，对理解雨水管理非常重要。在这里，学生必须将他们的竖向知识应用到一个项目中。学生确定建筑物、下车区、通道、停车位、露台、小径的位置，并将所有的这些通过竖向整合到现有景观中（图2.1.2至图2.1.7）。该项目的尺度对专业人士来说是具有代表性的。

在瑞士的风景园林教学中，学生使用Civil 3D软件完成数字竖向设计任务。项目的场地平整内容还必须包括地下排水设计以及洼地和池塘的尺寸标注。屋顶、排水口、道路和停车场的所有径流必须被收集，并通过管道引导至生物洼地、蓄水池和渗滤池。这些要素的尺寸标注很重要，因此，必须考虑场地土壤的渗透率和入渗系统的尺寸的计算。对于第二学期的初学者来说，像HydroCAD或STORM这样的模拟雨水径流的专业软件过于复杂和耗时。因此，瑞士拉珀斯维尔应用科学大学的学生使用一种简单易行的雨水管理工作流程进行小场地的开发。从表格、视频到初步计算，循序渐进的工作流程有助于确保学生理解过程。

从2018年秋季学期开始，Revit作为建筑软件BIM的分支，将被整合到第一学期的CAD教学以及第五学期的场地设计项目中。在第一学期的课程中，学生必须对一个小型建筑项目进行建模，例如公共汽车站、雨棚或亭子。从第二学期就已经开始对设计项目进行细化，

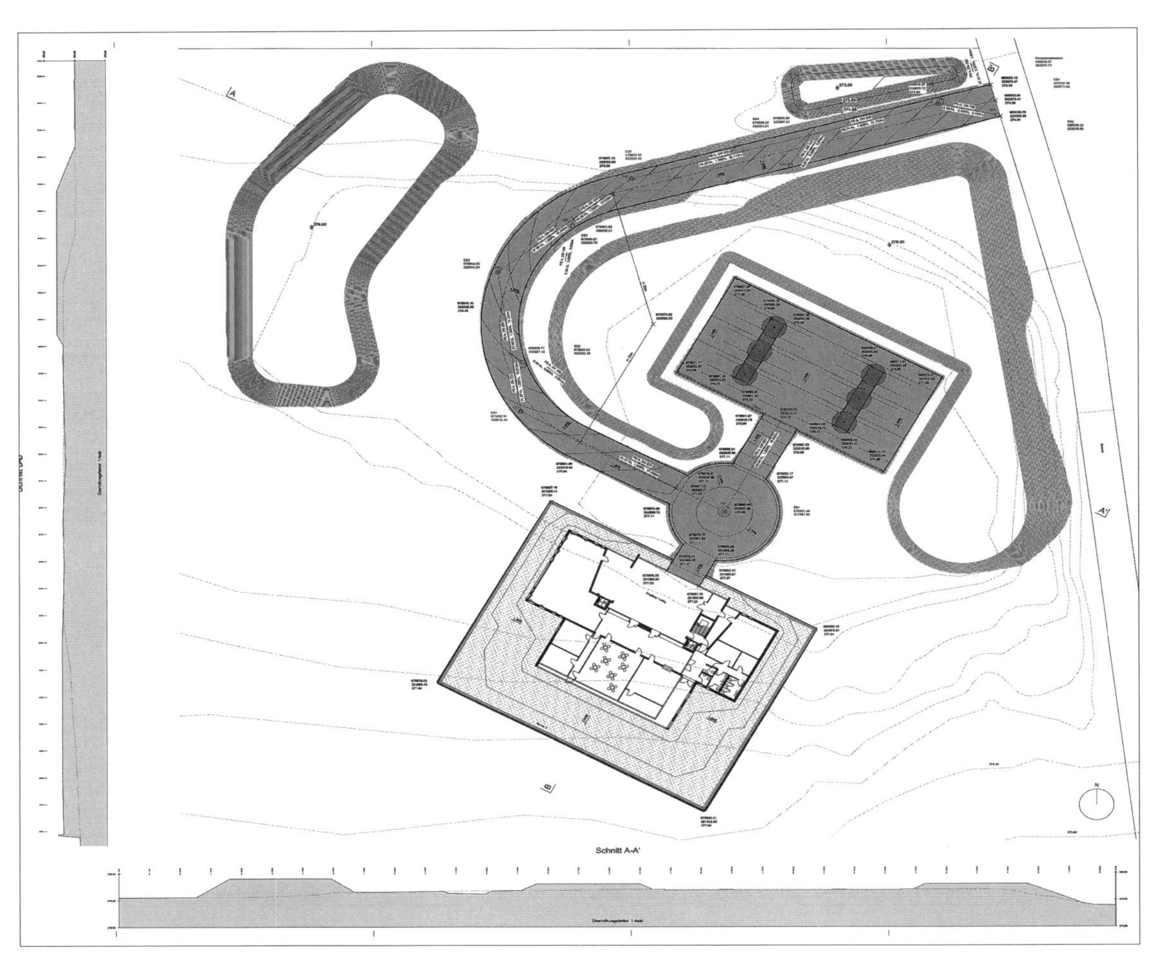

图2.1.2　瑞士拉珀斯维尔应用科学大学运用数字竖向进行雨水管理的场地设计项目

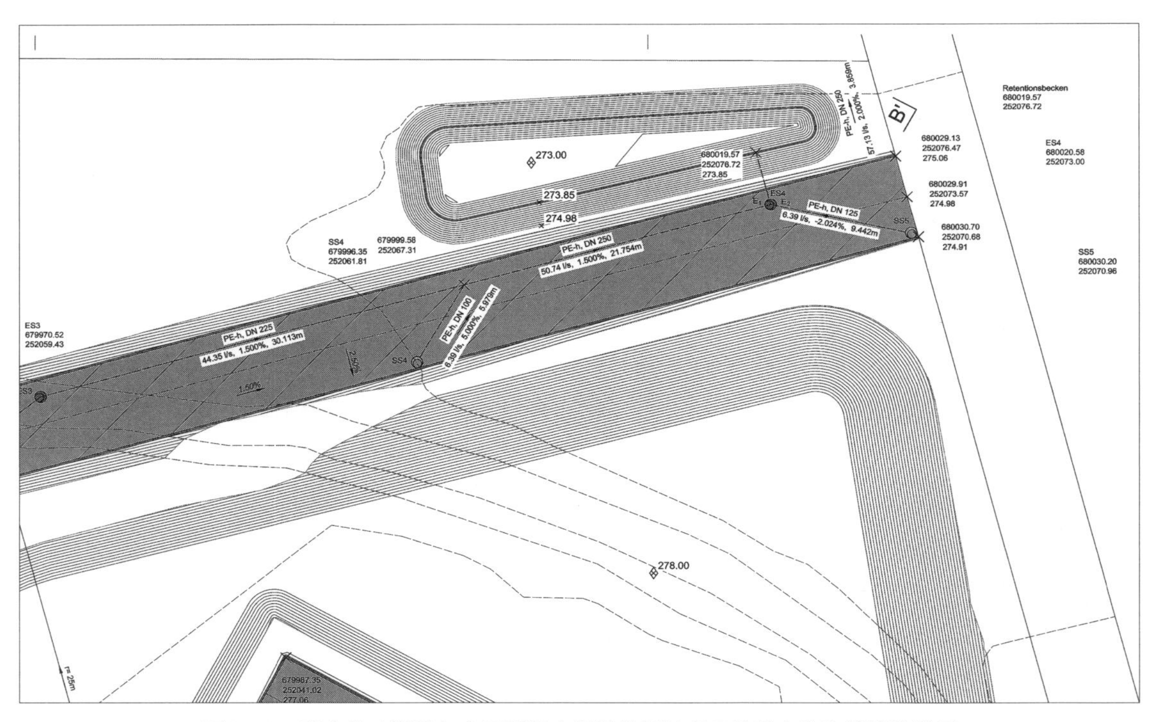

图2.1.3　瑞士拉珀斯维尔应用科学大学场地设计项目的蓄水池和渗滤池详图

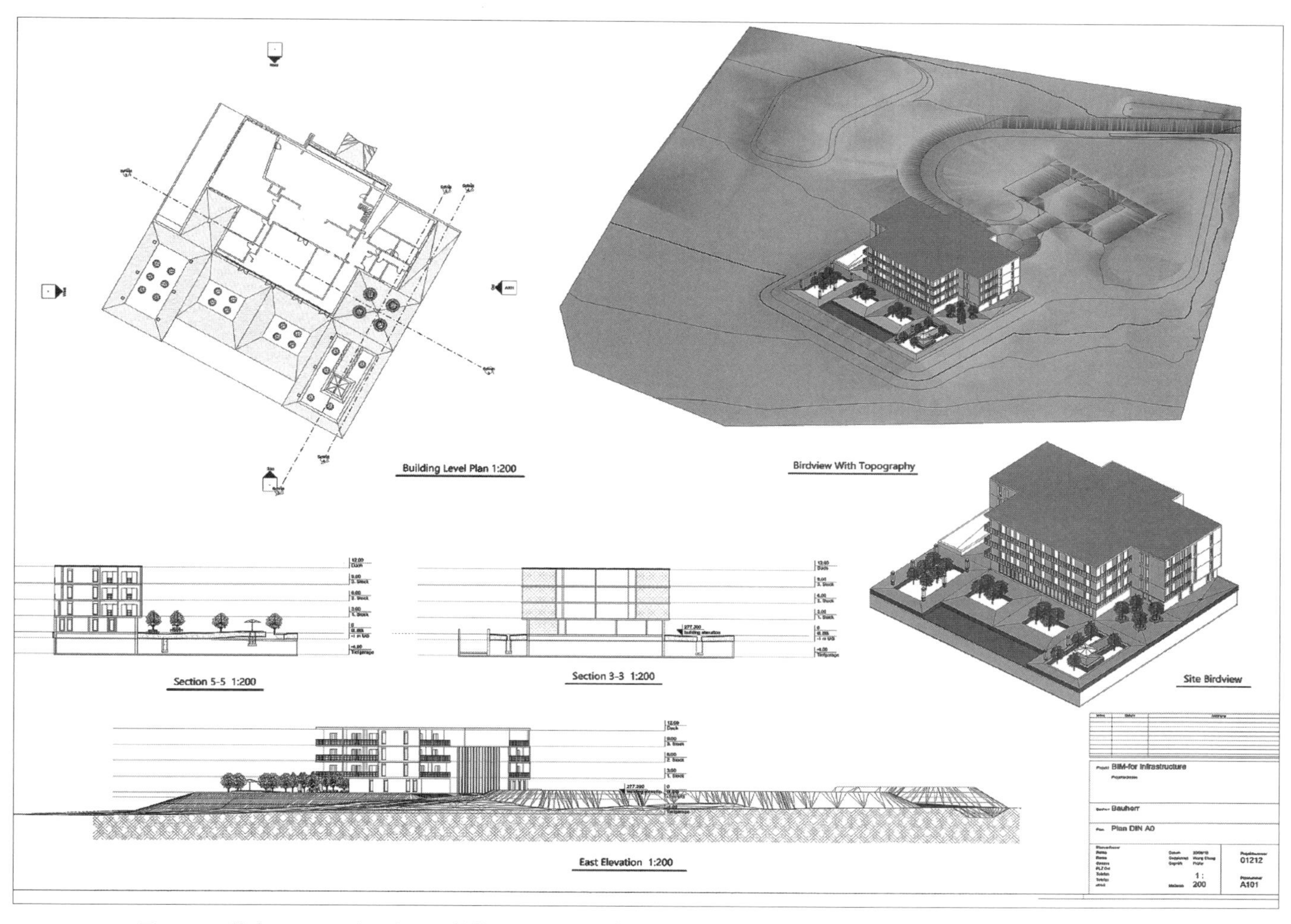

图2.1.4　结合Civil 3D（土木工程软件）和Revit（建筑软件）模型，对停车场上方的露台进行详细的坡度设计

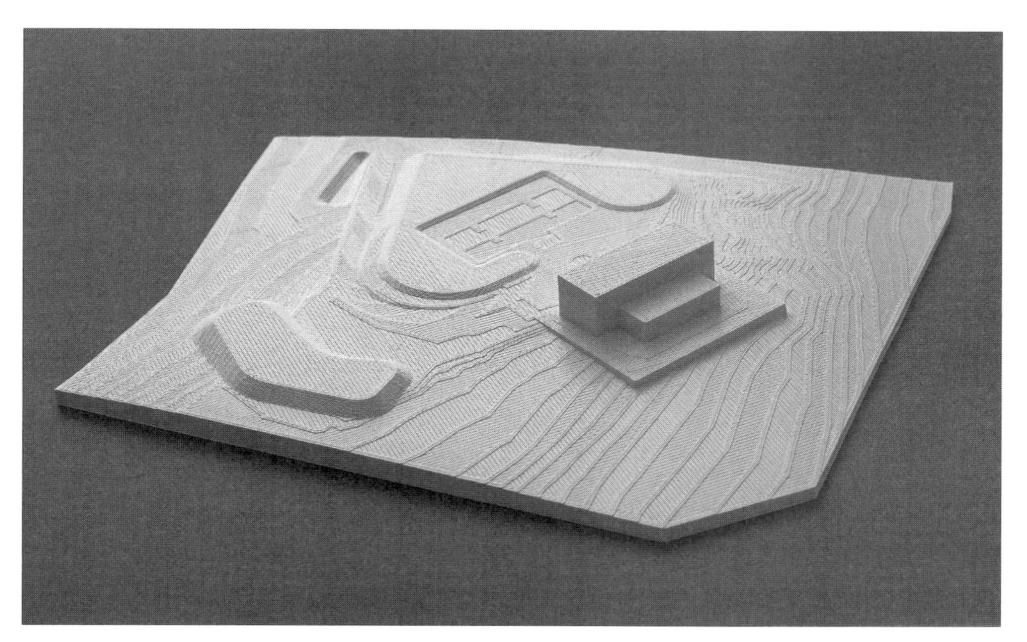

图2.1.5　瑞士拉珀斯维尔应用科学大学场地设计项目的3D打印模型

图2.1.6　瑞士拉珀斯维尔应用科学大学学生使用无人机通过近景摄影测量生成地形数据
该学校的学生也经常使用智能手机数据来创建地形。

图2.1.7　瑞士拉珀斯维尔应用科学大学学生使用3D全球导航卫星系统挖掘机

第五学期学生将被要求将3D Revit建筑模型和Civil 3D土木工程模型组合成一个BIM模型。建筑模型包括一个覆盖停车场的大露台，这是瑞士城市的典型结构。该区域使用Revit和Civil 3D相结合的方式构建，并生成BIM构建模型，用于检查可能存在的冲突（集水池深度、交叉管道、坡度变化、树木位置等）。BIM协调和管理任务包含在单独的项目管理课程中。本项目的主要任务是竖向和雨水管理，停车场顶部的所有雨水必须排入现场的蓄水池。我们在视频网站YouTube频道“HSR Landschaftsarchitektur”上展示了第一批BIM学生项目。

在瑞士拉珀斯维尔应用科学大学场地工程教育中，除了材料、测量、岩土工程、施工技术等传统的工程课程外，竖向是最重要的内容。数字竖向作为智慧造景过程的一部分，形成了BIM建设模式，是雨水管理的基础。

2.1.5 参考文献

Autodesk Civil 3D，“software”[website]，https://www.autodesk.com/products/autocad- civil-3d/overview，accessed 22.7.2017.

Autodesk Revit，“software”[website]，https://www.autodesk.com/products/revit/overview，accessed 16.9.2018.

HydroCAD，“software”[website]，http://www.hydrocad.net/index.htm，accessed 22.7.2017.

Petschek，Peter（2014）. *Grading. landscapingSMART*，*3D Machine Control Systems*，*Stormwater Management*. Basel：Birkhäuser.

Sharky，Bruce（2015）. *Landscape Site Grading Principles*. Hoboken：Wiley & Sons.

STORM，“software”[website]，http://www.sieker.de/de/produkte-und-leistungen/ product/storm-16.html，accessed 22.7.2017.

Storm Steven，Natham Kurt，Woland Jake（2009）. *Site Engineering for Landscape Architects*，5th Edition. Hoboken：Wiley & Sons.

Untermann，Richard（1973）. *Grade Easy*. Washington：Landscape Architecture Foundation.

Verband Schweizer Abwasser- und Gew ässerschutz fachleute VSA（2002）. *Planung und Erstellung von Anlagen für die Liegenschaftsentw ässerung SN 592 000*. Zürich：VSA.

Verband Schweizer Abwasser- und Gew ässerschutz fachleute VSA（2004）. *Regenwasserentsorgung*，*Richtlinie zur Versickerung*，*Retention und Ableitung von Niederschlagswasser in Siedlungsgebieten*. Zürich：VSA.

2.2 环境技术设计：培养有意义的学习，将绿色基础设施融入建筑和城市设计

玛丽亚-比阿特丽斯·安德鲁奇（Maria-Beatrice Andreucci）

2.2.1 引言

环境风险，如气候变化减缓或适应失败——被认为是最具潜在影响的风险，也是第三大最有可能的风险，与水危机、生物多样性丧失和生态系统崩溃一样（世界经济论坛2016：6）——正在全球范围得到越来越多的关注。

风景园林设计师和其他相关学科的专业人士，被认为对“适应性”建筑和城市设计做出了贡献，利用基于自然的解决方案和适当的技术[1]（Schumacher，1974；Thormann，1979），以减轻负面影响和加强弹性[2]。

虽然研究人员和科学家讨论生态系统服务已经数十年了，但生态系统服务的概念本身直到21世纪初才随着千年生态系统评估（Millennium Ecosystem Assessment,MA）而流行起来。“绿色基础设施（GI）”对提供生态系统服务的具体贡献（Alcamo et al.，2003）在欧洲风景园林、建筑和城市设计专业实践中仍未被探索。因此，建造专业的学生——风景园林设计师、建筑师和工程师——交流经验并共同学习如何将绿色基础设施融入建筑和城市设计中，从而帮助创建更可持续的城市环境是很重要的。

在罗马第一大学（Sapienza' Università di Roma）建筑学院的环境技术设计工作室课程中，学生被要求专注于绿色基础设施设计策略和施工技术，以针对弹性架构和包容性的城市设计实施适应性干预措施。课程的主要学习目标是：提供文化背景和方法论参考以及技术和操作工具，帮助实现在建筑和城市尺度上，以生物生态为导向的环境技术设计干预。学习过程有助于获得有关环境和文化遗产诊断方法的实验性知识，以及其改造、维护和恢复的关键设计策略，特别是通过绿色基础设施设计方法。主要目标是让学生了解在技术创新和可持续性的动态情景下，聚居地、人类活动和自然资本之间对长期平衡条件的迫切需要。

2.2.2 通过环境技术设计培养有意义的学习

环境技术设计需要超越单纯地传递或接收技术-科技信息，同时致力于知识的稳健性和可转换性，使之能应用到现实生活的专业实践和环境中，它将合作学习作为可能促进跨学科

1 蓝绿基础设施可以被视为“生命技术”，是城市环境的关键组成部分，有助于为城市居民维持健康的环境。

2 在这种情况下，恢复力是对生态系统适应变化条件的稳健性和缓冲能力的衡量。

教育的一种教学方法。

（1）基于问题（或项目）的学习　基于问题（或项目）的学习（PBL）是一种构建知识的方式。在以学生为中心、积极的教育方法中，问题既是学习的背景，也是学习的驱动力（Barrows，1986：483）。在通常情况下，这些都是基于现实生活的问题，经过挑选和编辑以满足教育目标和标准。学习内容与问题背景直接相关，从而激发学生的学习动机和提升理解能力。

基于问题（或项目）的学习过程有六大特征（Barrows，1996）。第一个特征是学习必须以学生为中心；第二，学习必须在导师的指导下以小团队的形式进行；第三个特征是导师作为学生学习的推动者或向导；第四，真正的问题主要是在各种准备或研究开展之前的学习过程中遇到的；第五，将所面临的问题作为一种工具，以获得最终解决问题所必需的知识和技能；最后，需要通过自主学习来获取新信息。

基于问题（或项目）的学习已被应用于多种学科的教育项目中，包括建筑、法律、工程和社会工作（Boud & Feletti，1997；Maitland，1997，both cited by Bridges，2006：755–759）。基于问题（或项目）的学习技术被广泛认可为实现有意义学习的方法（Ausubel，2000：6），同时鼓励学生在科学活动中成熟地参与教育过程（Roberts，2004：1–3），提出类似的认知挑战。

（2）绿色基础设施设计方法　城市绿色基础设施项目的主题是关于再生视角下探讨广泛的、科学的及可操作的可持续城市转型方法和综合设计框架。

城市绿色基础设施是“生物多样性元素、自然资本和组织系统与城市任何地区联系在一起的，具有内在品质或退化的组织系统，包括独立环境技术性设备，将生物多样性整合到建成环境中，如绿色屋顶和生物墙面、透水铺地、雨水庭院和其他可持续城市排水系统。通过提供生态系统服务，以促进环境保护、经济可行性、健康、福祉、公平和社会包容度”（Andreucci，2013）。

城市绿色基础设施是一个不断演变的概念，其中城市生态系统——生物和非生物元素相互作用的地方——代表着复杂而重要的系统，可通过该系统来实现弹性削弱后的重新平衡。特别是在开放空间中，绿色基础设施可以抵消人流、材料和信息以及其他地表构筑和建筑日益密集所造成的碎片化（Andreucci，2017）。

（3）跨学科合作学习　跨学科工作，即学习者整合来自两个或两个以上学科的信息，创造人工作品并解释或解决问题（Boix Mansilla，2004），这已经与促进批判性和整体思维联系在一起。整体性思维（Holm，2006）指的是从相关学科中理解各类思想和信息如何相互关联，又是如何与问题联系起来的。许多人认为这是一种强大而吸引人的策略，可以促进可持续和可应用的学习（Hiebert et al.，1996；Jones，Rasmussen & Moffitt，1996）。

2.2.3 PBL模式中绿色基础设施设计的教与学

（1）教学单元概要　此处所描述的内容基于作者于2015—2016学年在罗马第一大学建筑学院负责的不同类型的学术课程，学生在此开展了不同类型的学术作业。

“环境技术的可持续性”是风景园林学硕士课程的一门5学分的核心课程。

“环境设计与城市改造技术”是建筑学硕士课程的一门8学分的选修课程。

在“建筑技术”课程中[1]，两门设计课程专注于促进城市再生的绿色基础设施要素及系统设计，解决了与城市开放空间的环境技术改造有关的可持续性问题（风景园林学硕士），并考虑到周围城市社区的微气候和社会因素，实现住宅建筑的可持续设计和建造（建筑学硕士）。

（2）学习过程　凭借多学科教学和教授们（风景园林设计师和经济学家）的专业经验，这两门硕士课程聚焦于环境、社会和经济问题，因为它们与建筑、风景园林设计和城市设计的可持续性有关。

学生首先在导师的帮助下选择一个项目地点，然后以小组的形式相互提问，并研究额外信息和相关案例。学生有机会在规定的主题指导方针内决定他们自己的问题框架。自主学习小组讨论和分析选定的案例，典型的学习小组（3～5名学生）每周定期见面两次。学习小组的每个学生都要展示他/她的作品，然后进行讨论，决定谁将继续完成哪些任务。在这种组织工作的方式中，学生个人的工作将与小组的工作相结合，使他们能够对相关的主题推进具有更广阔的视角。在课堂上参加见面讨论的教授主要负责推进学习过程，即通过内部沟通加快小组的工作和知识的传递速度。对学生来说，这个早期阶段很重要，因为他们在此能够发现需要进一步了解的或者还未被充分认识到的具体的可持续发展问题。

通过案例研究和项目评论，学生对具体的环境、社会和经济“景观绩效（landscape performances）”[2]进行个人研究，最终对小组分析内容进行现场补充。国际团队合作和信息共享提升了学习体验（图2.2.1）。

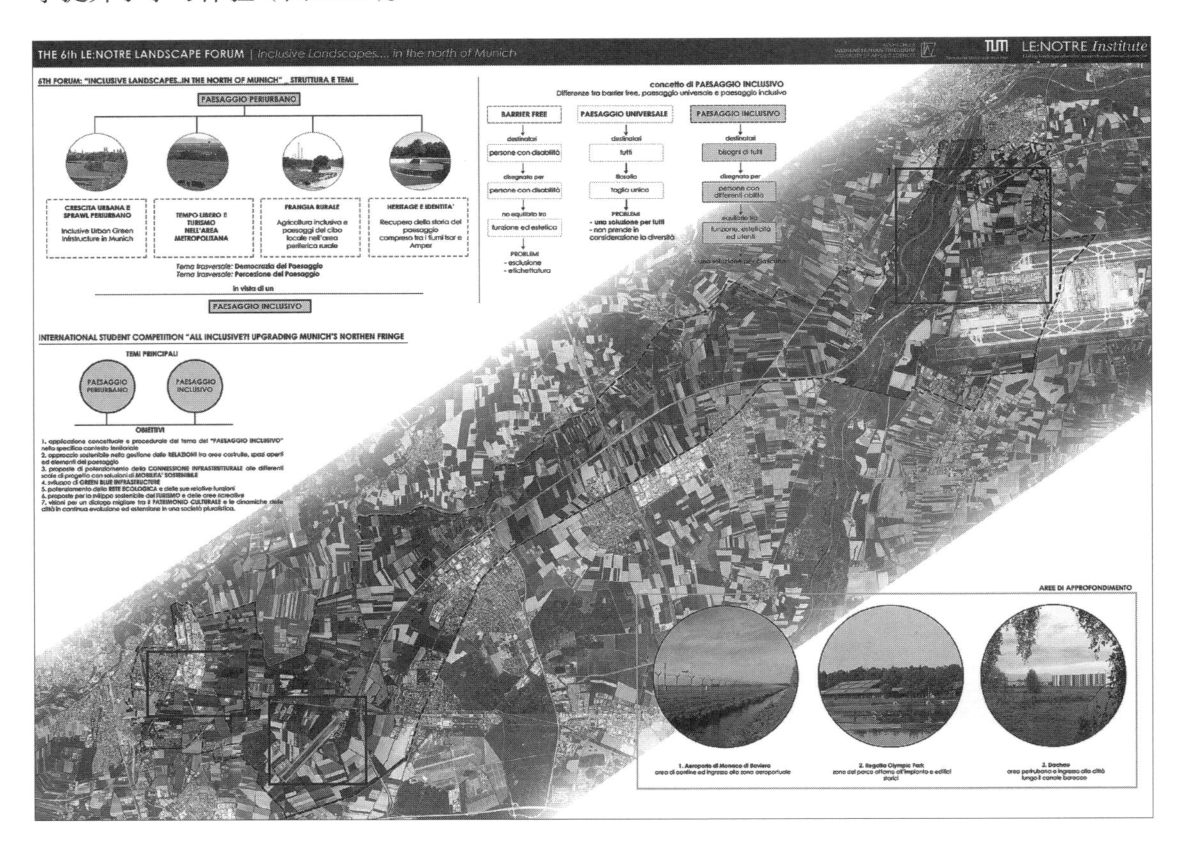

1　风景园林硕士学位，罗马第一大学，“建筑规划、设计、技术”系。这两门课程属于“建筑技术”课程。

2　景观绩效可以定义为一种有效衡量景观解决方案实现其预期目的和促进可持续性程度的方法。

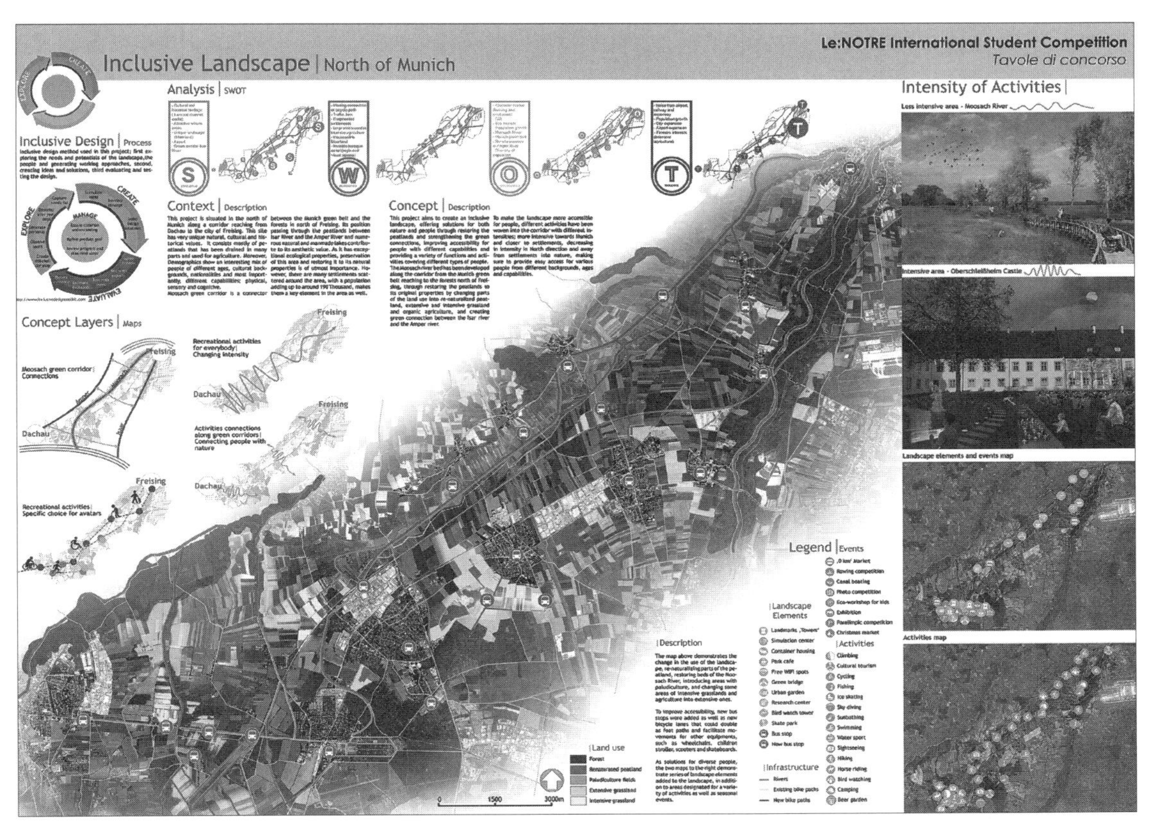

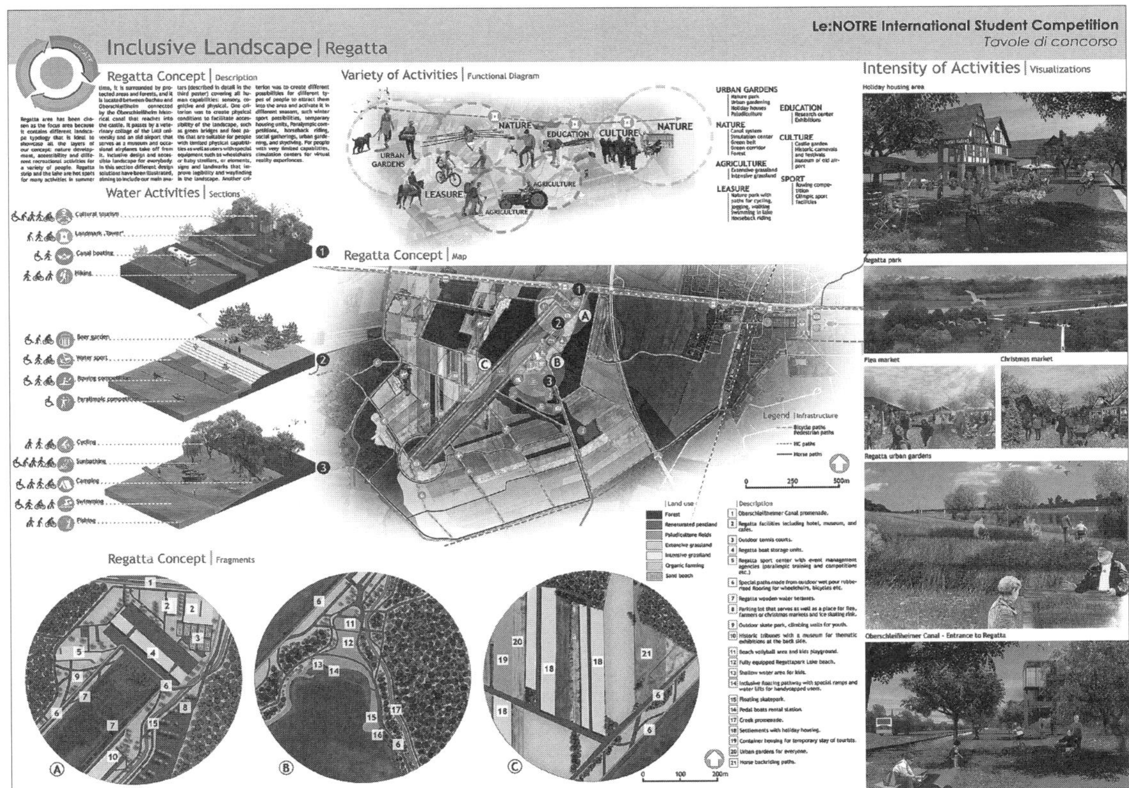

图2.2.1　2017勒诺特景观论坛学生竞赛，一等奖项目“慕尼黑北部的包容性景观”1

迦达·迪·桑特（Giada Di Sante）（罗马第一大学）、志殴·何（Ziou He）、伊丽莎·萨尔曼（Eliza Salman）、叶夫根尼亚·特勒尼克（Evgeniia Telnykh）（IMLA）。

这个教育阶段的主要目标是：理解“景观绩效”的概念，以及为什么它对制定环境、社会和经济可持续发展的衡量标准和措施很重要；学习量化景观绩效的可用工具和方法；认识合适的环境技术策略和适应性设计在创造高性能的城市和城市周边景观中的重要作用。

学生被要求将他们收集到的数据和信息整合成一个“SWOT矩阵”，以生成场景，然后确定最有效的基于自然的设计方案（图2.2.2）。

学生们不断地绘制“总体规划”，这一设想的干预方案反映了所追求的目标和设计策略，并考虑到了在前几个阶段中检测到的、综合的且往往包含冲突的环境、社会、经济问题和机会。在学期的后期，这些研究将会更加具体，学生们将被要求深化他们的项目，专注于专项设计策略和施工技术，以实施适应性的景观干预措施，使建筑更具弹性，城市设计更具包容性。需要研究并“转化”成设计解决方案的关键方面是：实施可持续的城市排水系统；城市中的种植设计与森林管理，基于自然的生物气候舒适性解决方案和城市热岛效应缓解方案；节能建筑和开放空间设计；低影响流动性；以及建筑环境的再渗透策略。“多功能性”和“跨尺度性”是绿色基础设施的基本特征，并在两门“绿化灰色基础设施”的课程中不断被测试和“测量”（图2.2.3、图2.2.4）。

这种方法是基于这样的考虑：学生作为未来的实践者需要一种方法来研究非线性的、更复杂的关键问题（Andreucci，2017：121–126）——旨在理解创新的自然解决方案和环境技术设备、明智的适应性设计和可持续建设之间的关系。

我们鼓励学生在多学科团队（风景园林设计师和建筑师）合作中学习，因为这一团队提供了合作和互动的机会，对促进知识交流极为有益。在课程结构方面，这一设计课程整合了建筑、风景园林设计和环境设计知识。

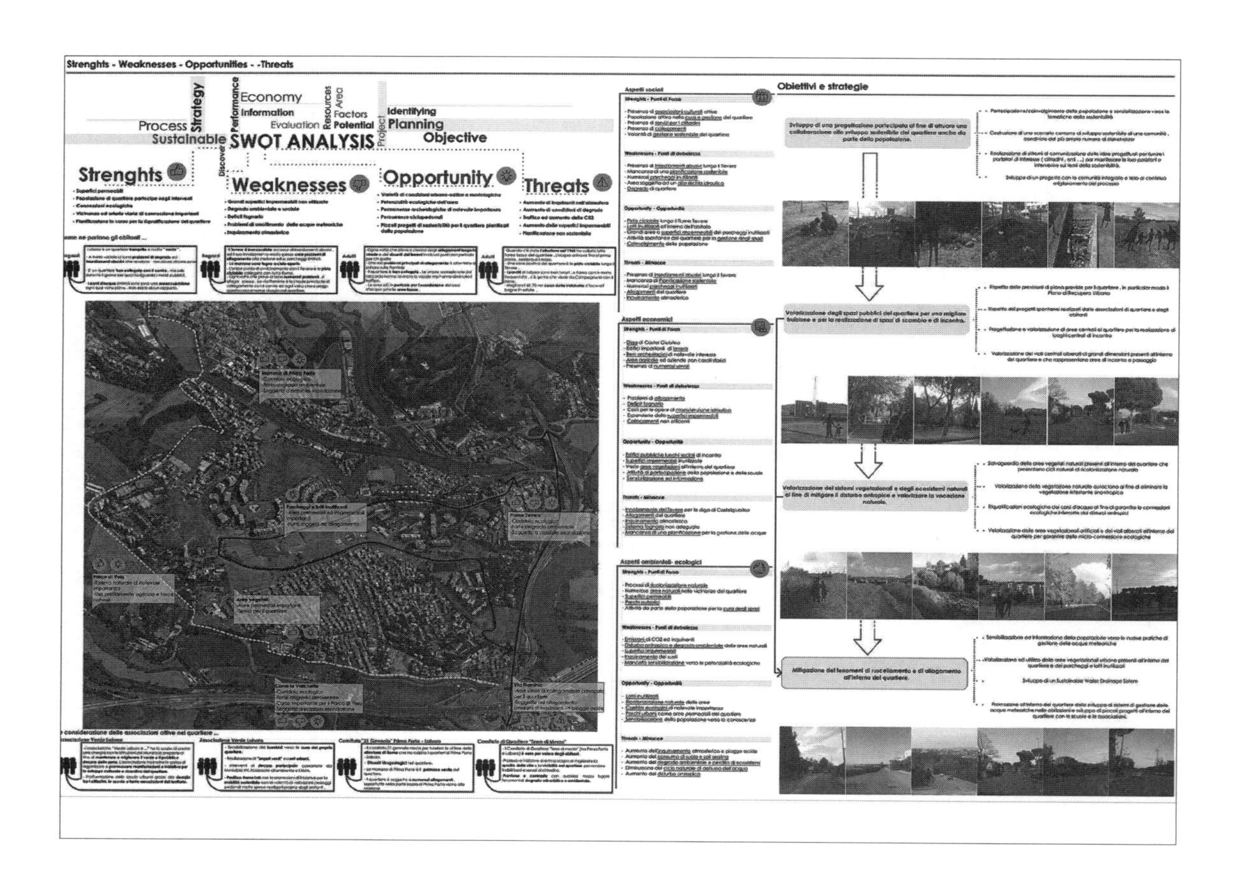

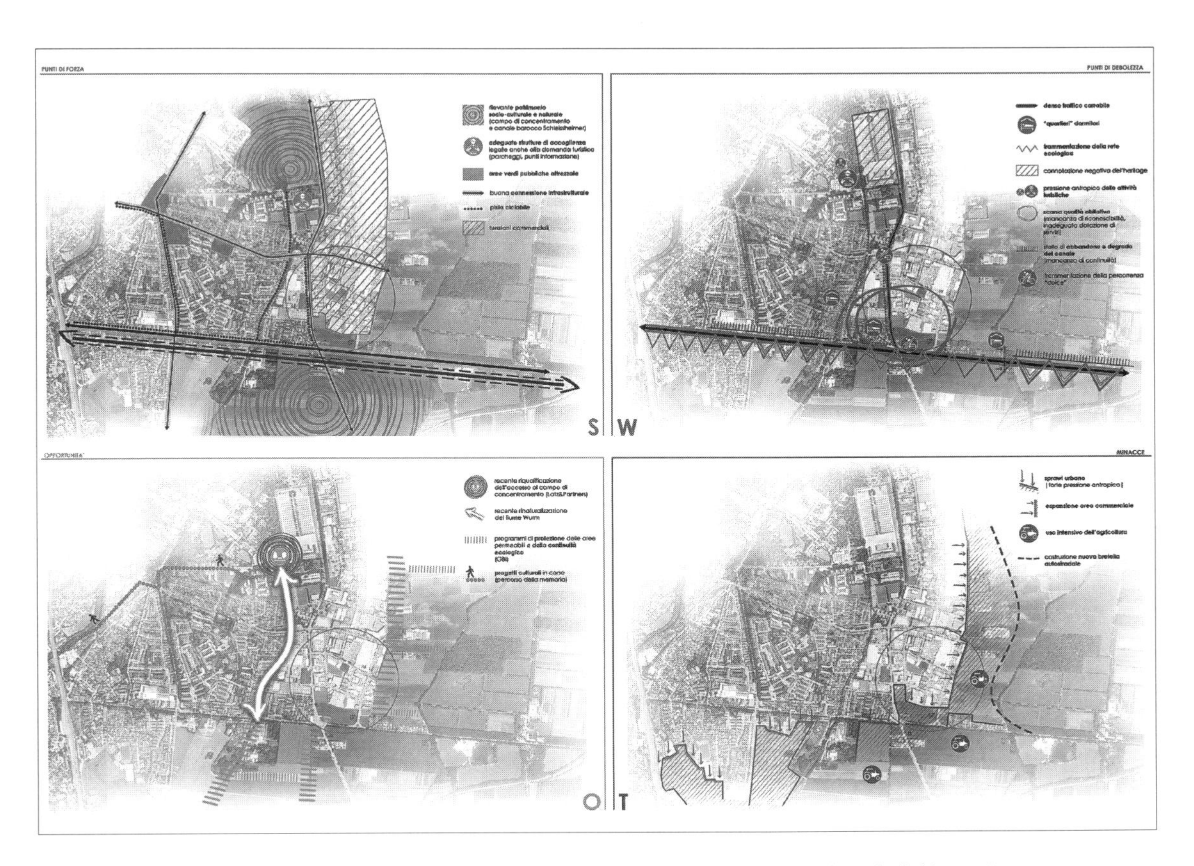

图2.2.2　2017勒诺特景观论坛学生竞赛，一等奖项目“慕尼黑北部的包容性景观”2

迦达·迪·桑特（Giada Di Sante）（罗马第一大学）、志殴·何（Ziou He）、伊丽莎·萨尔曼（Eliza Salman）、叶夫根尼亚·特勒尼克（Evgeniia Telnykh）（IMLA）。

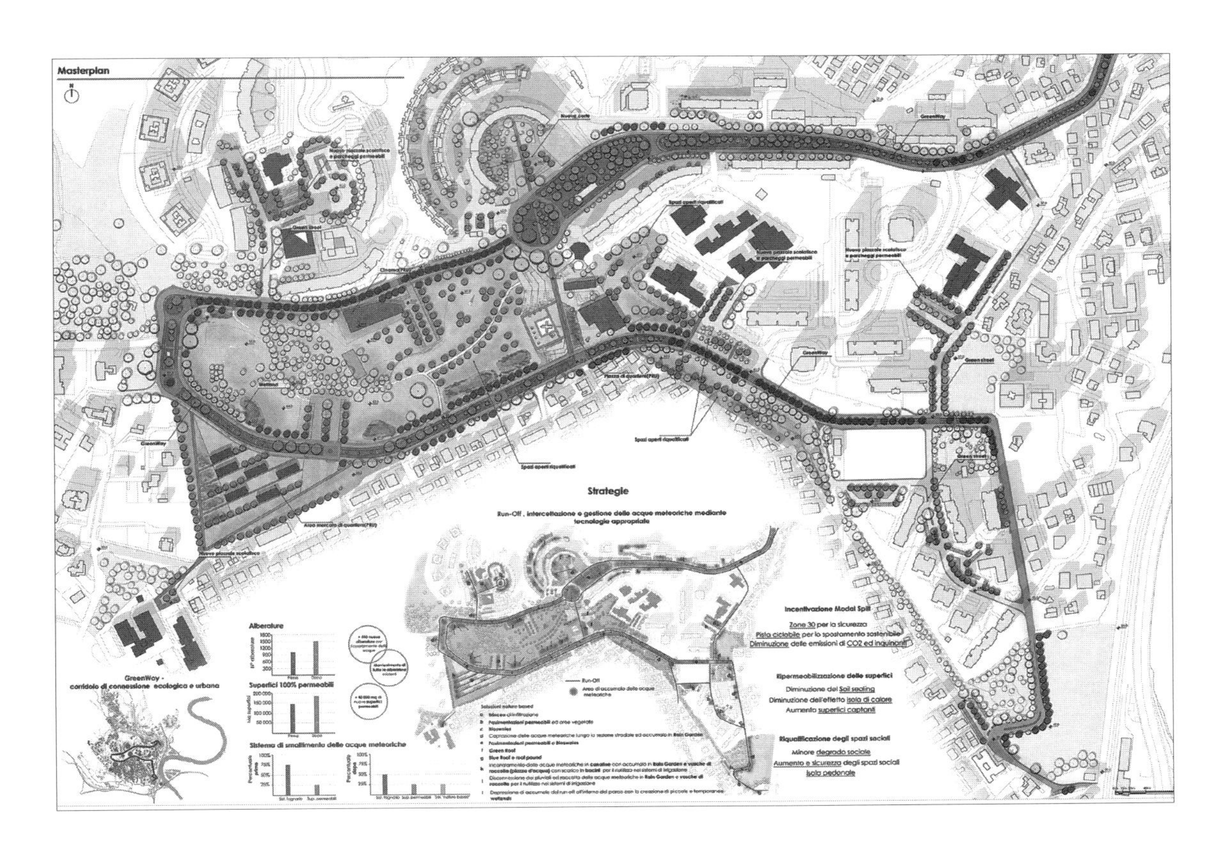

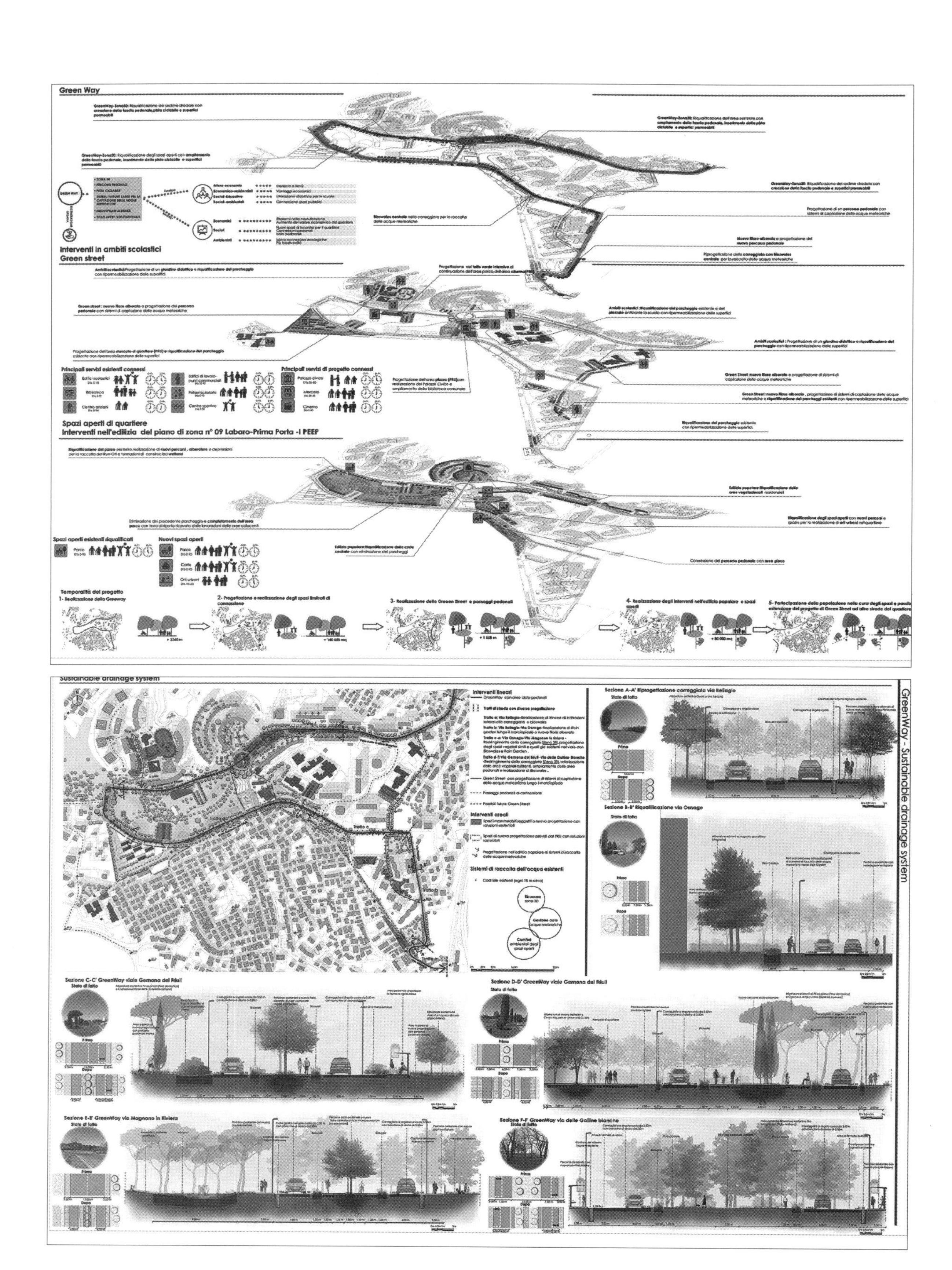

Green Way
Interventi in ambiti scolastici
Green street
Principali servizi esistenti connessi
Principali servizi di progetto connessi
Spazi aperti di quartiere
Interventi nell'edilizia del piano di zona n° 09 Labaro-Prima Porta -I PEEP
Spazi aperti esistenti riqualificati
Nuovi spazi aperti
Temporalità del progetto
1- Realizzazione della Greenway
3- Realizzazione della Green Street e passaggi pedonali
GreenWay- Sustainable drainage system
Interventi lineari
Interventi areali
Sistemi di raccolta dell'acqua esistenti
Sezione A-A' Riprogettazione careggiata via Bellagio
Sezione B-B' Riqualificazione via Oenago
Sezione C-C' GreenWay viale Gemona del Friuli
Sezione D-D' GreenWay viale Gemona del Friuli
Sezione E-E' GreenWay via Magnano in Riviera
Sezione F-F' GreenWay via delle Galline bianche
Stato di fatto

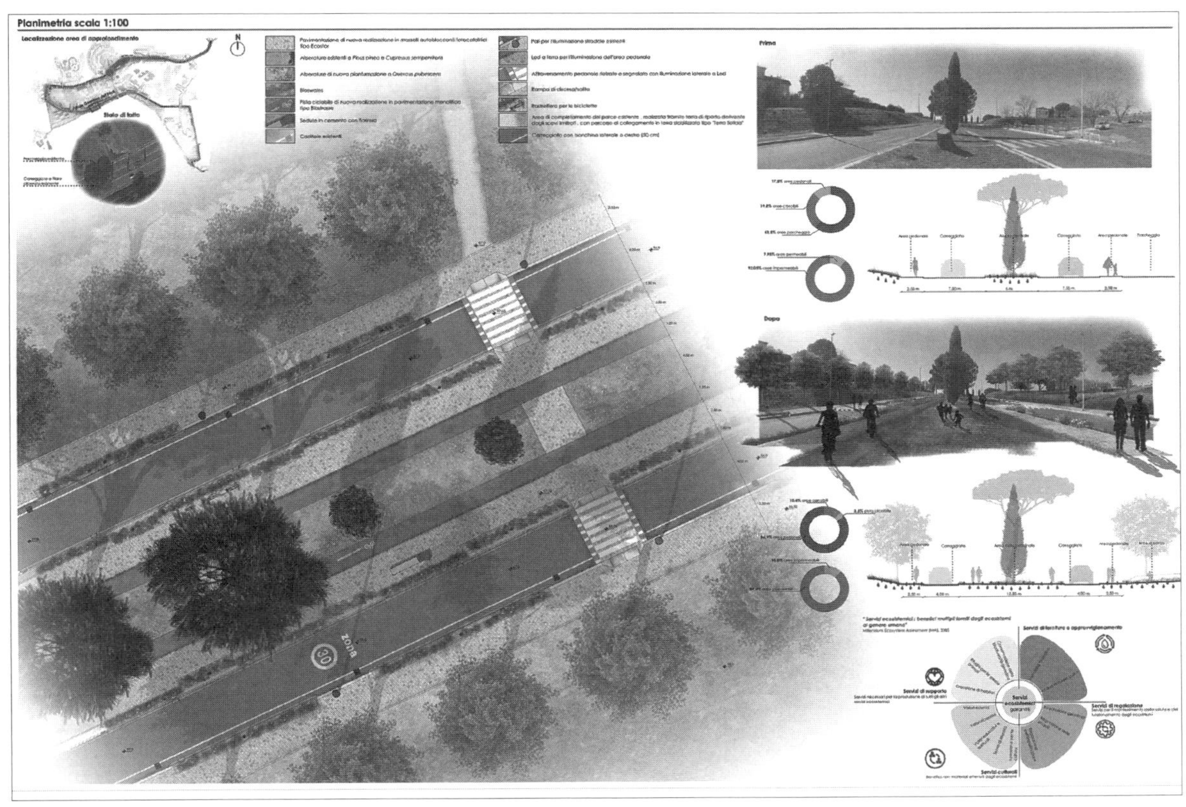

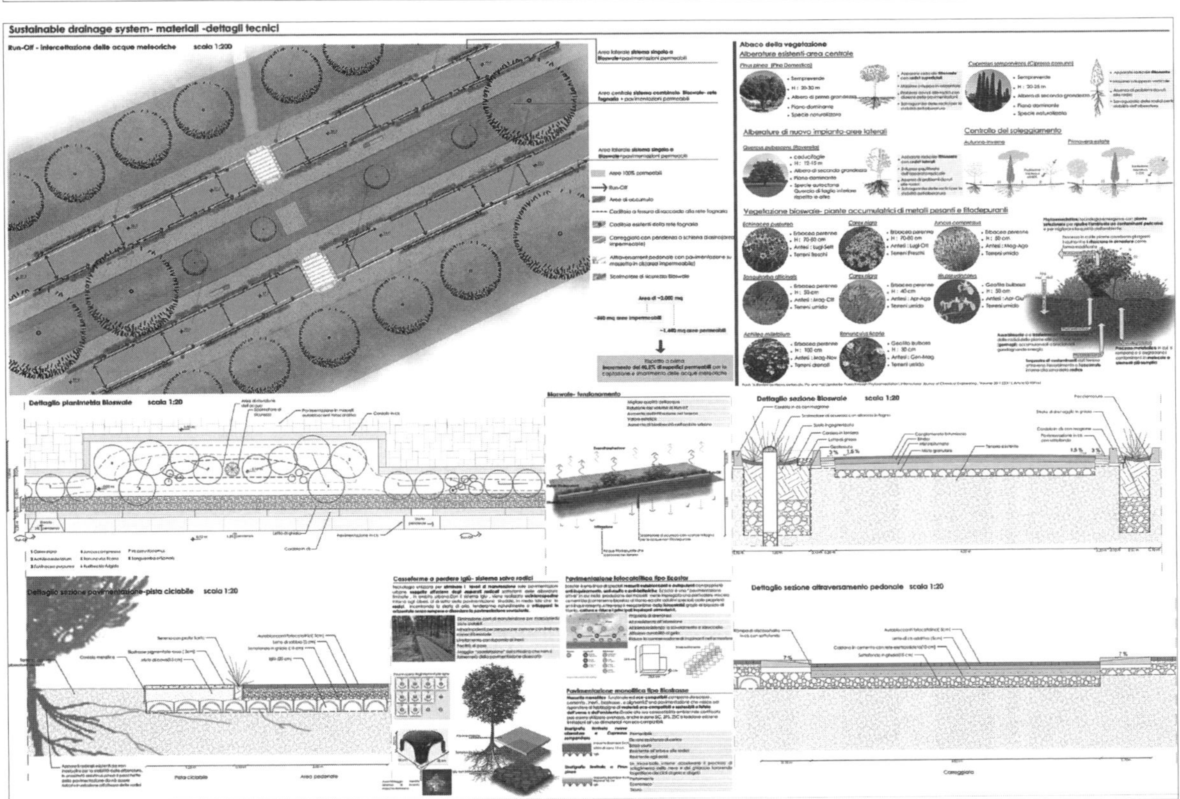

图2.2.3 总体规划、策略和解决方案

罗马“拉巴罗第一门（Labaro Prima Porta）”：杰西卡·佩蒂纳里（Jessica Pettinari），风景园林硕士论文，卢西亚诺·库佩洛尼（Luciano Cupelloni）教授，玛丽亚-比阿特丽斯·安德鲁奇，罗马第一大学，2017。

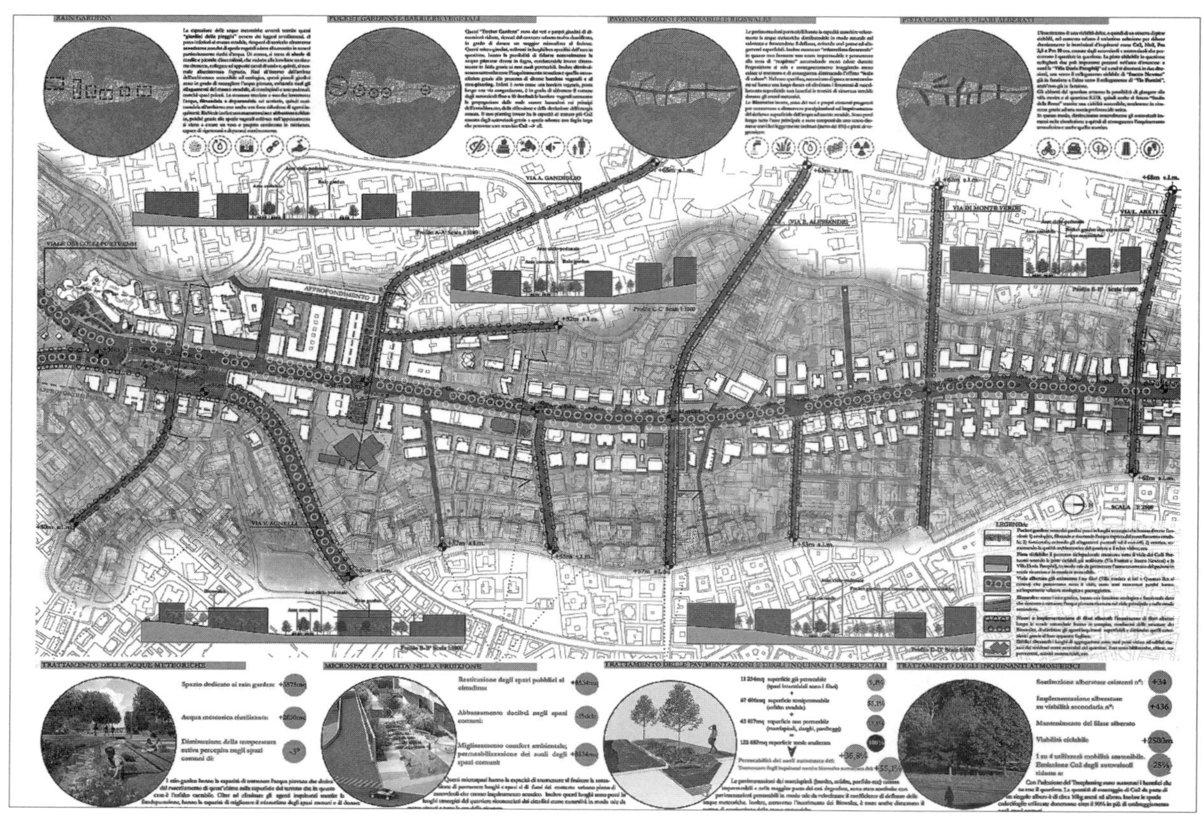

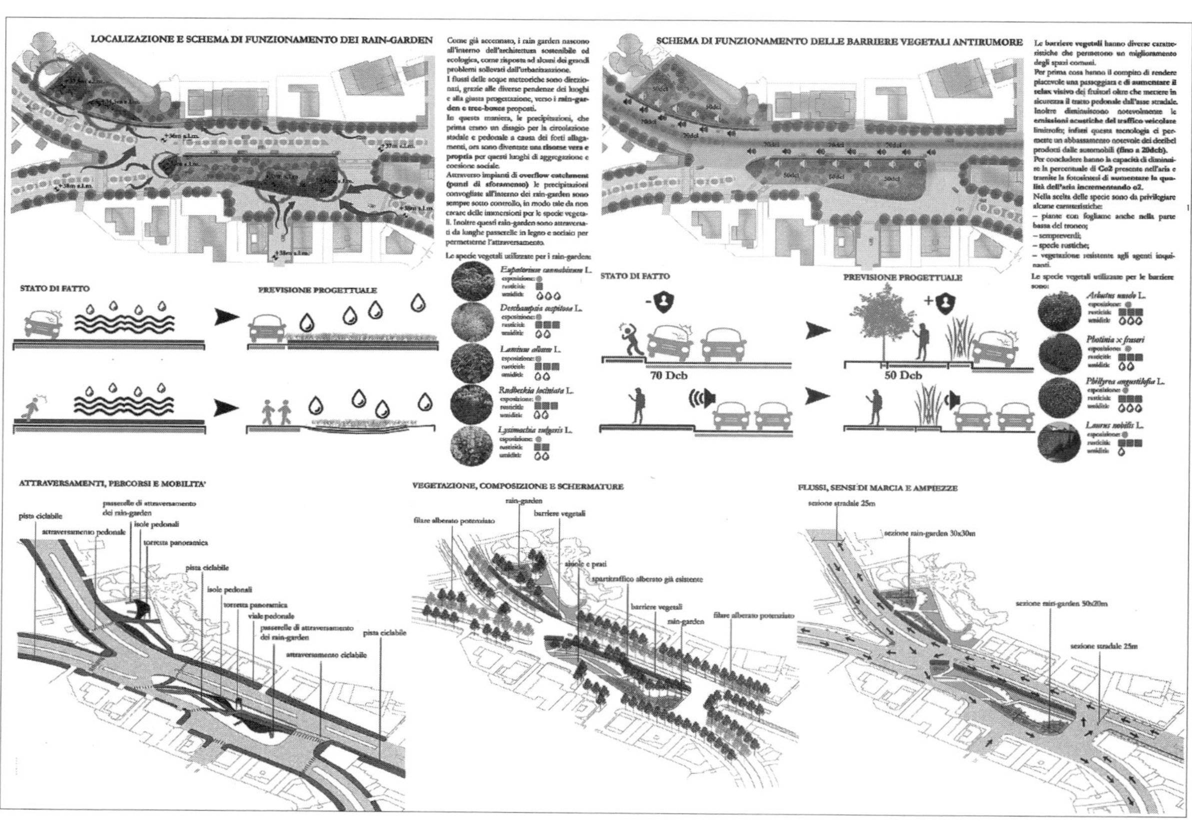

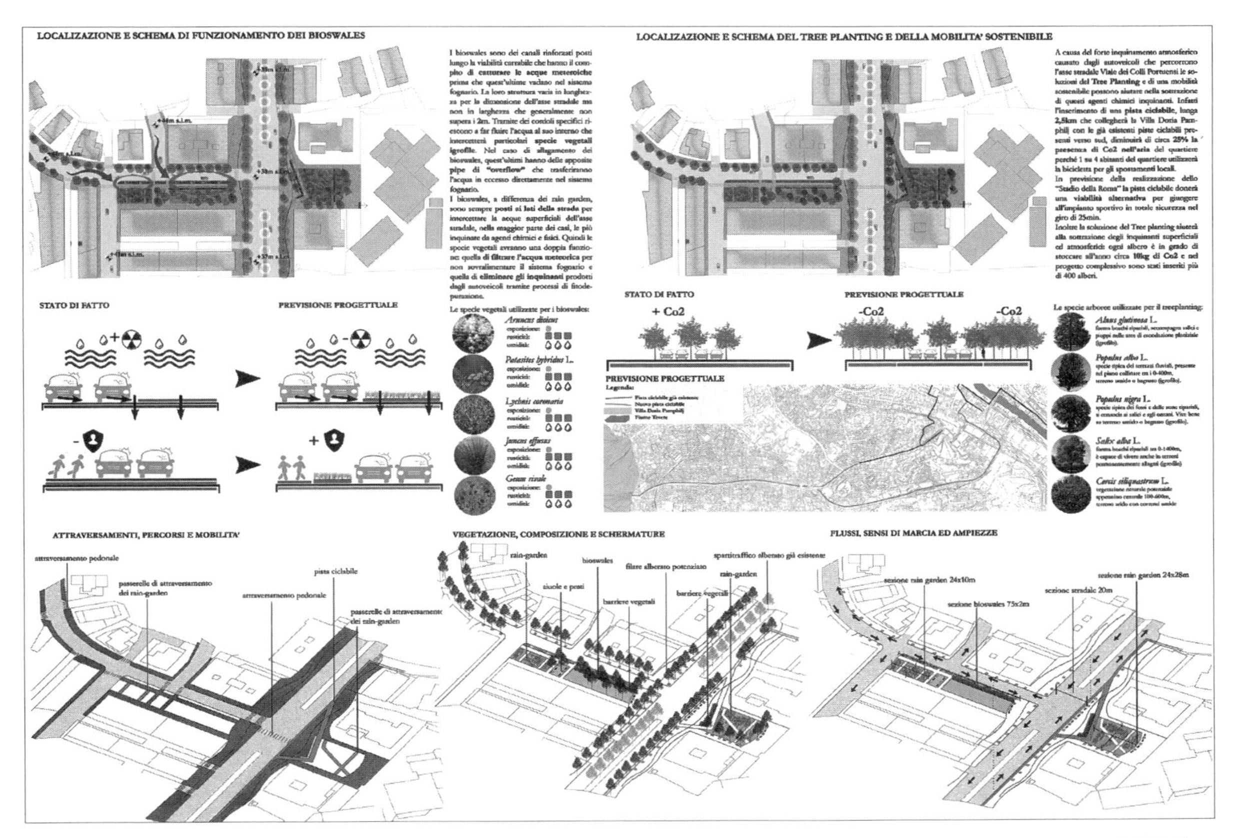

图2.2.4 罗马“Viale Colli Portuensi”的总体规划、策略和解决方案

古列尔莫·皮里（Gugliemo Pirri），风景园林硕士论文，卢西亚诺·库佩洛尼（Luciano Cupelloni）教授，玛丽亚-比阿特丽斯·安德鲁奇，罗马第一大学，2017。

图 2.2.4

通过重新组织获得数据和信息，仔细考虑获得具体知识是一种主动的学习方法。同时，课程评价将基于个人和小组成员对班级知识构建和交流的贡献进行打分。此评估方法与所采用的基于学习过程的目标相适应，这意味着进度测试使学生能够评估自己的个人知识以及最终获得的能力，而不是仅测试孤立的事实知识。

2.2.4 结论

目前对罗马第一大学环境技术设计课程中基于问题的教学方法的回顾表明，它可以被认为是一种有价值的方法，它通过情境化的问题设置和小组工作互动促进情境学习。与传统的建筑和风景园林教学方法相比，PBL模式似乎激发了更大程度的学习参与度，因此也激发了更高水平的理解复杂问题的能力。

在一个充满活力与包容性的学习环境中，学生将逐步提高研究和分析技能、阅读理解和解决问题的能力。这样一个积极的学习环境成功地为未来的风景园林设计师、建筑师和城市设计师提供了参考标准和指导，以及有效的学习方法，他们可以在未来的职业生涯中回忆和采用。

霍华德·巴罗斯（Barrows，1996）最初描述的PBL核心模型中所区分的六个核心特征，都可以在所描述的教学方法中找到。然而，从罗马第一大学的实践经验中可得出，将PBL框架应用于作者教授的特定主题（科学学科领域：环境技术设计）中是很重要的。这意味着为学生们提供最初的一系列讲座——最初是在PBL学习技术中禁止的——关于GI设计，以及关于多重生态、环境、社会和经济效益的度量和评估方法，都源自循证设计实践。

当需要完成更高要求的任务时，学生处于一种富有成效的跨学科对抗中，这使他们将已有概念和其他相关知识联系起来面临挑战。创建一个真实的学习环境：一个认知的需求，即思维要求，与城市建成环境的主要挑战一致，为此老师正在为学习者做准备（Honebein，Duffy & Fishman，1993；cited by Herrington & Oliver，2000：4）。学生们还研究历史，为了在城市景观建设中“向历史学习”，不仅仅是学习应用最先进的技术。同样，学生也参与到一种先进的科学讨论中，并寻求解决问题的方法（图2.2.5）。

2015—2016学年，60名学生参加了“环境技术的可持续性”核心课程，120名学生参加了“环境设计与城市改造技术”选修课程。在这两门课程中，95%以上的学生成功地完成了本学期的考试。这两门课程在学生的民意调查中都获得了很高的分数。这些学生也可以利用对GI设计方法的理解，提出改进环境技术设计教学方法的建议。

参与“基于问题的学习方法”的学生对环境技术设计的概念的理解比对照班的学生更深刻，这一点可以从IFLA 2016学生竞赛中取得的优异成绩得到证明（图2.2.6）。这一证据强调了跨学科学习“使用基于问题的方法”可以促进更深入的思考并有助于在可持续设计学科之间建立联系的主张。

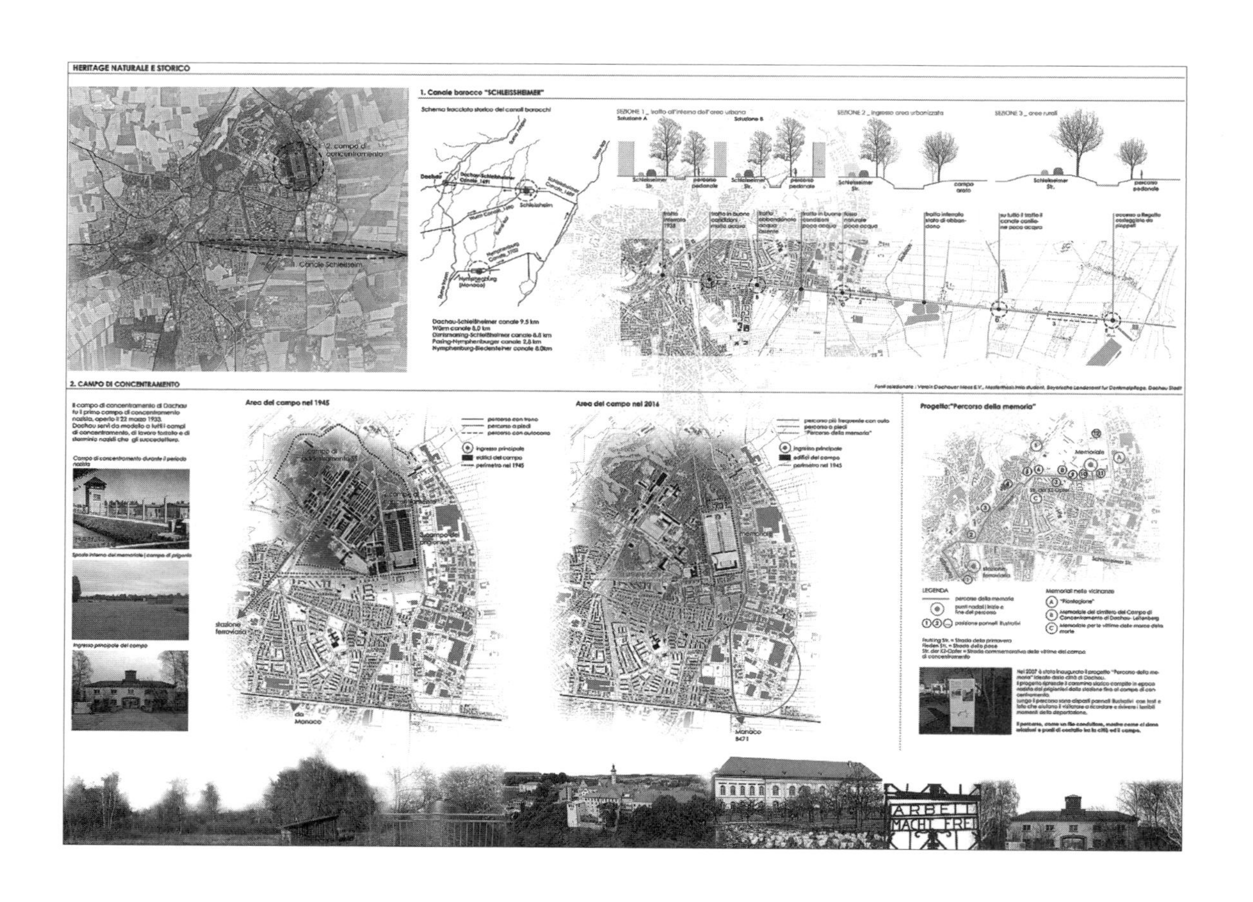

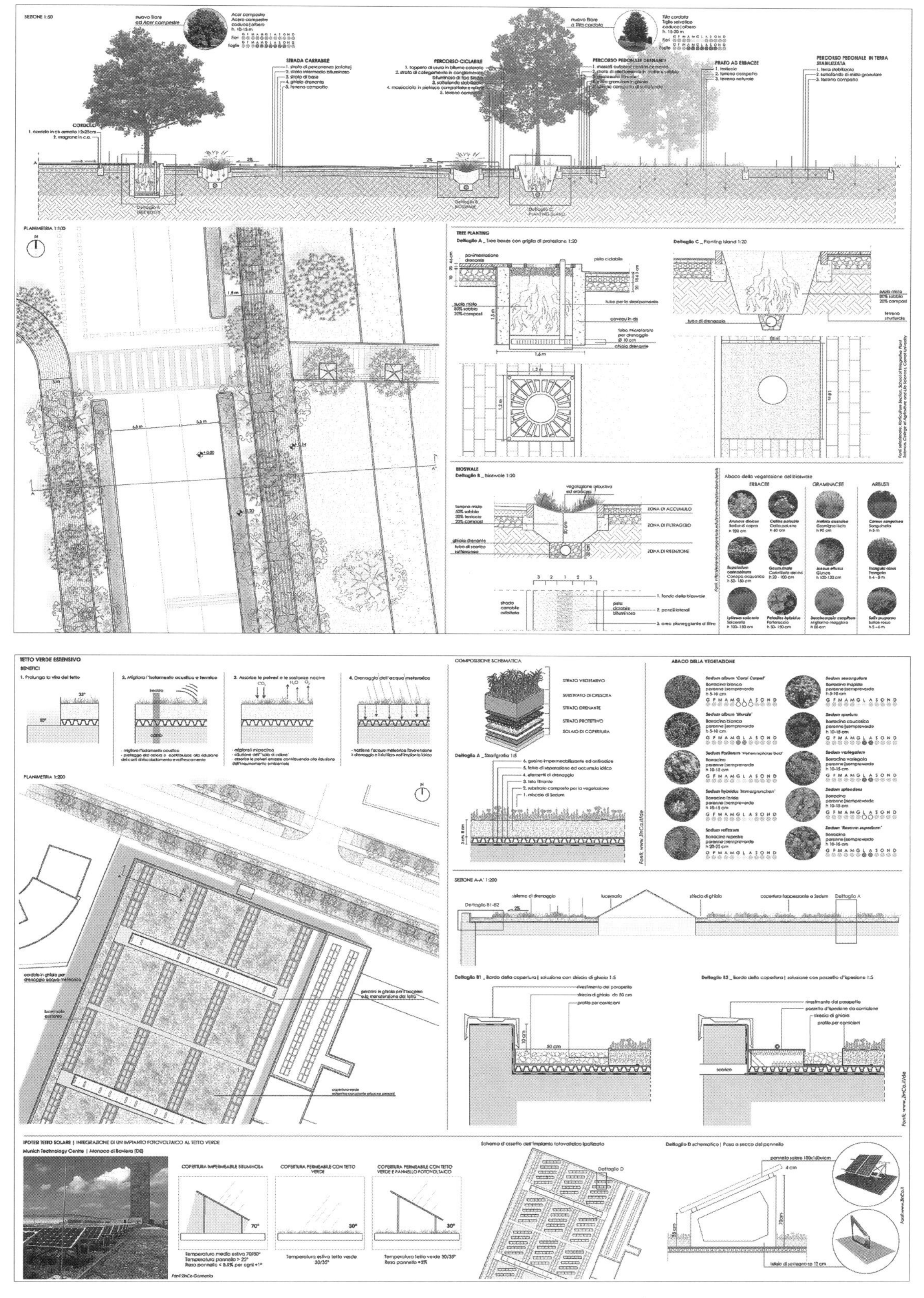

图2.2.5　Dachau-Scheisimer运河项目（dE）

迦达·迪·桑特（Giada Di Sante），风景园林硕士论文，卢西亚诺·库佩洛尼（Luciano Cupelloni）教授，玛丽亚-比阿特丽斯·安德鲁奇，罗马第一大学，2017。

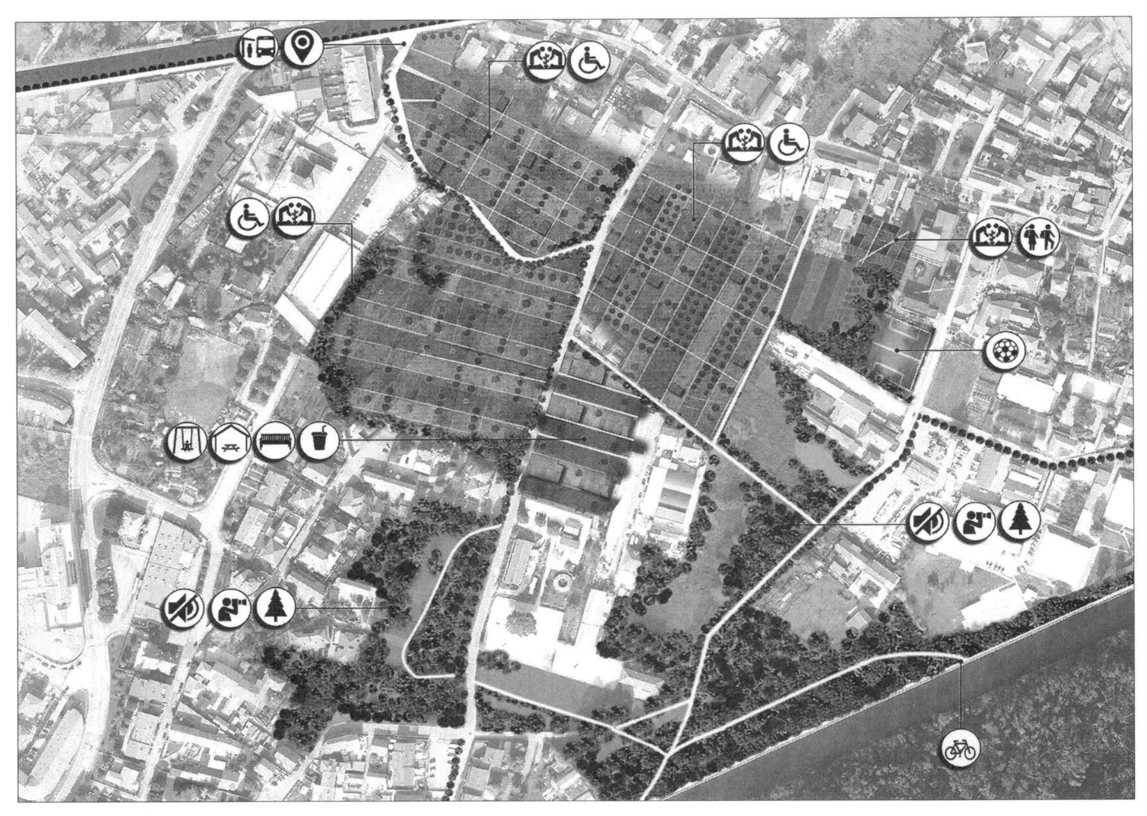

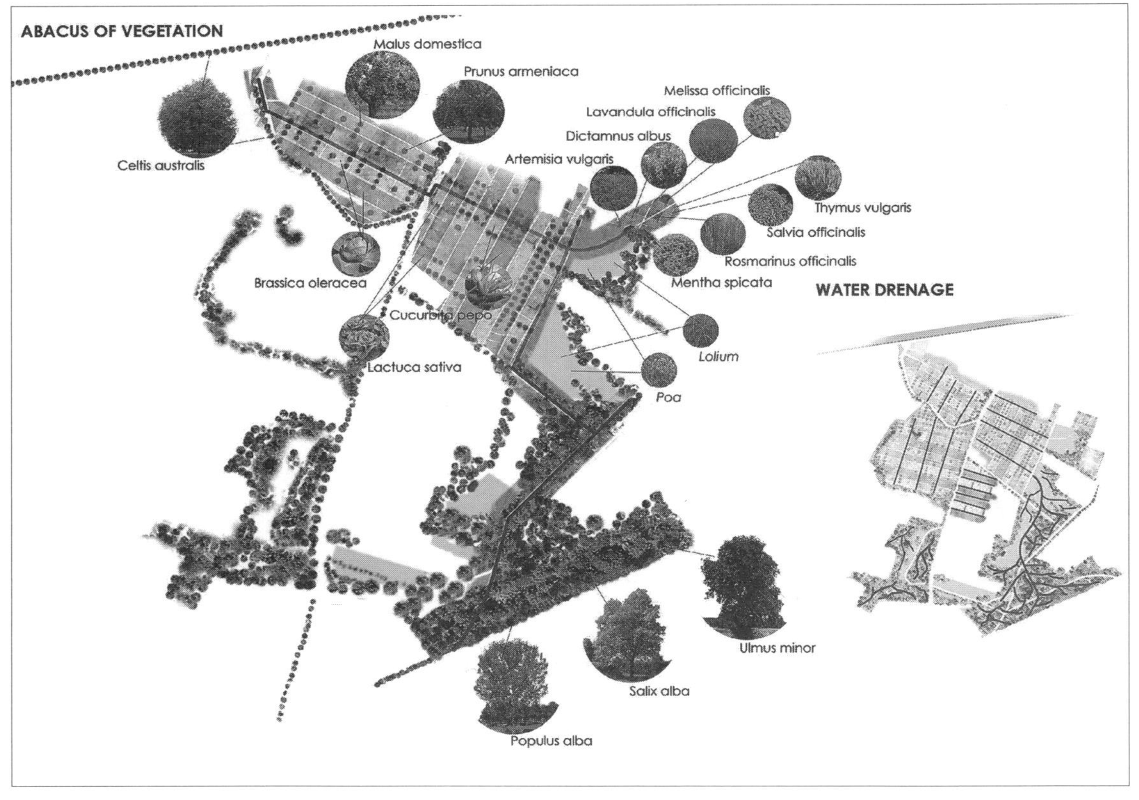
ABACUS OF VEGETATION
Malus domestica
Prunus armeniaca
Celtis australis
Melissa officinalis
Lavandula officinalis
Dictamnus albus
Artemisia vulgaris
Thymus vulgaris
Salvia officinalis
Rosmarinus officinalis
Mentha spicata
Brassica oleracea
Cucurbita pepo
Lactuca sativa
Lolium
Poa
WATER DRENAGE
Ulmus minor
Salix alba
Populus alba

图2.2.6　2016年IFLA“国际学生竞赛”一等奖项目“Barca Bertolla”

都灵：康苏洛·岑奇（Consuelo Cenci）、基亚拉·帕塔米亚（Chiara Patamia）、德尔菲娜·萨科内（Delfina Saccone）（“环境设计与城市改造技术”课程，硕士学位课程体系）；迦达·迪·桑特、古列尔莫·皮里（“环境技术的可持续性”课程，风景园林硕士学位），玛丽亚-比阿特丽斯·安德鲁奇教授，罗马第一大学，2016。

2.2.5 参考文献

Alcamo, J. et al. (eds.) and Bennett, E. M. et al. (contributing eds.) (2003). *Ecosystems and human well-being: a framework for assessment / Millennium Ecosystem Assessment*. Washington, DC: Island Press. http://pdf.wri.org/ ecosystems_human_wellbeing.pdf.

Andreucci, M. B. (2013). "Towards a Landscape Economy", Introductory keynote to the Italian Association of Landscape Architects Conference, MACRO Museum of Contemporary Art, Rome, Italy, 13 December 2013.

Andreucci, M. B. (2017). *Green Infrastructure Design: Technologies, values and tools for urban resilience*. Milan: Wolters Kluwer Italia.

Ausubel, D. P. (2000). *The Acquisition and Retention of Knowledge: A cognitive view*. Dordrecht: Kluwer Academic Publishers.

Barrows, H. S. (1986). "A taxonomy of problem-based learning methods", *Med. Educ*. 20: 481–486.

Barrows, H. S. (1996). "Problem-based learning in medicine and beyond: a brief overview", in L. Wilkerson, & W. H. Gijselaers (eds.), *Bringing Problem-based Learning to Higher Education: Theory and practice*. San Francisco, CA: Jossey-Bass, 3–12.

Boix Mansilla, V. (2004). Assessing Student Work at Disciplinary Crossroads. [Online], http://thegood-project.org/pdf/33–Assessing–Student–Wo.pdf.

Boud, D. and Feletti, G. (1997). *The Challenge of Problem-Based Learning*. London: Kogan Page Ltd.

Bridges, A. (2006). *Problem Based Learning in Architectural Education*, University of Strathclyde, Glasgow, UK. [interview], https://pure.strath.ac.uk/portal/ files/64389413/strathprints006150.pdf.

Herrington, J., and Oliver, R. (2000). "An instructional design framework for authentic learning environments", *Educational Technology Research and Development*, 48/3: 23–48.

Hiebert, J., Carpenter, T. P., Fennema, E., Fuson, K., Human, P., Murray, H., Alwyn, O. and Wearne, D. (1996). "Problem solving as a basis for reform in curriculum and instruction: The case of mathematics", *Educational Researcher*, 25/4: 12–21.

Holm, I. (2006). *Ideas and Beliefs in Architecture: How attitudes, orientations, and underlying assumptions shape the built environment*. Oslo: School of Architecture and Design.

Honebein, P. C., Duffy, T. M., and Fishman, B. J. (1993). "Constructivism and the design of learning environments: Context and authentic activities for learning", in T. M. Duffy, J. Lowyck, and D. H. Jonassen (eds.), *Designing Environments for Constructive Learning*. Heidelberg: Springer-Verlag, 87–108.

Jones, B. F., Rasmussen, C. M. and Moffitt, M. C. (1996). *Real-life Problem Solving: A collaborative approach to interdisciplinary learning*. Washington, DC: American Psychological Association.

Maitland, B. (1997). "Problem-based learning for architecture and construction management", in D. Boud and G. Feletti, *The Challenge of Problem- Based Learning*. London: Kogan Page Ltd.

Roberts, A. (2004). "Problem based learning and the design studio", *CEBE Transactions*, 1/2: 1–3.

Schumacher, E. F. (1974). "Economics should begin with people not goods", *The Futurist*, 8/6: 274–275.

Thormann, P. (1979). "Proposal for a program in appropriate technology", in A. Robinson (ed.), *Appropriate Technologies for Third World Development*. New York: St. Martin's Press, 280–299.

World Economic Forum (2016). *The Global Risk Report 2016*, 11th Edition. http://wef.ch/risks2016.

3

风景园林规划课程

3.0 简介

对于在更大景观尺度上开展的设计工作室课程，需要另外一种创造力。它涉及更多的因素，虽然不是全部，但其中大部分风景园林师或规划师无法直接控制。本章介绍了风景园林规划工作室课程教学的几个具体例子以及对教学原则的反思。所有的例子都具有强烈的城市特征，虽然所展示的一些工作室课程是“一次性”的例子，但其他一些是长期存在的课程，如果不断发展的话，在很长一段时间内将以类似的形式运行。

学生团队和教职员工承担不同角色，在各种国际背景下组织和运营联合景观规划工作室课程是本章开篇3.1节的主题。卡尔•斯坦尼茨（Carl Steinitz）展示了他在协调许多此类复杂项目运作方面的经验，并通过一系列风景园林规划工作室教学的例子来说明这种方法，这些工作室教学参与者涉及当地人员以及在百慕大群岛、墨西哥、西班牙、意大利和葡萄牙等地工作的学生群体。

由风景园林、建筑和规划专业学生组成的跨学科小组是风景园林规划和设计工作室课程的参与者，该课程专注于研究伊兹密尔市内流域的溪流，以此作为城市转型过程的基础。阿德南•卡普兰（Adnan Kaplan）和科雷•韦利贝约格卢（Koray Velibeyoğlu）主持的课程还包括讲座、现场调查、讨论和设计专家研讨，之后学生可以在不同的可能主题之间进行选择。3.2节中列举了3个项目的实例，每个项目都展示出作为城市发展根本的绿色和蓝色基础设施的不同方面。

科学的地位，尤其是在规划和设计工作室课程中对生态问题的探究是琼•艾弗森•纳索尔（Joan Iverson Nassauer）在3.3小节讨论的重点。她提倡应当有意识地引导相互尊重，理解景观科学和风景园林设计可以为新景观未来构想带来的价值。本节提出可以通过将景观科学方法明确地融入设计工作室教学中来克服两个领域之间不同的语言和方法所产生的潜在问题。

玛丽亚•古拉（Maria Goula）、约安娜•斯潘诺（Ioanna Spanau）和帕特里夏•佩雷斯•鲁普勒（Patricia Perez Rumpler）在3.4节中讨论的重点是一系列设计课程聚焦于研究地中海旅游景观恢复海岸滨水区的潜力。从经验的角度看，重新恢复因为旅游业发展而被改变的沿海平原水文条件提供了一个持续研究的主题，对这些转变过程的解释性制图表达也证明了这一点。项目提出了与腹地景观相关的再造“第二海岸（second coast）”的想法，为新的休闲活动提供可选择的去处。

从1970年开始，卡琳•赫尔姆斯（Karin Helms）和皮埃尔•多纳迪厄（Pierre Donadieu）就开始基于历史视角探讨城市背景下的风景园林教学，当时园艺尺度的教学被基于场地的教学方法取代，而场地方法又从景观角度逐渐被扩展到应对更大的城市区域问题。这些思想要早于“景观都市主义”一词的出现，并且都是在凡尔赛大学中产生的，但后来也被法国其他学校风景园林专业采用。法国的景观都市主义方法在教学和实践中不断发展，3.5节将探究其未来的应用。

关于城市景观的教学是丽莎·戴德里奇（Lisa Diedrich）和马德斯·法尔瑟（Mads Farso）在3.6节讨论的主题，本节的重点是通过使用创新的方法，将基于科学的方法和创造性艺术范式相结合，以应对它们的不可预测性。不确定性是当代城市景观的一个特征，也是当今学生必须学习解决的问题，为此，作者认为设计思维是一项关键能力。本节介绍了专注于这些技能的设计工作室课程。

3.1　联合规划课程中的教学：领导者的培养和“入门阶段”

卡尔·斯坦尼茨（Carl Steinitz）

风景园林和其他设计专业的绝大多数专业教育都是为了培养专业技能出色的个体。相对而言，很少有学生把成为团队的领导者或管理者作为他们的长期目标。然而令人惊讶的是，在我教过的学生中，有相当多的人在专业实践中担任领导者。

3.3.1　方法

在这一章中，我主要关注两个主题：在协作环境中培养“领导者”，以及传授学生“入门阶段（getting started）”的方法。我认为任何项目的开始阶段都是最重要的，因为如果开始不能令人满意，那么结束也一定不能令人满意。

我在教学中会要求学生在团队中工作，并且经常是大型的、自主的、多学科的团队，这样做的原因有很多，但通常集中在工作室课程所关注的问题的范围和复杂性上：所关注的领域范围往往较大且有较高价值，并且正面临着巨大的变革压力。

课程的组织方式通常类似于大型多学科团队，学生可以最大限度地对整个项目负责。在传统的课程中，学生被限定场地范围、客户和项目类型，而这个课程与传统的不同，学生会负责问题识别、处理方法选择、项目的定位、项目的产出和展示，以及包括预算分配在内的项目管理的所有方面。教师的职责是多样的，但突出强调他们的角色是“制作人”“顾问”和“见证者”。

确定哪些项目对于教师（我）和潜在的学生来说都是重要和有趣的这并不困难。成功的项目有一些共性：它们通常尺度很大、参与者数量很多、有着广泛且相互冲突的目标、巨大的景观复杂性以及对金融和政治有重要影响。学术环境允许更多自由的和灵活的思考以指导问题，并允许学生以作者的身份公开作品，这意味着它可以被自由地讨论，并在必要时被否定。

在课程开始前的学期末，学生们会被告知这个项目将由他们自己组织起来，成为一个大的团队。最初的任务描述很简单：“9月的第一个星期将会在________度过，并找出那里发生了什么。”最初的实地考察对研究的定义和建立一个高效的工作团队至关重要。组织实地考察是课程的第一个任务，在初夏期间，4名学生自愿组队，他们可能根据功能、系统和地理区域来分配研究任务。

实地考察是一次集中安排的工作会议，有小组和个人的任务，最重要的任务是熟悉问题、场地和人群。我主要是向学生强调，我们要实地考察、观察和提问。

合作课程的一个特别重要的部分是“入门阶段”，最初的一套练习是从现场访问开始的，旨在培养学生对课程的整体结构、方法和设计策略的了解。我告诉我的学生，这个课程没有唯一的“设计方法”或“规划方法”。相反，方法有很多，但是学生需要找到能够解决当前问题的方法。每类风景园林设计，无论尺度大小如何，都应考虑3个方面的问题：场地历史和过去的愿景、地区不太可能改变的“事实”以及应纳入任何提出的备选方案的“不变的事物”。

“入门阶段”有两种完全不同的路径：这两条路径分别是“预期的”和“探索性的”，如图3.1.1所示。

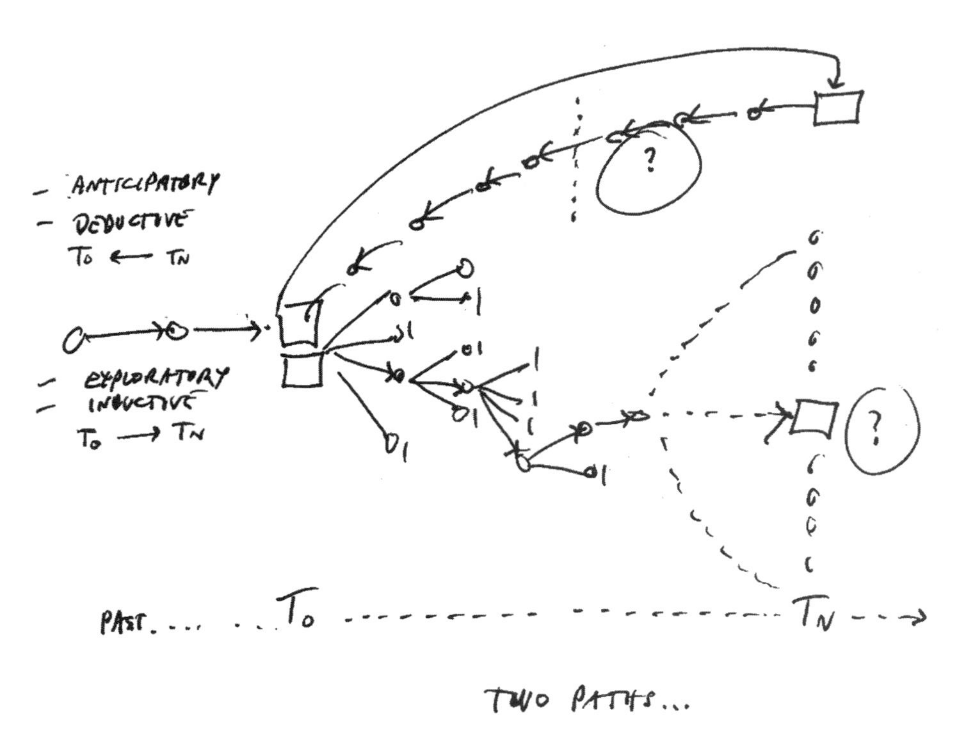

图3.1.1 通向设计的两条不同路径

一条是基于演绎逻辑的预期路径，另一条是基于归纳逻辑的探索路径。两者都必须具有确定和综合的元素。

预期方法体现了这样一种理念，即期望设计者在时间上做出一次英勇的飞跃，并在情境中固有的许多假设和偶发事件中做出正确的选择，并以设计的方式提出未来的改变建议。这种预期的方法需要使用演绎逻辑来弄清楚如何从期望的未来状态回到现在。但是，如果当前的情况是庞大而复杂的，那么将未来与现在联系起来往往是非常困难或不可能的，而早期的错误决策可能会对设计造成致命的影响。

另一种探索性方法需要明确地提出一个情景，即一系列决定设计的假设，它需要使用归纳法的逻辑。同样地，如果问题是一个简单的问题，这种方法相对容易；但如果它是庞大而复杂的，或者每个单一的假设有几个选项，就会有太多的组合需要考虑，错误的风险也会增大。

因此，基本的初始步骤必须对最重要的假设进行“灵敏度测试（sensitivity test）”。通常，人们会在这些极端之间来回跳跃（one skips back and forth between these extremes）。但我们应该从哪条路开始？此时必须考虑“尺度和规模”以及“风险”的问题。

在我看来，较小的项目类型，如住宅用地规划，与较大的设计项目和很少直接建造的区域景观规划研究相比，呈现实际的错误风险较少。相反，它们的目的是影响社会价值观和改变当地景观，包括水和土地利用的各个方面。

在极端的情况下，不同的尺度需要不同的初始策略。对于较大规模和较复杂的问题，探索性方法是更合适的启动策略。它们可以产生一个主导的设计策略，或者形成几个由较小的团队做出的策略，或者各自做出差异化设计。

从技术上讲，这些方法依赖于简单而清晰的图表来表达想法，无论是实体变化还只是策略（physical changes or policies）。所有的想法都包括在内，并且不对其价值进行预先判断。主导思想是区分想法的产生和“拥有者（ownership）”及其应用（Albert et al.，2015；Steinitz，2013，2011，2009，2007，1997，1990；Steinitz et al.，2010，2007）。

3.1.2 案例研究

（1）百慕大，1982年　这个工作室课程关注的是当时刚获得内部自治权的群岛的垃圾场的未来。它周围有市政机构、大型湿地、向百慕大大部分地区提供饮用水的井田以及重要的运动场。它位于该岛最贫困人口的居住区中心。

学生们前往百慕大，参观了研究区（图3.1.2）。我们为利益相关者举行了几次专题介绍演讲和公开会议。每天晚上，我都会和学生们见面，让他们列出所提出的问题并进行分类，并按规定根据他们提出的想法和建议进行简单的图示化。

图3.1.2　百慕大垃圾场及其周边环境

北风向是黑人居民居住的地方。当时的总督（也是第一个成为总督的黑人）就住在垃圾场的北面，英国政府和将军也住在右上方的庄园里。保护现有湿地和运动场十分重要。

回到学校后，在课程的第一阶段工作中，学生们就最终的20个问题清单达成了一致，这些问题在任何设计中都必须被解决。它们被分为两类：一类是必须纳入每一个设计的恒定要素，另一类是可能有备选解决方案的变量。针对每个问题，每两名学生被要求提出2～5个备选策略。大约有80个导图，每个图表都是用永久性的黑色记号笔在透明的薄塑料上绘制的，这样它们就可以很容易地被选择、覆盖，并作为一组一起查看。接下来的练习是使用经改造的德尔菲法对问题和备选方案进行排序（图3.1.3、图3.1.4）。图3.1.5表示在一个非常大的表格上小图的实际布局：恒定要素都在最左列中；变量被列在最上面一行，从左边开始按照它们的重要性进行排列。

人们可以通过以下方式理解导图的位置：必须包含每个恒定要素，此外，最可能成功的设计策略是从左侧最顶端一行开始选择问题的备选方案。这个过程在第三节课结束时完成。

在课程的下一个阶段，每个学生都被要求通过选择一组适当的导图来准备一个初始设计。在第四次课程之后，总共有14个截然不同的初始导图设计（图3.1.6）。

然后，每个学生都准备了一个标准形式的初始设计的实体模型，并在第六周结束时提交给百慕大委员会，由该委员会进行评审，该委员会决定将其中3份设计提交到下一阶段。那些没有被选中继续进行其原本设计的学生必须加入3个被选中设计中的一个团队，在学期结束时进行展示。

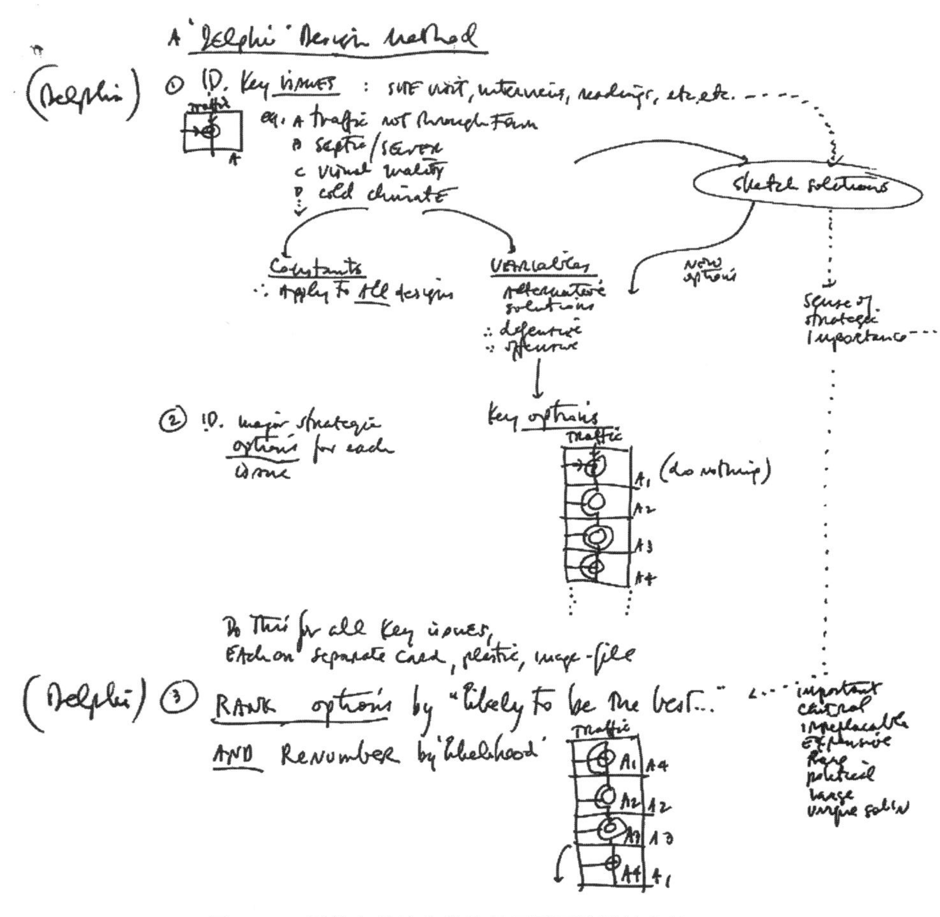

图3.1.3　受德尔菲法启发的基于导图的设计方法1

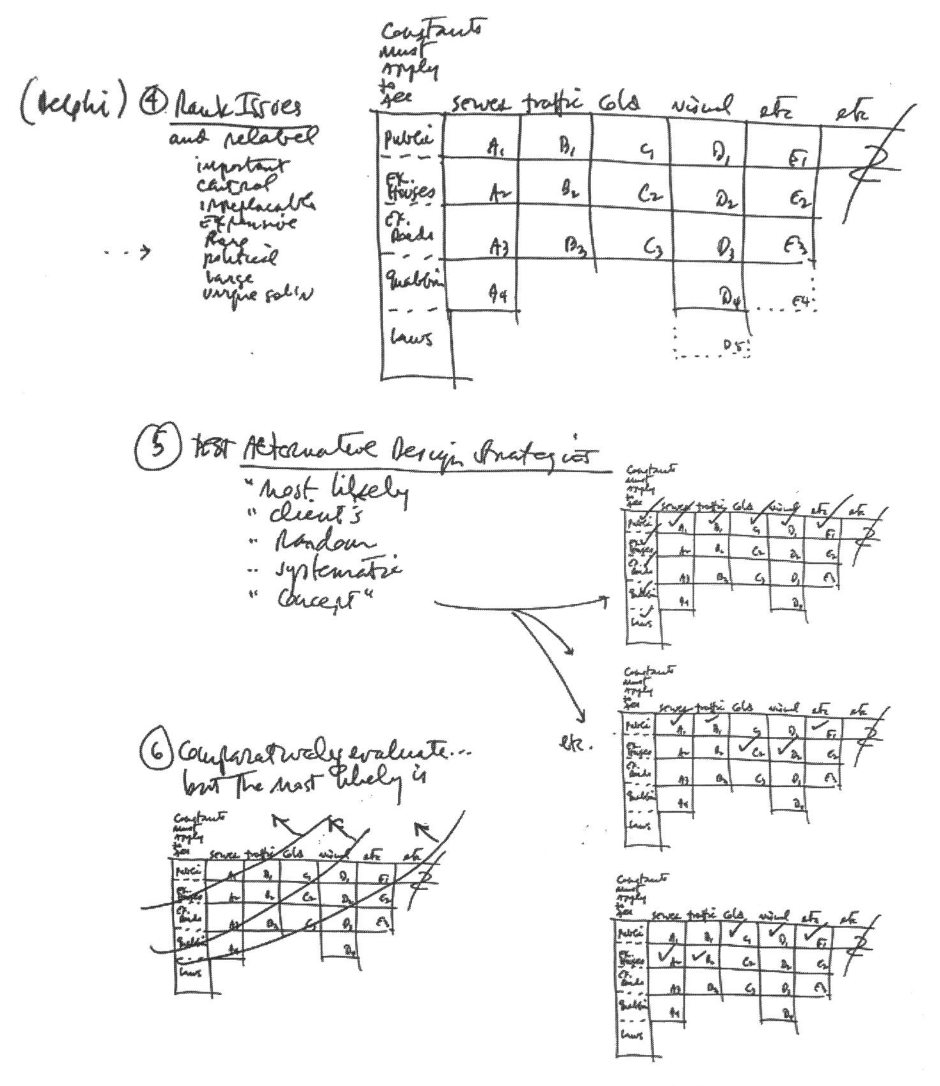

图3.1.4　受德尔菲法启发的基于导图的设计方法2

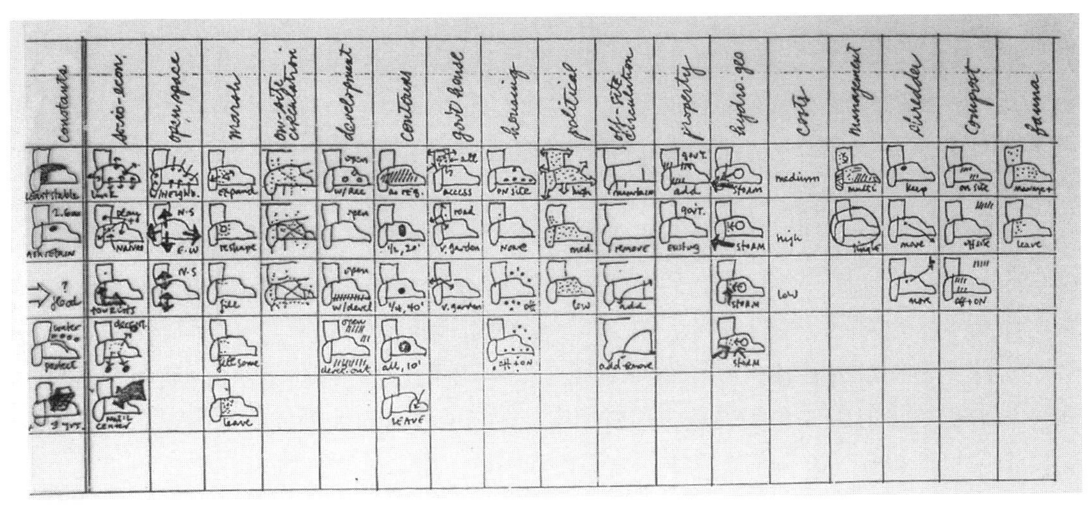

图3.1.5　访谈生成的图表

该表以恒定要素和变量的形式排列，变量列按本地访谈的重要性排序，每列中的图表按学生能获得成功的可能性排序。

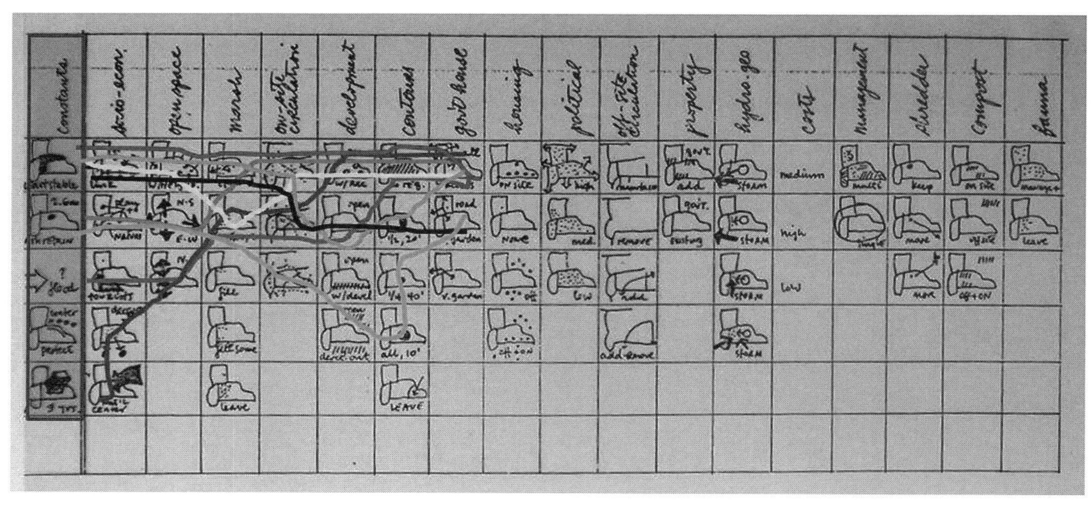

图3.1.6

图3.1.6　学生选择适当的导图

每个学生的个人设计必须包含所有的恒定要素，并且必须基于与所有其他设计不同的一组图表。图表选择的优先级基于数字彩票（numbers-lotter），并用彩色线条象征性地表示出来。

百慕大当局决定举办一次特别选举，让选民从3个公园概念中选择1个，以确定公众对设计方案中所包含的策略的偏好。有趣的是，获胜的设计最符合工作开始时图表布局中左上方部分的内容（图3.1.7）。

以下是图解法在不同规模和不同项目问题上的应用，但使用了简单的数字技术进行处理调整。

（2）特波佐兰特，墨西哥，2004年5月[1]　我们与由菲格罗亚教授领导的自治城市大学（UAM）师生团队进行合作，并得到市政府的充分配合。

特波佐兰特是墨西哥城大都市区北部边缘的一个自治市，由于地处墨西哥城北部的主要高速公路上，它面临着巨大的发展压力。它拥有大量社会住房，周边被大量的配送仓库所包围，“非正规住房”数量不断增加。整个墨西哥城地区未经处理的污水流经特波佐兰特，一些流入运河，另一些流入破裂的管道系统。然而，该市保留了一些较小的居民点、一些农业用地和邻近的大型国家森林土地。特波佐兰特的主要景点是建于1584年的圣方济各泽维尔教堂和修道院。

在对墨西哥特波佐特兰为期5天的访问中，学生们创建了一份项目和政策清单，作为对日常会议、讨论、访问和信息收集的回应。每个项目由一名或多名学生提出，并在每天访问结束时举行的头脑风暴会议上展示。在为期8天的实地考察结束时，学生们已确定了约200个项目。这些数据首先被输入到一个Excel电子表格中的“项目列表”中，然后手工绘制在一张由高分辨率正射影像和几层透明塑料纸组成的3m×6m的大型区域地图上。在电子表格中，每个项目都被描述并分为8种颜色编码类别中的一种或多种：国家或市政府相关、社区

1　与阿尼巴尔·菲格罗亚·卡斯特雷洪（Anibal Figueroa Castrejon）和胡安·卡洛斯·巴尔加斯-莫雷诺（Juan Carlos Vargas-Moreno）合作

a

图3.1.7　被选中的3个设计方案

这是最后的3个设计方案，每一个都是由最初的设计师和其他学生团队合作设计的，他们的设计并没有在第六周被百慕大委员会预审，而是在百慕大被公开展出。随后，总理下令进行全民公投，图c是最受欢迎的设计。之后，其中两名学生在毕业后将其作为可实现的设计进行了深化。

b

c

图3.1.7

相关、交通、工业、生态（包括水文）、遗产、公共设施或野生动物恢复。

在实地考察的最后一天，学生们被分成与每个类别相对应的小组，并在每个类别中选择最多20个最重要的项目。最后选定了大约80个项目作为进一步开发的新清单，并在地理信息系统中将其数字化为图表，每个项目在其指定类别的颜色代码中作为一个单独的层，并在Excel电子表格中输入属性。借助这个包含单个项目的电子数据库，学生们创建了不同的项目集群作为3D可视化的叠加层。不同的项目集群，如旅游或生态相关的项目可用于初步探索，这使学生能直观地看到不同项目和类别的累积效果。随后，通过课堂讨论，结合不同的项目开发了3种可选方案：旅游、生态和经济驱动。每个场景被编码为一组项目编号，以3D可视化形式呈现，以供学生讨论并在未来进行改进。这些工作在实地访问期间完成。

随后，在课程团队决定专注于一个目标之前，他们准备并比较了几个更复杂的目标场景。它们被发展成一个可选择的政府发展计划，并以更详细的尺度阐述了几个项目（Steinitz and Figueroa et al.，2005）。

（3）帕多瓦工业区，意大利，2005年6月[1]　帕多瓦工业区（la Zona Industriale di Padova）是意大利最大的工业区，该工业区拥有一大片邻近区域，即龙卡杰特公园（Parco del Roncajette），它将成为该市的一个主要新公园。该地区有防洪渠，其中包括来自城市、工业和上游地区的污水，最终流入附近的威尼斯潟湖。它还拥有该市的污水处理厂、著名的威尼斯潟湖模拟模型（analog model）以及住宅区和农业用地。

帕多瓦工业区和市政府致力于在这片土地上建设一个新的城市公园，但是还有很多未知情况和相关的问题；帕多瓦的“绿色空间战略”包括了连接许多小的“绿色区域”，重新考虑现有当地机场和帕多瓦工业区未来的发展。

工作室课程是由大量学生自主的合作努力而组织起来的，它的目的是基于不同的假设，为公园及帕多瓦工业区和城市周边环境设计3～4个备选方案，并进行对比。

（4）卡斯蒂利亚，西班牙，2006年7月[2]　堂吉诃德（Don Quixote）位于卡斯蒂利亚省，在马德里、托莱多和雷阿尔城之间，工作室课程的目的是提出堂吉诃德的景观保护和发展建议，支持该省在《堂吉诃德》出版400周年之际促进景观保护、旅游和经济发展。它由新奇维塔斯基金会（Fundacion Civitas Nova）赞助，并得到卡斯蒂利亚省和地方政府的充分支持。学生们在与省和地方政府进行初步调查和讨论时确定了要开展的具体的研究和项目。该课程提出了景观规划、政策和设计方案，旨在让该地区富有长期、可持续的吸引力。

项目包括评估马德里发展对全省的影响、评估气候变化对本地区农业的影响、提出具有视觉管理内容的区域景观管理计划、对马德里和托莱多之间的道路进行景观规划、提出保护托莱多历史形象的发展策略以及为雷阿尔城制定发展战略，这些都被整合为该省选定地区的单一总体景观规划。

这个课程是一个有组织的合作项目，学生们进行自我管理。他们在该地区度过了前5天，遵循类似于特波佐兰特案例中的数字制图策略，但这里的项目和政策图示划分为3个等级：国家、区域和地方，要求学生选择多达20个层，来评估各种重要问题的“最差”和“最佳”的替代方案（Steinitz and Werthmann et al.，2007）。

1　与苔丝·坎菲尔德（Tess Canfield）和胡安·卡洛斯·巴尔加斯-莫雷诺（Juan Carlos Vargas-Moreno）合作

2　与克里斯蒂安·沃思曼（Christian Werthmann）和胡安·卡洛斯·巴尔加斯-莫雷诺（Juan Carlos Vargas-Moreno）合作

（5）工作坊——里斯本科技大学，2008年　这个4小时的练习是更广泛的研讨会的一部分，参与者是来自里斯本、波尔图和科英布拉大学的教师和博士生们。他们在快速完成整个过程与仔细考虑设计策略及其后果之间进行权衡，这有利于推进工作进度。

该案例研究考虑了里斯本海滨的未来和特茹（Tejo）河口的景色。经过讨论，确定了主要兴趣小组和他们的主要目标，之后“学生们”被分配了与快速手绘许多不同颜色编码图有关的任务。按照百慕大案例的基本方法，将这些建议展示在一张长桌子上，同时使用简单的电子表格模型估计每个提案的资金成本。然后，由两个人组成的小组根据重要性顺序选择5～10个最佳的策略图，提出一个最适合利益相关者群体需求的提案。然后在一个如图3.1.3、图3.1.4和图3.1.5中描述的相同的大表中替换这些内容，供下一个演示者使用。显然，被选择并纳入这些设计的图表存在明显的相似性。此外，最常选择的组件图常被放于桌子的最左上角，所有的图都是按照德尔菲法放置的，与图3.1.4中的类似。

一个重要的问题是，利益相关群体共同评估所有替代方案后，他们之间能否达成共识。这与使用图表进行快速评估的技术是否可以用于开发单个主导设计策略的问题并没有太大的区别。

学生们被重新组织，每一对被分配去评估一个影响类别的所有设计，并以不同利益相关者群体的身份依次比较所有的设计。图3.1.5大图表中的每一行代表一个利益相关者或设计，每一列代表一个影响类别，例如水文、生态、视觉、社会、成本等。学生们使用了一个简单的五级数值评估量表，每对学生通过真实的利益相关者代表和教师专家的输入来评估每个利益相关者的设计方案。在最后的讨论中，可以围绕少量的备选策略计划组成联盟（图3.1.8）。

（6）组织团队和管理项目　我已经说明了课程开始阶段的几种不同方法，所有这些都需要结合图表、德尔菲法和判断力。

实地考察和绘制图表后的第一阶段工作是为研究制定详细的工作计划。这是学期中唯一由我组织的一部分内容，它包括个人分工和小组合作两个部分。第一部分的任务为期一天，我会让每个参与者在一张大纸上描绘或书写他/她对项目发展的看法：它的目标是什么？其主要建议的方法是什么？其预期成果？日程安排？（部分学生之前已经上过我的关于景观规划理论与方法的讲座课程）。在一个匿名评审中，每个学生根据与其自身想法的相似性对每个陈述者的内容进行排序，然后，根据方法的相似性，学生将组成小组进行为期一周的提案准备工作。

在那个周末，每个小组必须为整个研究提交一份完全专业的书面提案，再次描述目标、方法、成果和预算等。书面提案将由一个小组公开审查，包括我本人、研究领域内的一名代表以及外聘的教师和专业人士。这些提案会被排名，且会与学生公开讨论这些排名和评价。然后在第一名管理小组的领导下，学生们协商项目的关键路径。这会在学期开始的两周内进行，最终会公开讨论出一个学习计划，其中所有的问题都已被讨论并解决，所有参与者都可以自愿参与其中。我在其中的角色是“提速者”，而不是“决定者”。

在决定了要做什么之后，学生管理角色再次占据了主导地位。作为学习计划的一部分，管理职责贯穿于整个学期的项目进行期间。通常，有4个管理团队，每个团队负责一个持续约4周时间的课题。每个人都在管理委员会中有职责，每个人都有机会担任指挥。职责包括项目方向监督、任务确定和工作分配、成果评审、预算决策和沟通。然而，作为指挥者并不

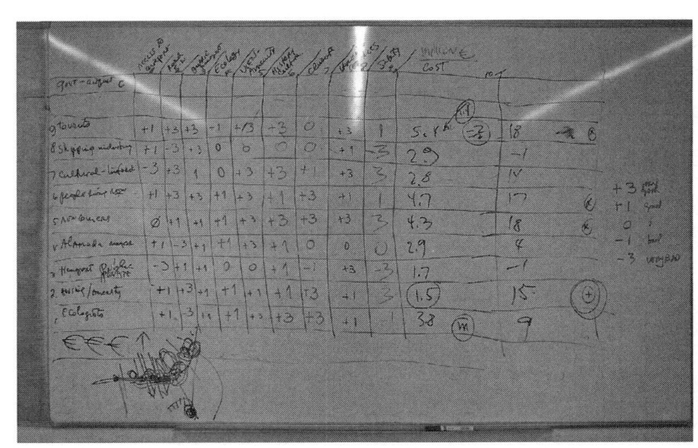

图3.1.8　根据对应的系统对设计策略元素的图表进行唯一的命名和编号，并以系统颜色绘制

图表会在被选入综合设计之前进行讨论。设计图被剪贴在一起并叠加显示，类似于“三明治（sandwich）”的形式。由之前评估过场地吸引力和脆弱性的团队来对所有设计进行影响评估。每个基于系统的评估团队都对所有设计进行了评估、比较和改进。根据需要更改或添加图表以在影响评估后进行重新设计。

意味着你就是“老板”。

在分配任务时，人们应该认识到被分配到一项任务通常有两个原因（除了项目需要之外）：第一个原因是，你会做一些事，能够享受它并想做得更多；第二个原因是你不能做某件事，但你想学习如何去做。尽管从项目效率的角度来看可能倾向于前者，但后者对于教育机构来说是更好的理由。

如果项目属于学生们组成的小组，获得的荣誉将由团队共享，队员的名字按照字母顺序排列（Credit is shared by the team in alphabetical order）。工作室课程占用的空间用于组织集体活动，其中有一张非常大的中央会议桌，以及较小的个人工作空间。所有的课程都在桌子上展开，所有重要的讨论和报告，包括对个人作业的评论，都在桌子上进行。

由于管理职责经常变换，因此有组织地管理文件相当重要。很明显，每个学生不能也不可能完成所有的任务，正因为如此，我们鼓励学生在会议上进行表达，介绍他们正在做的事情以及其他人可能感兴趣的事情。所有的学生都将参与到每一次的报告中，此外，研究地区的代表、教师和外部专业人员也会参与中期审查。

最后的公开展示通常至少在两个地点进行，包括学校和研究区域。展示形式包括半个小时的电视节目、报纸、地区杂志、演示和发表的报告。教师的角色是多样的和具有挑战性的。显然，教师会担任一个非常重要的生产者的角色，即首席顾问，管理团队和学生个人都会向其寻求建议。毫无疑问，也会充当一个“神秘（hidden hand）”的角色，会在整个过程中进行必要的实质性观察，因为，学生们常常会过于自信。

教师还会担任重要的、经常围绕社交和组织问题的调解角色。教师真正的职责是确保每个学生的教育需求在团队组织范围内得到满足。教师的角色是“批评家”。最后还有监管的法律责任，以确保项目在时间和资金的限制下完成。而最有难度的教师角色是有意识地放弃控制许多困难的管理和设计决策，让团队从经验中学习。

多年来，我从一开始就告诉学生们，他们会得到相同的分数，我和他们都应该期望得到一个高的分数。这不是我们学校的政策，而是对企业进行集体评判的方式。

我认为，我们的教育机构应该认同并支持“领导者”和“专业技能出色者”在教育、风格和技能方面的差异。

3.1.3 参考文献

Albert，C.，C. von Haaren，J. C.Vargas-Moreno and C. Steinitz（2015）. “Teaching Scenario-based Planning for Sustainable Landscape Development：An Evaluation of Learning Effects in the Cagliari Studio Workshop”，*Sustainability*（open access），www.mdpi.com/journal/ sustainability，7（6），6872–6892；doi：10.3390/su7066872.

Ballal，H. and C. Steinitz（2015）. “A Workshop in Geodesign Synthesis”，in Buhmann，E.，Ervin，S.，and Pietsch，P.，（Eds）*Digital Landscape Architecture 2015*，Herbert Wichmann Press，Germany，pp. 400–407.

In Hoversten，M. E.，and S. R. Swaffield（2019）. “Discursive Moments：Reframing Deliberation and Decision-making in Alternative Futures Landscape Ecological Planning”，in *Landscape and Urban Planning*，Volume 182，February 2019，pp. 22–33.

Steinitz，C.（2017）. “Beginnings of Geodesign”，in *Geo-Design*：*Advances in Bridging Geo-information*

Technology, *Urban Planning and Landscape Architecture*, Nijhuis, S., Zlatanova, S., Dias, E., van der Hoeven, F. and van der Spek, S.（Eds）, Delft University of Technology, 2017：9–24.

Steinitz, C.（2014a）. "Which Way of Designing？", in Lee, Danbi, Eduardo Dias and Henk Scholten（Eds）*Geodesign by Integrating Design and Geospatial Sciences*, Springer, 11–43.

Steinitz, C.（2014b）. "Geodesign with Little Time and Small Data", in Wissen Hayek, U., P. Fricker and E. Buhmann（Eds）*Digital Landscape Architecture 2014*, Herbert Wichmann Press, Germany, 2–15.

Steinitz, C.（2013）. "Getting Started：Teaching in a Collaborative Multidisciplinary Framework", in *Landscape Architecture/China*, Special Issue on Digital Technology and Landscape Architecture, 16–24,（in English and Chinese）.

Steinitz, C.（2012a）. *A Framework for Geodesign*, *Redlands California*, Esri Press（in English）In Japanese, Italian, Spanish, Portuguese, Chinese forthcoming 2019.

Steinitz, C.（2012b）. "Public Participation in Geodesign：A Prognosis for the Future", in Buhmann, E., S. Ervin, D. Tomlin and M. Pietsch（Eds）, *Teaching Landscape Architecture*, *Proceedings*, *Digital Landscape Architecture*, *Anhalt University*. Herbert Wichmann Press, Germany, 240–249.

Steinitz, C.（2011）. "Getting Started：Teaching in a Collaborative Multidisciplinary Framework", in Buhmann, E., S. Ervin, D. Tomlin, and M. Pietch, *Teaching Landscape Architecture*, *Proceedings*, *Digital Landscape Architecture*, *Anhalt University*. Herbert Wichmann Press, Germany.

Steinitz C., E. Abis, C. v. Haaren, C. Albert et al.（2010）. FutureMAC09 Scenari Alternativi per l'area metropolitana di Cagliari：Workshop di sperimentazione didattica interdisciplinare / FutureMAC09：Alternative Futures for the Metropolitan Area of Cagliari：The Cagliari Workshop：An Experiment in Interdisciplinary Education, Gangemi, Roma, 2010.

Steinitz, C.（2009）. "A Framework for Collaborative Design Workshops", in *Landscape and Ruins*, Proceedings ECLAS, September 2009.

Steinitz, C.（2007）. "Some Notes on Landscape Planning：Towards the Objectives of the European Landscape Convention", in *Landscape and Society*, Fourth Meeting of the Council of Europe Workshops on the Implementation of the European Landscape Convention, Ljubljana, Slovenia, May 2006, 143–145.

Steinitz, C. and C. Werthmann, et al.（eds）（2007）. Un Futuro Alternativo para el Paisage de Castilla La Mancha – An Alternative Future for the Landscape of Castilla La Mancha, Foro Civitas Nova and Communidad de Castilla La Mancha, Spain（in Spanish and English）.

Steinitz, C. et al.（eds）（2006）. Padova e il Paesaggio-Scenarui Futuri peri l Parco Roncajette e la Zona Industriale / Padova and the Landscape – Alternative Futures for the Roncajette Park and the Industrial Zone, Commune de Padova and Zona Industriale Padova（in Italian and English）.

Steinitz, C. and A. Figueroa et al.（eds）（2005）. "Futuros Alternativos para Tepotzotlan/Alternative Futures for Tepotzotlan", Universidad Autonoma Metropolitana-Azcapotzalco, Mexico,（in Spanish and English）.

Steinitz, C.（1997）. Keynote Lecture: "Landscape Design Processes: Six Questions in Need of Answers... and Three Case Studies." Proceedings, 33rd World Congress, International Federation of Landscape Architects（IFLA）Congress.

Steinitz, C.（1990）. "A Framework for Theory Applicable to the Education of Landscape Architects（and other Environmental Design Professionals）", *Landscape Journal*, Fall 1990, 136 –143.（In *Process Architecture*, no. 127（English and Japanese）. In *Planning*, March 2000,（Chinese）In U.S. Environmental Protection Agency, Office of Research and Development, Environmental Planning for Communities, Cincinatti, OH, 2002. In Chinese, Planners, March 2000）.

3.2 跨学科背景下的区域景观规划课程教学

阿德南·卡普兰（Adnan Kaplan），
科雷·韦利贝约格卢（Koray Velibeyoğlu）

3.2.1 引言

人类世时期的区域和城市景观需要认识复杂动态的生态系统。河流/溪流系统作为生态系统之一，在多尺度环境中自然是主要的景观基础设施。因此，区域环境和景观基础设施都体现了物质、生态和社会方面的功能，同时解决了与快速城市化相关的多重挑战及其产生的影响问题，例如密集和不受控制的城市发展格局（Kaplan，2016：201）。

以水为主的区域环境及其在区域和城市尺度上的变革力量已经是（跨学科）风景园林工作室课程研究的主题，如康道夫（Kondolf ）等人（2013）、奈休斯（Nijhuis）和若斯林（Jauslin）（2013）的研究。这些跨学科风景园林设计工作室课程旨在阐述上述区域环境是他们研究的中心。课程的基本议题是“谁应该成为区域环境和城市转型的动力？”，并在此基础上提出了“市场驱动发展”和“区域景观环境”两种对立的思路。

在教育研究中，市场环境以及全球、地方的监管机构为所有领域的城市和区域设计项目提供信息。一般来说，工作室设计课程项目来源于特定的市场和监管环境。然而，构思良好的景观基础设施形成了这个设计课的基础，以引导基于河流的区域和城市转型。因此区域景观环境利用城市韧性和景观基础设施，来恢复因市场驱动发展而恶化的城市环境。

3.2.2 区域景观规划课程的教学方法与实际案例

跨学科的“区域景观规划工作室课程”遵循一种教学方法：将区域（本例中是基于水的区域环境）规划与特定模式的区域及城市转型思维相结合。我们的假设是，这种转型思维可以帮助规划者或设计师有效地应对在区域景观尺度上需要解决的各种挑战，包括生态、空间、社会和工程问题。该课程面向风景园林、城市规划和建筑学专业的研究生。

本节的示例来自一个名为“重塑自然，修复城市（Re-naturing，Healing the Cities）”的研究性联合项目设计课，其结合了研究生课程体系（景观规划与设计课、爱琴海大学风景园林专业的风景园林设计课程548和城市设计课、伊兹密尔技术学院城市与区域规划专业的城市设计课502）。该课程要求的设计范围是位于伊兹密尔湾周围的博尔诺瓦河小型流域（47km^2）（图3.2.1）。研究生设计工作室课程把广阔的区域背景（即博尔诺瓦河小型流域、霍梅罗斯河谷至伊兹密尔湾）作为城市转型的媒介（图3.2.1至图3.2.2）。

设计课采用多尺度的方法（图3.2.2），尤其关注在区域景观背景下河流格局及其与伊兹

图3.2.1　区域景观环境中的博尔诺瓦（Bornova）河流

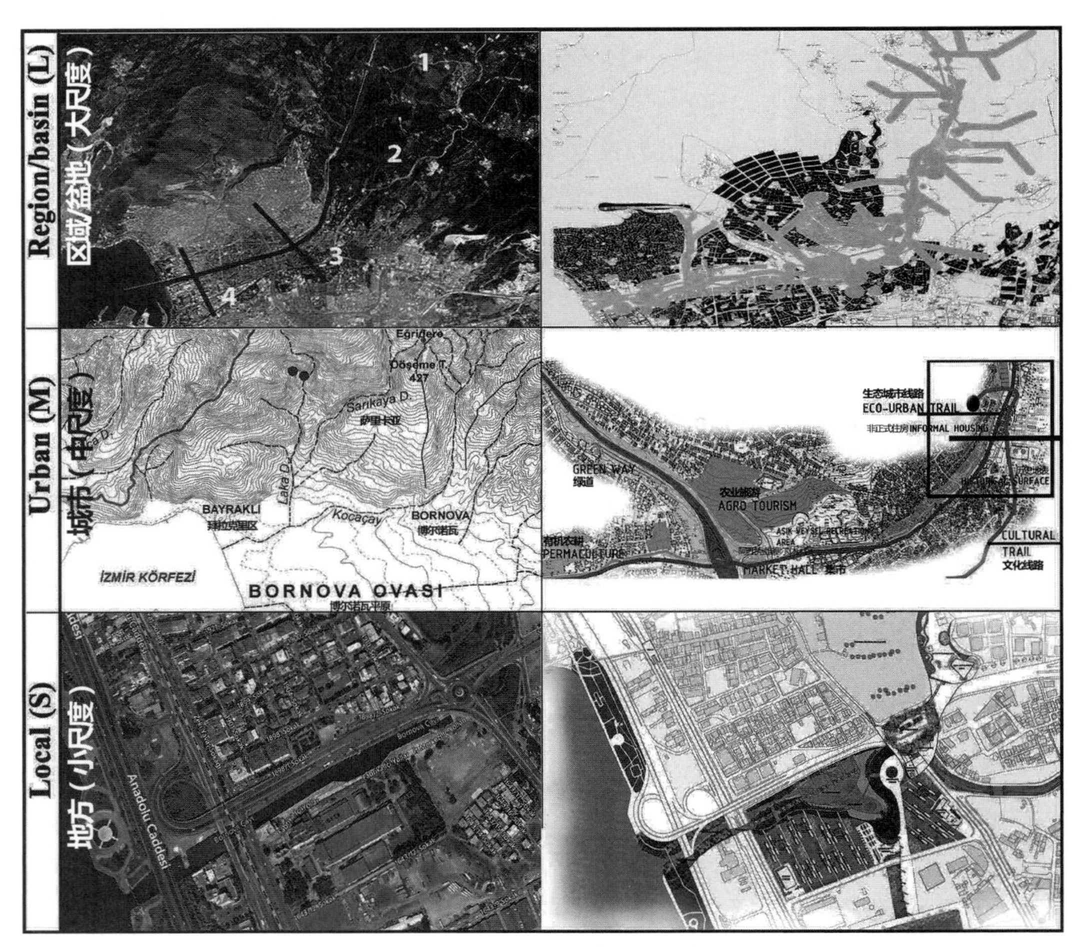

图3.2.2　项目主题的多尺度环境

密尔湾相关城乡社区的关系（图3.2.3）。博尔诺瓦河（长9.6km）是引导博尔诺瓦和拜拉克尔市区未来城市转型的关键角色（Kaplan & Velibeyoğlu，2016）。博尔诺瓦河小型流域的多尺度性质与“区域–城市–地方（region-urban-local）”等级有关，其范围从城市郊区到城市中央，再到伊兹密尔湾，这一点对于设计课程很重要。

区域景观规划设计工作室课程教学方法的应用非常重要，其在河流环境和尺度中的应用如下：

- 区域/流域（大尺度）：博尔诺瓦河及其支流，位于“霍梅罗斯河谷博尔诺瓦平原（城市）—伊兹密尔湾”范围内。
- 城市（中尺度）：博尔诺瓦平原。
- 地方（小尺度）：城市聚落、中央商务区、棚户区、棕地、历史聚落、乡村社区、沿海地带（伊兹密尔湾）（图3.2.2）。

另外，该设计课程在区域景观背景下设计了一个城市与自然连续体，而不是在市场驱动下形成城市与自然的对立模式。在此基础上，该课程以帮助学生熟悉当地的景观环境为主要目的，旨在设计一个具有整体性的蓝色和绿色基础设施系统作为城市转型的催化剂。课程将建立一个综合性的生态网络，而不是独立且承受着当前城市快速发展和严重水污染压力的河道。新的环境将能够支持和维持从城市边缘到城市中央商务区（CBD），再到伊兹密尔湾的连接。

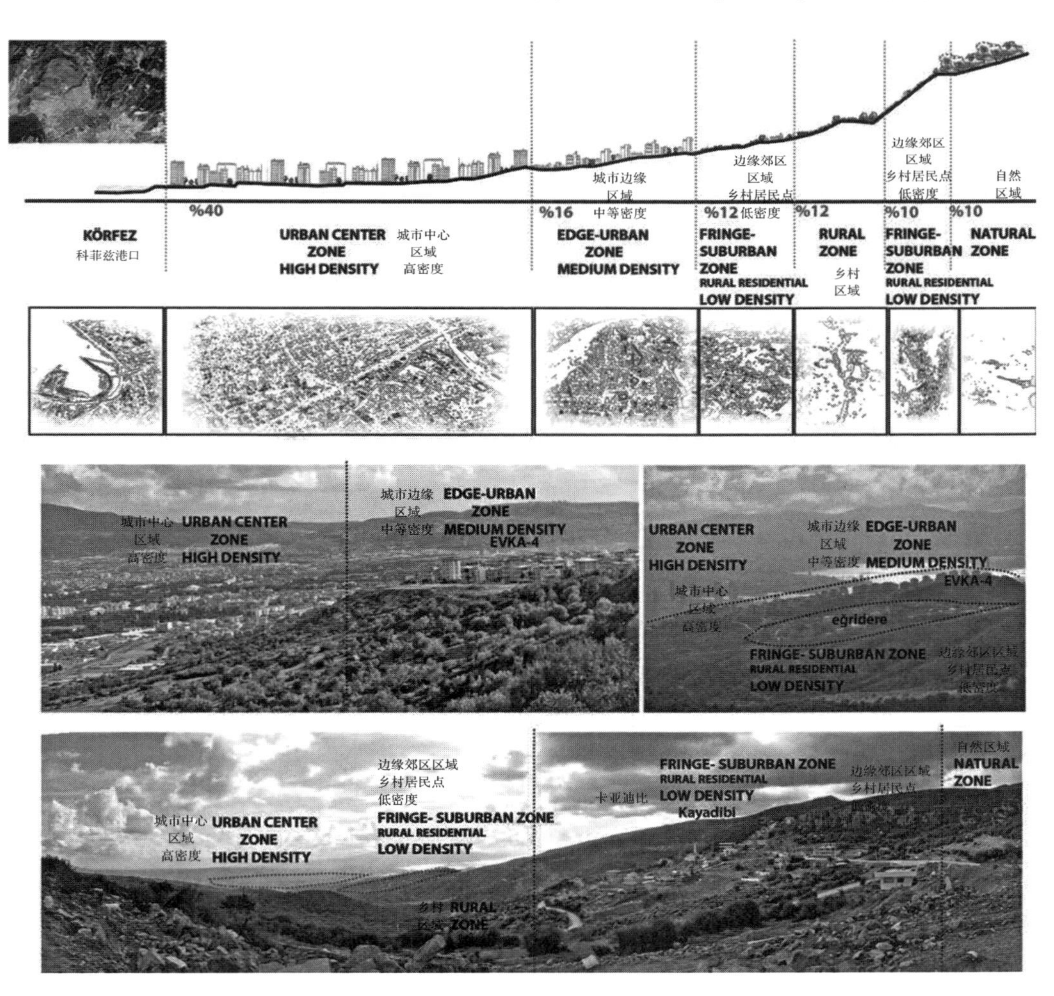

图3.2.3 通过博尔诺瓦河小型流域的城市–自然连续体（来自贝赫那·萨巴工程图纸）

3.2.3 设计课程的基本概念和术语

设计工作室课程通过以下方式论证区域景观背景和设计思维的合理性：

- 在该地区预选部分的已修复或恢复中典型自然类型（零号自然到第四自然）和“自然–城市”横断面（Center for Applied Transect Studies，2016）。
- 跨尺度的区域景观系统；区域景观基础设施将取代传统的规划过程。

因此，设计工作室课程根据区域设计思想（The Infrastructure Research Initiative at SWA，2013；Bélanger，2016）在博尔诺瓦河小型流域项目上使用景观基础设施来定义以水为基础的城市转型（图3.2.4）。为了专注于设计课程的主题或概念，每个学生或小组都在设计之前创建了自己的“思维导图”（图3.2.5）。

（1）“自然”类型　最常见的误区是把自然生态系统看作一个单一的实体。这里的问题是，我们应该用怎样的设计思维去考虑多重属性的自然。在自然的多样性中，我们可以定义一个循环过程。“第一自然”可以看作是未被改变的自然，它不受人类活动的影响，这些地点通常是原始自然保护区。对于本项目而言，这类似于博尔诺瓦区区域水系的流域保护区。第二自然是由人类干预而改变的土地，它是经人为改造的，其特点是利用自然发展农业、城市等。第三自然是设计的景观，如花园、公园、休闲场地等（Hunt，2000）。如今，人们发现“自然–文化”序列循环向第四种自然转变，并将其描述为一种恢复/（再）创造自然的行为，它指的是重新打造生态系统的平衡（Carver，2016）。第四自然的本质是对自然整体的理解，需要通过人类的再造自然活动进行大规模的再生和恢复（Jencks，2004）。

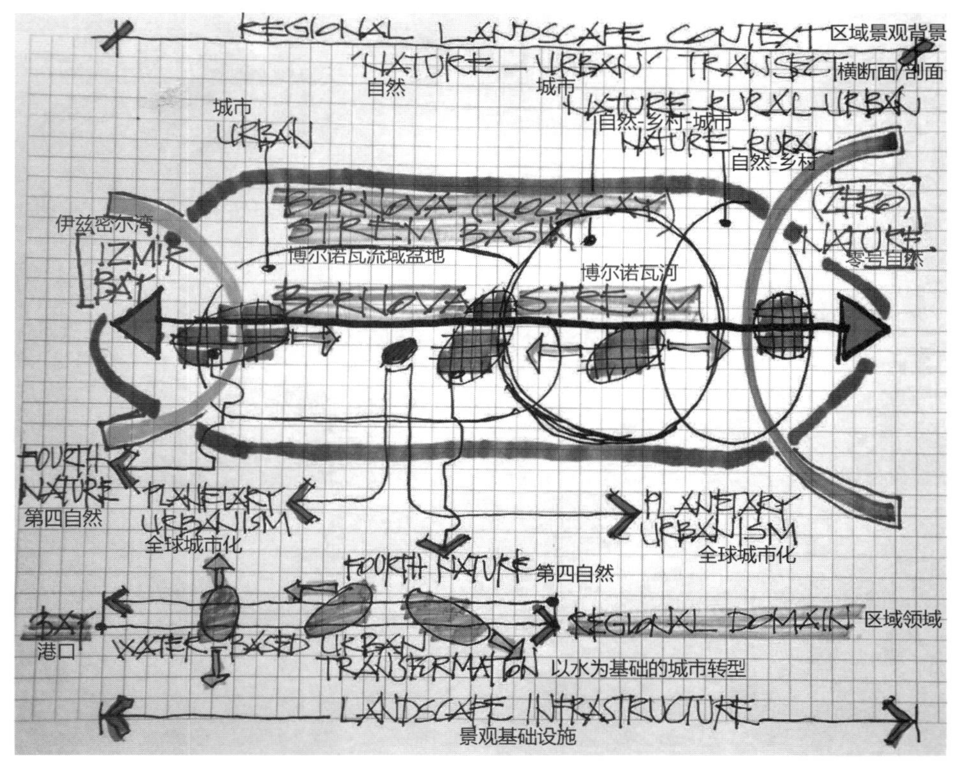

图3.2.4　区域景观背景包括景观基础设施概念和区域设计思维

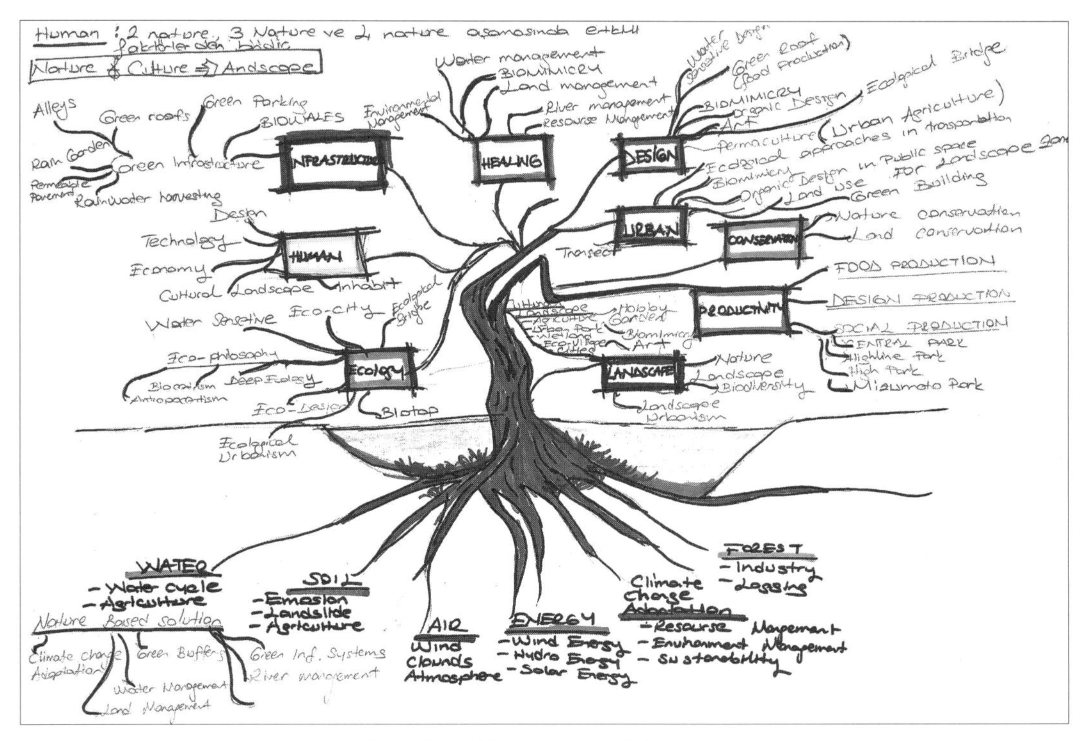

图3.2.5 “思维导图”示例 汉德·冈德尔（Hande Gündel）绘

因此，研究生设计课程的整体理念是，将景观基础设施和第四自然应用到“区域景观–城市转型”的平衡中，以此来作为修复我们生活环境的一种新方法。在学生的课程项目中，第四自然或再造自然将通过交叉（重叠的多重自然）、恢复（生态系统的修复）和以自然过程为导向的自我转型方法来解释。

（2）区域设计思维与景观基础设施 “形成区域设计过程的理论描述是对土地利用方式多样性的认识：城市核心区、中央商务区、郊区、生产性农田、森林、荒野边缘、荒野以及这些土地利用方式之间的所有变化”（Lewis，1996：31）。区域设计以博尔诺瓦河小型流域为基础，在多尺度框架下编制设计纲要。景观基础设施—— 一套蓝道和绿道——作为其主要工具，将水文/河流模式与自然和文化要素相结合。

景观基础设施作为一种概念/现实正在城市研究领域中被人们探索，它将传统的空间规划和设计策略扩展到多功能系统。“它充分利用了后欧几里得规划时代和全球资本流动的背景，同时利用了21世纪土木工程学的空间技术能力，将生态作为城市转型的推动者，并正在开发新的设计构想和塑造方式，为城市地区的未来转型营造人类/自然环境”（Bélanger，2016：215）。

在一个新的人类世时代，自然和城市的二分法正在瓦解（Crutzen，2002），设计工作室课程利用景观基础设施来重建区域环境，特别是建成环境。

3.2.4 区域景观项目工作室课程教学方法的应用

课程内容包括讲座、现场调查、讨论和设计项目评估研讨会。在介绍课程表（表3.2.1）之后，一些从事风景园林、城市规划、建筑学、地理学、工程学和农业研究的学者/专家应邀参加了课程教学和实地研究，以讲授区域景观不同方面的知识及其多样化的挑战。否则，跨学科的学生无法构建区域景观环境及其与伊兹密尔沿海城市的联系，从而无法为区域/城市转型提供任何实质性的规划和设计建议。课程的氛围很特别，学员之间可以相互讨论，也可以与受邀的学者和相关行业从事者讨论。学生通过个人或课题小组的工作，包括课堂演示和研究性评估，来处理各种项目主题。来自公共和私营部门及学术界对此感兴趣的专家在3次项目评审会议上对这些研究项目进行了连续评估。

表3.2.1　2015—2016春季学期课程表

第一周	2月23日	课程简介
		设计课程主题介绍，以往案例介绍
	2月26日	文献综述
第二周	3月1日	文献综述
	3月4日	零号自然
		讲座1：阿萨夫・科克曼（Asaf Koçman）（EU）——伊兹密尔流域和博尔诺瓦河支流/小型流域简介
第三周	3月8日	课题组点评
	3月11日	田野调查：与博尔诺瓦市政府工作人员和阿萨夫・科曼（Asaf Koçman）教授以及课程教员一起前往支流/小型流域进行技术考察
第四周	3月15日	课题组点评
	3月18日	第一自然（水）： 讲座2：阿尔珀・巴巴（Alper Baba）（İYTE）——水资源 第二自然（基础设施）： 讲座3：奥尔罕・贡都兹（Orhan Gündüz）（DEU）——环境工程（水资源恢复）
第五周	3月22日	课题组点评
	3月25日	第二自然（文化景观、农业）： 讲座4：优素福・库鲁库（Yusuf Kurucu）（EU）、阿德南・卡普兰（Adnan Kaplan）、科雷・韦利贝约格卢（Koray Velibeyoğlu）
第六周	3月29日	课题组点评
	4月1日	第三自然（了解场地）： 讲座5：埃布鲁・宾格尔（Ebru Bingöl）（İYTE）、埃尔登・厄滕（Erdem Erten）（İYTE）
第七周	4月5日	课题组点评
	4月8日	项目评审1：场地分析+设计思路+设计策略（方案、图表、图纸） 尔汗・库库尔巴（Erhan Küçükerbaş）（EU）、努兰・阿尔通（Nuran Altun）（顾问）、阿德南・卡普兰（A. Kaplan）、科雷・韦利贝约格卢（K. Velibeyoğlu）
第八周	4月12日	课题组点评
	4月15日	专家点评

（续）

第九周	4月19日	课题组点评
	4月22日	专家点评
第十周	4月26日	项目评审2（评审团–学者）：总体规划
	4月29日	专家点评
第十一周	5月3日	课题组点评
	5月6日	专家点评
第十二周	5月10日	课题组点评
	5月13日	项目评审3（评审团–从业人员）：场地平面图+详图
第十三周	5月17日	专家点评
	5月20日	专家点评
第十四周	5月24日	课题组点评
	5月27日	课题组点评
第十五	5月31日	抽查
		最终审查（截至2016年6月15日）
	6月16日	终审陪审团
	6月30日	项目提交截止日期

在根据区域和城市规划过程对小型流域和河流系统进行设计概念构想之后，学生可以分组或单独在小型流域上应用区域景观规划设计方法，关注生态、社会或工程方面的问题，并在以下可能的主题中深入探究一个特定场地项目：

- 作为绿道/蓝道的自然：博尔诺瓦河及其支流沿岸，从霍梅罗斯山谷一直到伊兹密尔湾。
- 作为城市发展和住房的自然：博尔诺瓦河和拉卡溪旁的贫民窟。
- 作为农业的自然：城乡连续体、农村住区和城市农业。
- 作为娱乐的自然：阿西克 · 维塞尔城市公园、霍梅罗斯山谷（第三至第四自然）。
- 作为历史的自然：曼达河、士麦那（古代伊兹密尔）、耶西洛瓦。

学生们准备提交的成果如下：

- 分析和规划（1：25 000 ～ 1：5 000）
- 宏观设计方案（方案、图表、图纸和报告）
- 场地规划和设计（1：1 000 ～ 1：500）
- 剖面图、效果图和相关图纸
- 局部细化设计（必要尺度下）。

3.2.5 课程教学成果

设计课程的教学成果如下：3个课程小组分别做了成果展示，每个小组关注区域景观背景下城市转型的不同方面。他们提供了从整个流域到特定地块的区域设计思想的示例。

（1）研究项目1：城市斑块（贝赫那·萨巴） 该研究项目重点分析“自然-城市”横断面中的界面和斑块。此后，它提供了沿河和横向进入农村/城市组织的连接。为了确保整个流域的自然-城市平衡，尤其需要以界面的形式利用斑块和边界来连接不同或破碎的景观类型（图3.2.6）。

根据设想，城市斑块将在城市转型的恢复/重建阶段逐渐平衡和恢复，以此来保持区域连续性。因此，斑块可以认为是农田、生态大道和滨水大道，而边界在休闲设施、小路和河床上起到平衡作用（图3.2.7至图3.2.9）。斑块强调河流是流域的骨架，因此它可以将城市土地与流域联系起来。士麦那（历史聚落）广场也连接了历史与河流生态和社会生活（图3.2.8）。

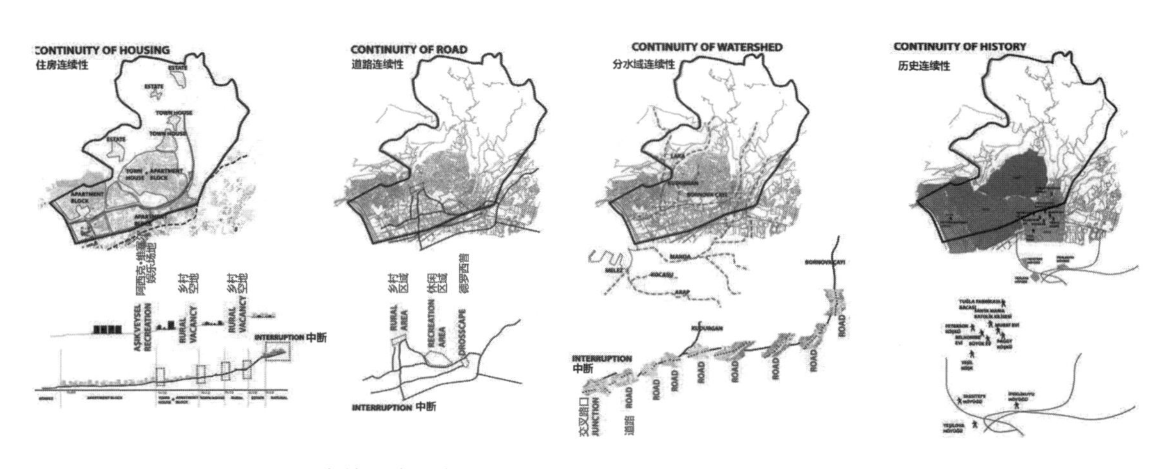

图3.2.6 斑块和边界确保了小型流域不同部分之间的联系（另见彩图15）

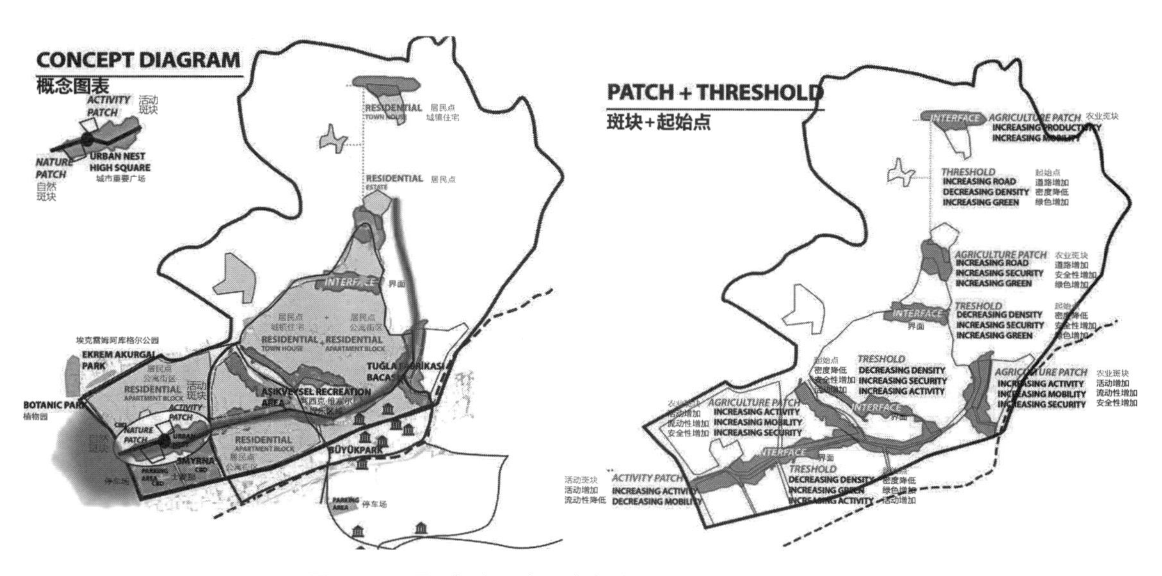

图3.2.7 项目概念源自一套斑块和边界（另见彩图16）

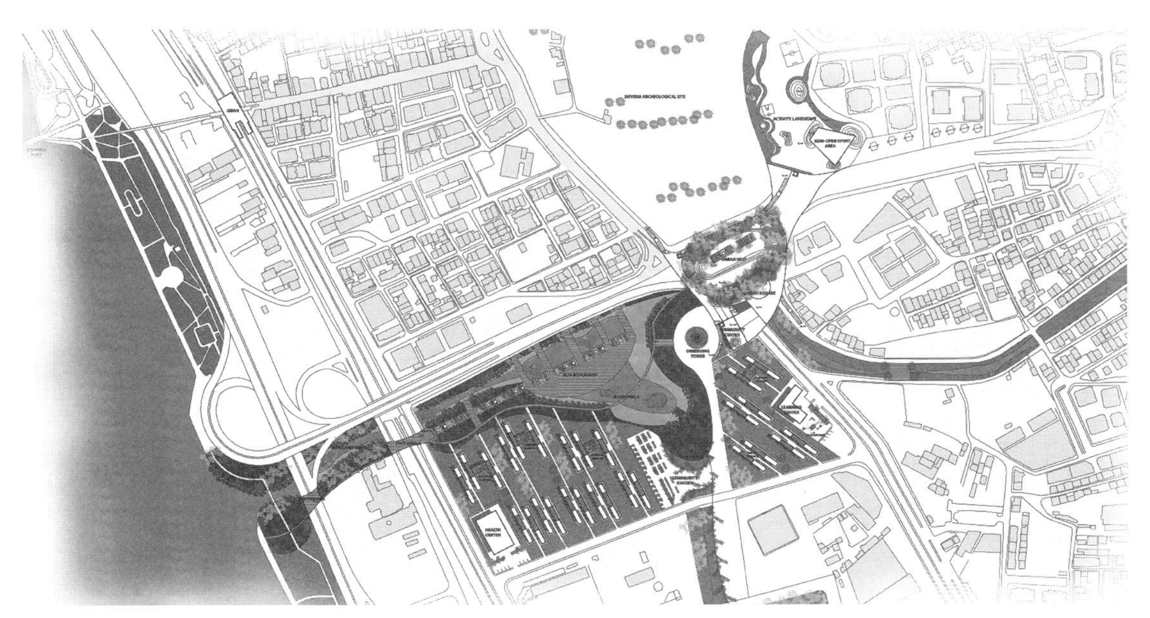

图3.2.8 城市设计将伊兹密尔湾与拜拉克里区和河对岸的古城（士麦那）联系起来

图3.2.9 拜拉克里区为城市基础设施提供多样且先进的城市和社会项目

（2）研究项目2：在水循环中重新考虑博尔诺瓦（科卡塞）流域（侯赛因·奥兹图尔克、阿亨克·卡尔奇、阿列夫·奥尔洪、塞尔哈特·图默） 博尔诺瓦河小型流域作为文化与自然之间一种具有整体性的现象重新诠释了水循环，从而以一种具有凝聚力的方式塑造了城市动态过程。水文格局与自然和城市景观的关联性要求在河流的一些关键横截面进行特定地点的设计干预。这些干预措施将以再生的方式通过水循环、储存、净化、使用帮助恢复整个区域环境，同时提高与水相关的设计效率。例如，农村社区的水池被开发用于生态和农业目的，城市社区的水池被开发用于生态、社会、娱乐和美学目的。设计框架还包括重构河床及其相关景观的特定区域，以重新储存和使用水。例如，从河流开始，沿着河道的一些现有堤坝已经被重新调整，以保持河流的自然河道路径和河水流动（图3.2.10至图3.2.12）。

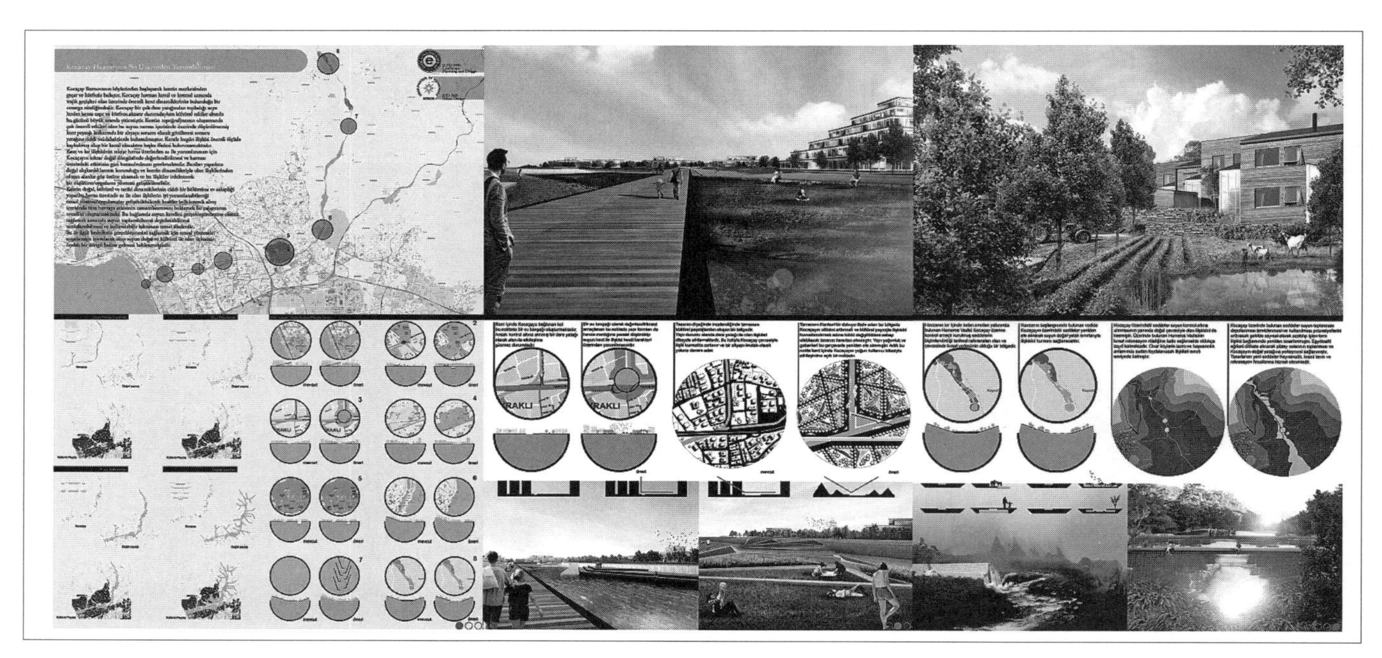

图3.2.10　重新考虑小型流域提供的区域景观基础设施以及一套设计/工程干预措施

图3.2.11　河床及其与城市结构的结合形成了良好的生态群落和社会环境1

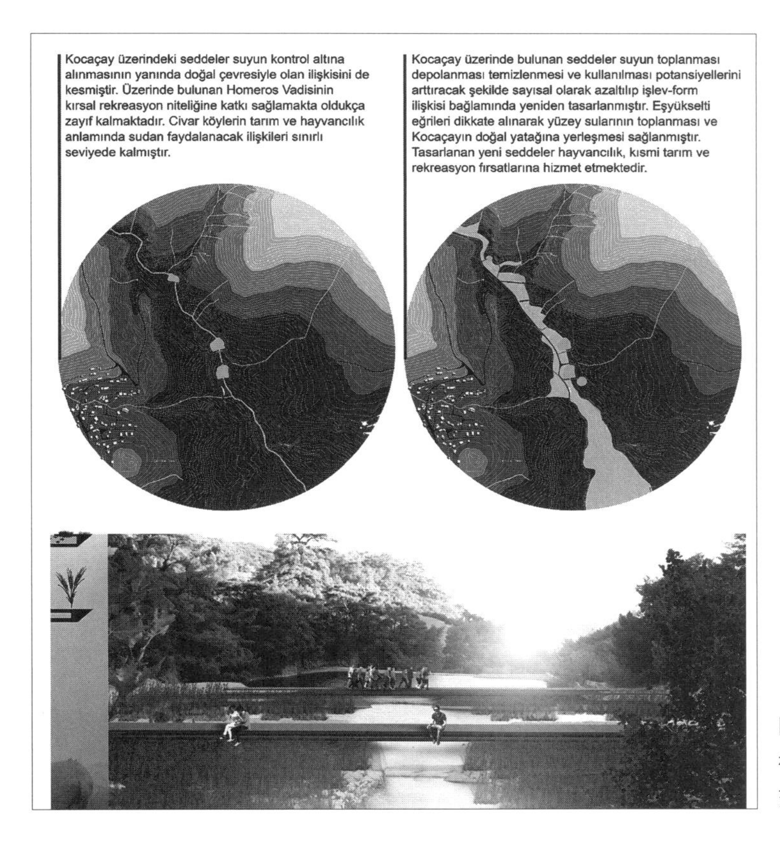

图3.2.12　河床及其与城市结构的结合形成了良好的生态群落和社会环境2（另见彩图17）

（3）研究项目3：河岸城市（汉德·冈德尔）　为了明确其空间边界的一些问题，博尔诺瓦河与（未）建成环境的联系被提了出来。城市棚户区、河流与城市（居民）的隔断、农业用地的退化和损失、历史遗迹的破坏、洪水是一些显著的挑战，根据“河岸城市（riparian city）”的概念，该研究项目已经准备采取一些措施来应对这些挑战，这取决于3个基础要素：边界、步道系统和河岸走廊（图3.2.13）。

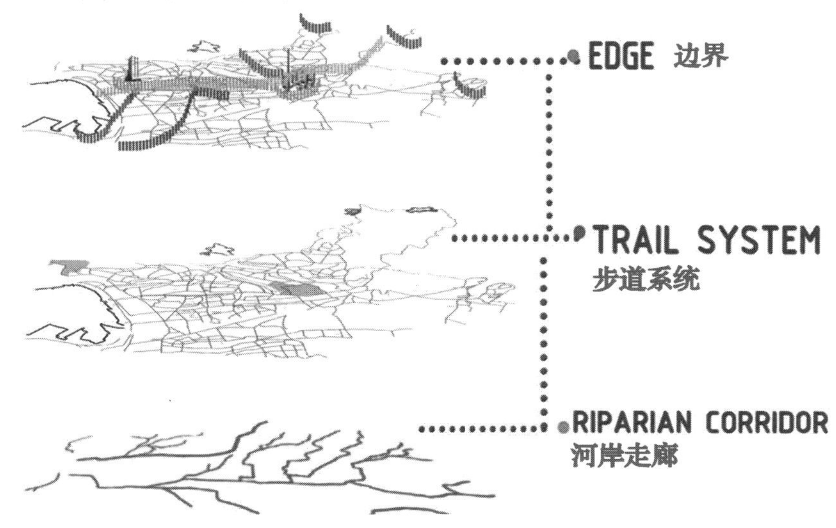

图3.2.13　边界、步道系统和河岸走廊是生成综合区域景观基础设施的必要工具（另见彩图18）

边界被用来描述问题和潜力的特征，而步道系统则可以体验城市景观和区域。河岸走廊是河岸城市的主要景观，它在河流周围边界和道路系统之间建立了一些联系，以确保“自然城市”的连续性。步道系统文化产业是由历史文化和溪流本身构成的，这个系统在空间环境中起着桥梁的作用。河岸走廊特别强调基础设施、自然恢复、城市棚户区改造、城市生态系统改善、历史遗迹修复。在此基础上，本研究项目从保护、水资源、历史和所有权等方面提出了一些策略，以阐述河岸城市概念（图3.2.14至图3.2.16）。

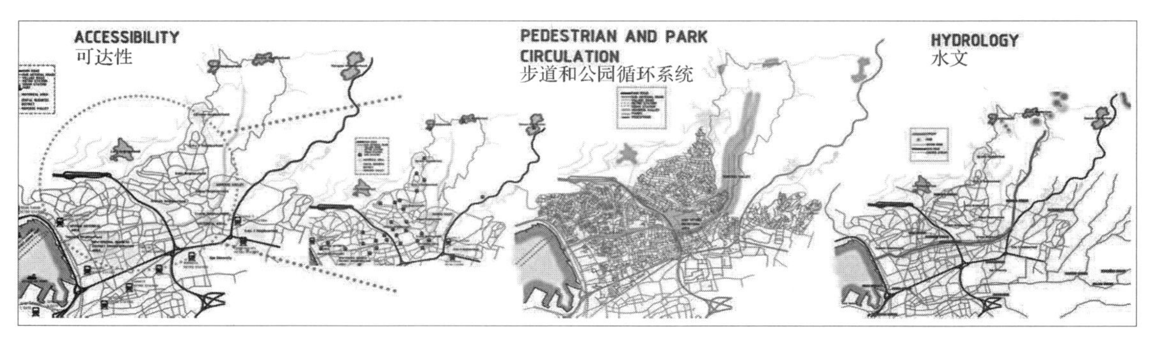

图3.2.14　确保自然-城市连续体引领区域景观思维（另见彩图19）

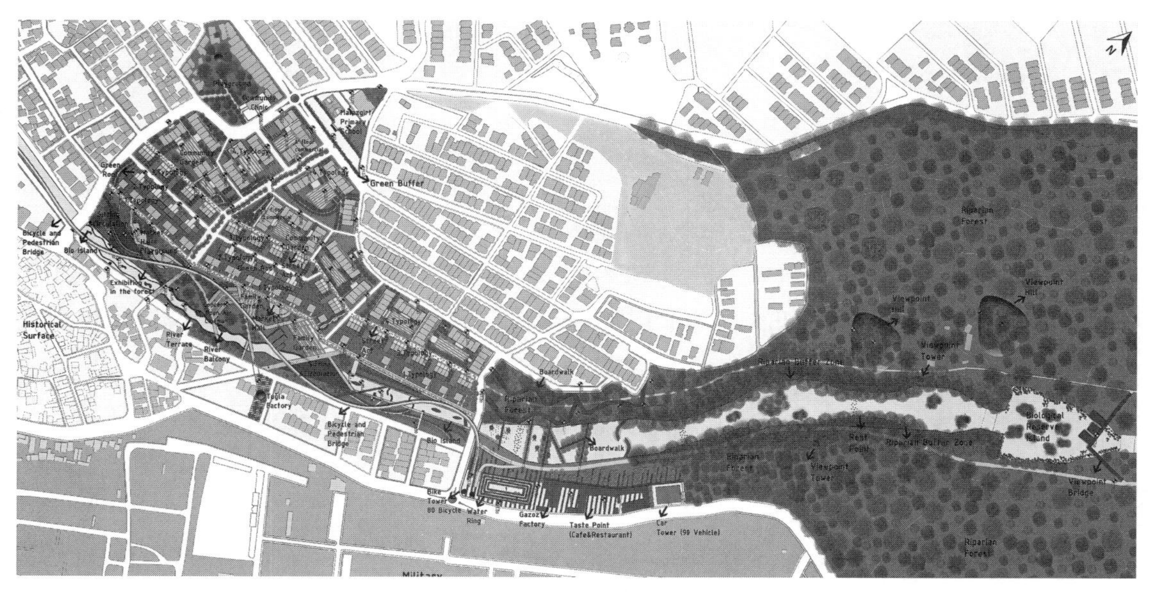

图3.2.15　自然和城市之间的过渡区对非常关键的设计和工程方法提出了挑战

图3.2.16　河床及其周围环境设计是体现团队设计思想的适当途径，这些设计需要应对生态、社会文化和工程方面的挑战

3.2.6 讨论

该设计课程是针对普通的城市规划和设计实践、市场驱动以及多层次的“城市-自然”横断面的城市发展挑战而开设的。在此基础上，引入了一个沿河流格局的区域景观系统，作为城市转型的主要动因。

为了在跨学科景观研究项目领域内有效地研究上述框架，设计课程提供：

- 以水为基础的区域/城市转型。
- 将一套蓝道和绿道的布局融入规划设计中。
- 生态系统明确的城市结构，从区域到场地的多个景观尺度上对复杂的水系统进行巧妙的再利用。

纽曼（Neuman，2016）倡导的设计课程作为一种有效的教学实践，让学生、教师、实践者和地方政府参与到现实世界的问题解决当中。因此，陪审团的讨论更多地侧重于如何推进这一创造性的设计课过程，以及相应地在政治、司法和行政领域中进行怎样的修改。尤科姆（Yocom）等人于2012年表示，该设计课程鼓励跨越个人的学科舒适区，以实现成功的多学科合作，产生集体性的理解。

强调小型流域规划、设计和工程问题的课程和田野调查有助于学生认识和分析区域景观背景，他们根据环境提出了一些巧妙的构思。所以他们将规划/设计见解与工程领域相结合，提出了跨学科的设计方法，在多尺度背景下应对小型流域的多维挑战和机遇。康道夫（Kondolf）等人于2013年证实，这种综合性的教学方法与多尺度背景相结合，在应对上述挑战方面尤其有效。

3.2.7 结论

设计课程的基本理念是将蓝道和绿道作为景观基础设施的主要组成部分与区域和城市景观相互作用。该课程展示了区域和城市设计经验，同时强调了对城市景观的运作和战略性干预。作为当前市场驱动城市化进程的替代方案，它能够适应区域景观环境。为此，以研究为基础的跨学科工作室设计课程应该展示和支持区域景观思维的未来潜力和多功能性。

面对可持续和弹性城市化，以自然为基础应对空间挑战是区域/城市设计的未来议程。跨学科景观规划工作室课程应进一步开发创新且先进的方法、工具及应用模式，以便对区域景观环境产生变革性的影响。

3.2.8 致谢

本文从联合研究课题设计课程中获益匪浅。因此，我们要感谢研究生汉德·冈德尔（Hande Gündel）、贝赫那·萨巴（Berna Saba）、侯赛因·奥兹图尔克（Hüseyin Öztürk）、阿亨克·卡尔奇（Ahenk Karcı）、阿列夫·奥尔洪（Alev Orhun）和塞尔哈特·图默（Serhat Tümer）对研究课题所做的贡献。

还要特别感谢客座讲师，特别是退休教授阿萨夫·科曼（Asaf Koçman）和评审团成员/评估员。

3.2.9 参考文献

Bélanger，P.（2016）．“Is Landscape Infrastructure”，in G. Doherty and C. Waldheim（eds.），*Is Landscape...?：Essays on the Identity of Landscape*. Routledge，190–227.

Carver，S.（2016）．“Rewilding... Conservation and Conflict”，ECOS 37/2：3–9.

Center for Applied Transect Studies [website]，http://transect.org，accessed 5 March 2016.

Crutzen P.J.（2002）．“Geology of Mankind”，*Nature* 415/3：23.

Hunt，J.D.（2000）．*Greater Perfection：the Practice of Garden Theory*. London，Thames & Hudson.

Jencks，C.（2004）．“Nature Talking with Nature”，*Architectural Review* 215：66–71.

Kaplan，A.（2016）．“Experimenting Regional Stream Pattern as Landscape Corridors in Urban Transformation”，in S. Jombach，İ. Valánszki，K. Filep-Kovács，J.Gy. Fabos，R.L. Ryan，M.S. Lindhult，L. Kollányi（eds.），Proceedings of 5th Fábos Conference on Landscape and Greenway Planning：Landscapes and Greenways of Resilience，Szent István University，Budapest，201–206.

Kaplan，A.，Velibeyoğlu，K.（2016）．“Syllabus of Joint Project Studio（UD502 and LPD548）”，İzmir.

Kondolf，G.M.，Mozingo，L.A.，Kullmann，K.，McBride，J.R.，Anderson，S.（2013）．“Teaching Stream Restoration：Experiences from Interdisciplinary Studio Instruction”，*Landscape Journal* 32（1）：95–112.

Lewis，P.H.（1996）．*Tomorrow by Design：A Regional Design Process for Sustainability*. John Wiley and Sons.

Neuman，M.（2016）．“Teaching Collaborative and Interdisciplinary Service-based Urban Design and Planning Studios”，*Journal of Urban Design* 21（5）：596–615.

Nijhuis，S.，Jauslin，D.（2013）．“Flowscapes：Design Studio for Landscape Infrastructures”，*Atlantis* 23（3）：60–62.

The Infrastructure Research Initiative at SWA（2013）．Landscape Infrastructure：Case Studies by SWA. Basel，Birkhäuser.

Yocom，K.，Proksch，G.，Born，B.，Tyman，S.K.（2012）．“The Built Environments Laboratory：An Interdisciplinary Framework for Studio Education in the Planning and Design Disciplines”，*Journal for Education in the Built Environment* 7（2）：8–25.

3.3 设计课中的景观科学

琼·艾弗森·纳索尔（Joan Iverson Nassauer）

3.3.1 引言：景观科学和生态学转向

近10年来，风景园林的理论和实践在转向生态学的研究方面取得了可喜的新进展，许多从业者认识到需要进行研究以指导实践，从而补充了这一观点。这些趋势表明风景园林越来越重视科学研究，大量的科学研究能推动风景园林学科的发展。在景观科学、环境科学和社会科学的框架下，与设计、规划和多尺度景观变化有关的环境科学和社会科学具有广泛的知识基础（Gobster & Xiang，2012）。对于风景园林设计师，仍然存在如何使用这些知识的问题。

在科学界中，生态知识的运用需要经验，或者至少是在研究中批判性地使用。科学家学会自己进行调查，不仅是为了了解他们研究领域的内容和方法，同时也是为了检验什么是正确的：去实践怀疑论（to practice skepticism）。在科学中，怀疑主义推动研究和实践，随着时间的推移，这些研究和实践将改变、发展和纠正生态学知识。因此，使用生态知识不仅需要关注当前的知识，而且需要关注产生这些知识的研究。相比之下，在风景园林的领域里，存在不研究（与生态学有关的理论和实践）或直接运用已有结论的现象。与批判性地质疑生态知识不同，可以把描绘环境现象理解为一种城市生态形式（Mostafavi & Doherty，2010；Orff，2016；Pickett，Cadenasso & McGrath，2013）。鉴于利用场地和地区的环境知识来指导设计是风景园林学的悠久传统，以及20世纪后期丰富的文献介绍如何运用科学开发生态设计方法（Hough，1984；Lyle，1985a；Spirn，1984；Zube，1986），但是，如果在缺乏科学探究的基础上，通过设计追求城市生态是让人难以想象的。

一些学者探讨了可能造成这种断裂的原因。例如，有人认为风景园林设计师对社会和环境知识的不熟悉，可能会导致他们无法掌握相关知识；或者，有些人可能会发现在科学的使用与设计专业知识的发展之间存在观念上和教学上的冲突（Grose，2014；Johnson & Hill，2002；Nassauer，1985；Poole et al.，2002）。这些观念意味着无论是在教育上还是在实践中，甚至在学术中，对科学的深刻理解和复杂的设计实践是相互竞争的。玛格丽特·格罗斯（Margaret Grose，2014，2017）认为，设计和生态在质疑景观和理解真理的方式上是根本不同的，像其他考虑过科学和设计之间关系的人一样，她注意到风景园林学和生态学使用不同的语言，但有时用同一个词来表示不同的东西（Johnson & Hill，2002；Nassauer，1985；Spirn，2002）。此外，她观察到，科学未能理解整体全面视角下风景园林的价值。这些观察可能会导致一些人得出这样的结论：教学生（讲究技巧地）（teaching students to be sophisticated）运用科学方法会限制他们的创造力。学习使用设计范式书籍或设计规则的学生被视为功能性学习的象征。我认为这些挑战是风景园林课程不可避免的，尤其是工作室课程，而不是科学或设计的固有挑战。

3.3.2 学习和实践景观科学势在必行

设计与科学之间的脱节是不必要并且是可以避免的。此外，在一个生态设计的需求源自对科学的认识，而科学真理又被普遍否定或被神话或谣言取代的时代，激活风景园林设计与科学之间的长期联系势在必行。这要求风景园林设计师能够从功能上理解景观与社会和环境发展过程之间的相互作用关系，并学会通过识别和阅读科学文献来批判性地观察和推动科学进步。

1998年，大量的设计师、科学家和实践者全面而有效地提出了将环境科学纳入风景园林课程的建议，并由巴特·约翰逊（Bart Johnson）和克里斯蒂娜·希尔（Kristina Hill）所编写的一书《生态学与设计：学习框架》（*Ecology and Design: Framework for Learning*）（Johnson & Hill，2002）收录。这项工作包括许多有用和详细的建议，这些建议仍然与工作室课程中的生态学教学高度相关（Poole，et al.，2002），并将生态学更广泛地纳入风景园林设计学课程体系（Ahern et al.，2002）。此外，从那时起，随着在欧洲、美国、澳大利亚、中国和其他地方科学研究的开展，城市生态学和景观生态学方面的大量跨学科知识得到了发展，这些知识应该是风景园林专业学生学习的基础。

景观生态学和城市生态学，这两种跨学科景观科学形式是设计师和景观学者数十年来不断研究的内容（Ahern et al.，2002；Felson&Pickett，2005；McDonnell&Niemalä，2011；Wu，2014，2017），其中有丰富的知识可供风景园林设计师使用。它们不仅吸收了生态学方面的知识，而且还吸收了风景园林学、工程学、规划学、环境正义、心理学、公共卫生、林业、地质学和地理学的知识。采用这两种方法的科学家都主张将科学从交叉学科转向跨学科（from the interdisciplinary to the transdisciplinary），并从地方到全球范围内展开调查。物质景观既是生物物理实体，又是动态的文化产物，也是这两者的重点研究对象，它将景观结构与社会和环境功能联系起来。结构/功能联系对于科学和实践的进步非常重要，它要求功能的因果关系与可能在可视化或地图中显示出来的景观空间特征相结合。

这些科学对风景园林设计的影响在同行评议的学术文献（*Landscape and Urban Planning*，*Landscape Ecology*，*Landscape Journal*）中显而易见，也在从同行评议的文献中提取丰富内容、来源谨慎的综合教科书中体现出来（Forman & Godron，1986；Forman，2014）。如果学生直接使用这些资源，他们不仅对景观的功能有了更深的理解，还能了解如何找到并批判性地思考同行评议的研究。这一点很重要，因为双盲同行评审产生的知识在质量上有别于其他信息来源——包括许多书籍、杂志和网络搜索的各种产品。当学生了解双盲同行评议，这作为一个筛选和提高已发表科学文献质量的学术过程，他们往往会惊讶地发现，这与其他印刷品或数字媒体有很大不同。因为它隐藏了新知识的创造者的身份，还会对拟发表论文的审稿人的身份进行隐藏，所以它可以只呈现研究工作质量本身。与一个包容和广泛的评审网络相结合，这种强调有证据的想法而不是知识创造者身份的做法可以实现值得信赖的新知识创造学术群体的产生。当学生了解双盲同行评议过程的可信度、相对的公开性和公平性，以及这一过程如何促进贡献者的多样性时，他们就会更好奇地想知道他们在同行评议文献中能发现什么。

3.3.3 把景观科学引入设计课

学习科学文献可以而且应该是工作室课程必不可少的一部分，是风景园林设计师建立功能性理解、创造力和可信度的一种手段。耗时和基于项目的工作室课程教学不需要与学习科学比较；相反，工作室课程的安排可以合理地留出时间和空间来“进入到文献（go to the literature）”的学习中。

追寻被科学所解释的社会和环境进程的知识，并不意味着放弃设计的创造性和整体洞察力，或是将其效果可视化的能力。在我的经验中，如果设计和科学的从业者希望每个人都有宝贵的知识可以分享的话，设计师和科学家在学习和描述景观方式之间的差异实际上可以促进创造力。当对同一景观有不同看法的人努力相互理解时，他们的差异可能会成为创新的催化剂。根据这一经验，我认为，由于景观本身是可见的，并综合了环境过程，它可以作为学科和利益相关者的交界存在，允许不同视角的人“来回调整（tack back and forth）”，围绕新事物建立共识（Star，2010）。通过这种方式，景观可以成为将科学带入设计和将设计带入科学探究的重要媒介和方法（Nassauer，2012）。

跨学科协作得益于科学知识和创造性洞察力之间的相互配合，且风景园林设计师也可以在工作室课程设计过程中通过相互配合而获益。这一过程的关键是，他们可以学会求助于同行评议的科学文献。在课程中，我教学生质疑这些文献，以激发设计的创新和进步。

为了让学生的创造力和想象力向科学知识敞开大门，我借鉴了约翰·莱尔（John Lyle，1985b）的一篇很有说服力的文章《设计过程的交流电》（The Alternating Current of Design Process）来教授一种关于设计迭代过程的思维方式（Nassauer，2002）。莱尔描述了一种“交流电（alternating current）”，即不加批判和凭直觉提出创造性的可能，但又批判性地审视其基础，处理可能无法实现的问题。在批判性审视的“处置（dispose）”阶段明确地为使用景观科学来考虑景观提案中所体现的社会和环境功能提供了空间，它也为美学批评提供了空间，并唤起大家综合考虑科学和美学批评的含义。此外，处置阶段使学生的直觉思维为下一个提议阶段做好准备，它为创造性工作提供了丰富的想象力。在设计的“提议（propose）”阶段，学生们自由地、不加批判地工作，但由于他们在处置过程中所学到的东西不同，他们看待事物的方式也有所不同。

“提议”或“处置”问题都是启动一个项目的有效方式。但最重要的不是在开始阶段徘徊、提议或处置，而是迅速开始，从“交流电”的另一极考虑项目。当学生掌握这一过程时，在一个阶段或另一个阶段花费的时间并没有固定模式。因为学生们知道他们有条件可以用另一种方式来认识自己的工作，所以他们在执行项目的过程中不太可能被“卡住（stuck）”，这个过程使他们能够继续获得新的见解。这可能意味着彻底把科学或美学批评放在一边，仅仅去“创造”项目；也可能同样意味着把形式和图像的制作放在一边，根据相关的学术研究来考虑景观的新功能。

在对作业进行批判性观察的“处置”中，学生们必须考虑他们提出的景观是否能够以及如何表现出他们想要的效果。在这一阶段，已经学会使用科学文献的学生应该知道他们想要更多地了解什么，并去文献中寻找这些知识。这有助于他们重新审视最初的概念以改进它，或者基于他们对学术证据的解析提出一个全新的想法。这些都是引导学生在设计工作室学习科学的重要时刻。然而，还需要一种方法去学习如何在设计中运用科学。在设计工作室课程中，我发现利用我从自己的跨学科研究中学到的东西非常有帮助，这包括给学生讲述在不同的科学和设计学科之间工作的经历。这些反映了景观作为一种交叉学科存在的历程，展示了科学如何帮助预测未来的景观应该如何或将如何发挥作用。

然后，通过批判性地阅读一些我选择的有影响力的景观科学论文来启发一个短期的和简单的设计练习，学生们可以学习相关学科的功能概念和专业词汇，这种批判性的阅读也加深了学生在生态设计中所必需的跨学科交流的意识。根据学生们读到的内容，我们讨论他们会向生态学和工程学的合作者提出什么问题，以及这些合作者需要从他们身上学到什么。这使学生能够创造性地使用科学概念，同时有效地使用词汇来思考和交流他们自己的工作（图3.3.1）。相反，学习使用科学或工程中的词汇作为某种象征，而没有对它们所表示的过程有更深入的理解，就会耗尽他们激发有意义的整体洞察力、创造性进步和交流可信度的潜力，至少，提出的设计可能会给人一种没有实现社会和环境功能的印象（Hill，2018；Pickett，Cadenasso，et al.，2013；Spirn，2002）。

例如，批判性阅读和讨论理查德·福尔曼（Richard T. T. Forman）的《城市生态学》（*Urban Ecology*）（2014），玛丽·卡德那索（Mary Cadenasso）和斯图尔德·皮克特（Steward Pickett）的《生态景观设计和维护的城市原则：科学基础》（Urban principles for ecological landscape design and maintenance：scientific fundamentals）（2008），克里斯蒂娜·希尔（Kristina Hill）的《城市设计和城市水生态系统》（*Urban Design and Urban Water Ecosystems*）（2009），克里斯托弗·沃尔什（Christopher Walsh）和他的同事的《城市溪流综合征：当前的知识和对治愈方法的探索》（The urban stream syndrome：Current knowledge and the search for a cure）（2005），以及我的论文《维护和管理》（Care and stewardship）（Nassauer，2011）和《城市空地和土地使用遗产：城市生态研究、设计和规划的前沿》（Urban vacancy and land use legacies：A frontier for urban ecological research，design，and planning）（Nassauer & Raskin，2014）都与密歇根大学风景园林设计专业的大都市设计工作室课程的短期设计训练有关。我正在进行的研究需要与生态学、工程学、法学、社会学、公共卫生和毒理学领域的同事以及城镇居民等人员一起工作，进一步启发了学生设计师他们自己的工作方法——让他们接触与我们的研究相关的文献，观察我们的研究实验场地，并与我们的合作者接触。这也帮助了学生设计师李佳洋（Jiayang Li）和安德鲁·塞尔（Andrew Sell），使他们能通过自己单独调查与工作中产生的问题和灵感相关的文献来启发设计（图3.3.1至图3.3.6）。

对所选论文的详细讨论可以促使个别学生对这篇文章做进一步探索，大多数学生被大量关于景观的社会和环境功能的同行评议文献所震惊。在有效解决社会和环境问题的愿望驱使下，学生们学会使用和引用这些文献，作为批判性思考自己设计工作的一部分。

3.3.4 对风景园林教学的启示

然而，在工作室课程中学习科学不能仅仅是情境性的、由项目驱动的设计过程，也应该是一种准专业的形式，景观科学的范畴要求在包括工作室课程在内的整个课程中，有明确目标地学习特定的科学领域。如果课程教学方法不改变，不纳入对新科学知识的批判性理解，风景园林就会限制其生态设计的专业能力。将科学文献的介绍与课程内容联系起来，有助于

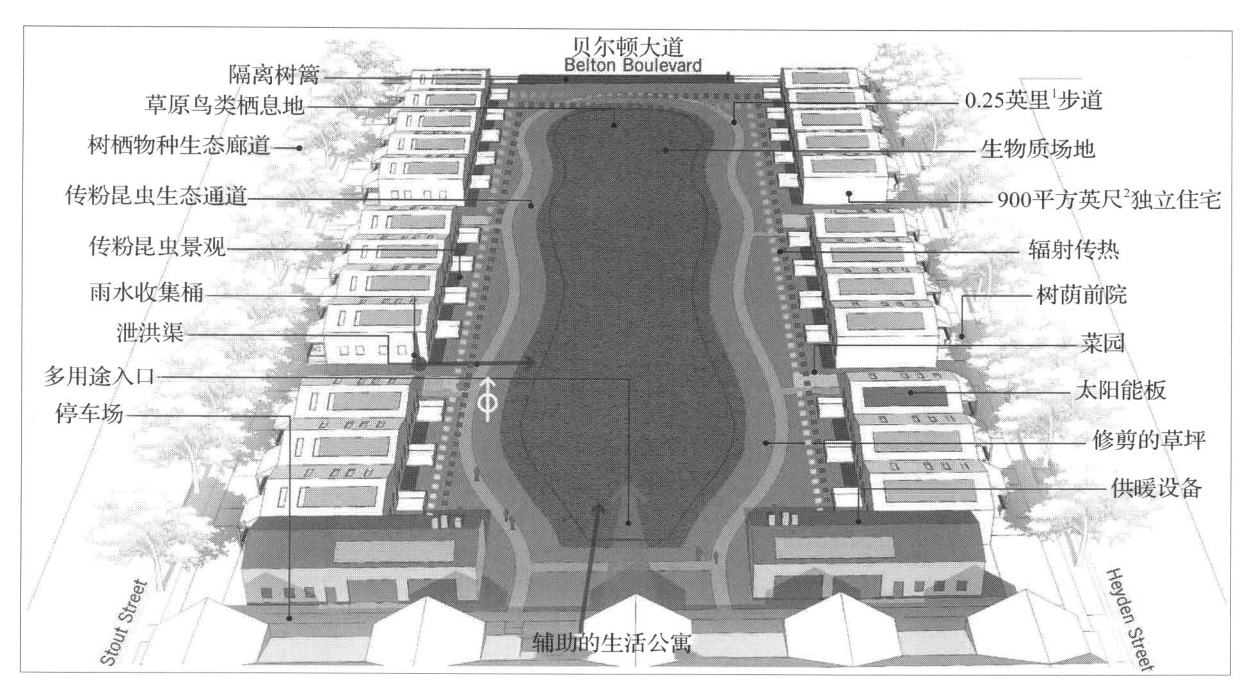

图3.3.1 安德鲁·塞尔（2016）提出了他自己的城市雨水系统的创新性方法

他从我们在课堂上学习的学术文献研究开始，然后借鉴了我与美国阿贡国家实验室（Argonne National Laboratory）和伊利诺伊州农民进行的关于生物燃料生产的研究（Graham，2016）。

图3.3.2 老龄化社区规划

塞尔将我实验室的这项研究进行一种全新的应用——区域性供暖，使用当地生产的生物质能为美国密歇根州底特律一个高度空置的老龄化社区提供廉价的生活环境。

1 英里：非法定计量单位，1英里 = 1 609.34m。

2 平方英尺：非法定计量单位，1平方英尺 = 9.29×10^{-2} m^2。

绿色景观，绿色能源

通过农业生物质能产业进行多功能雨水管理

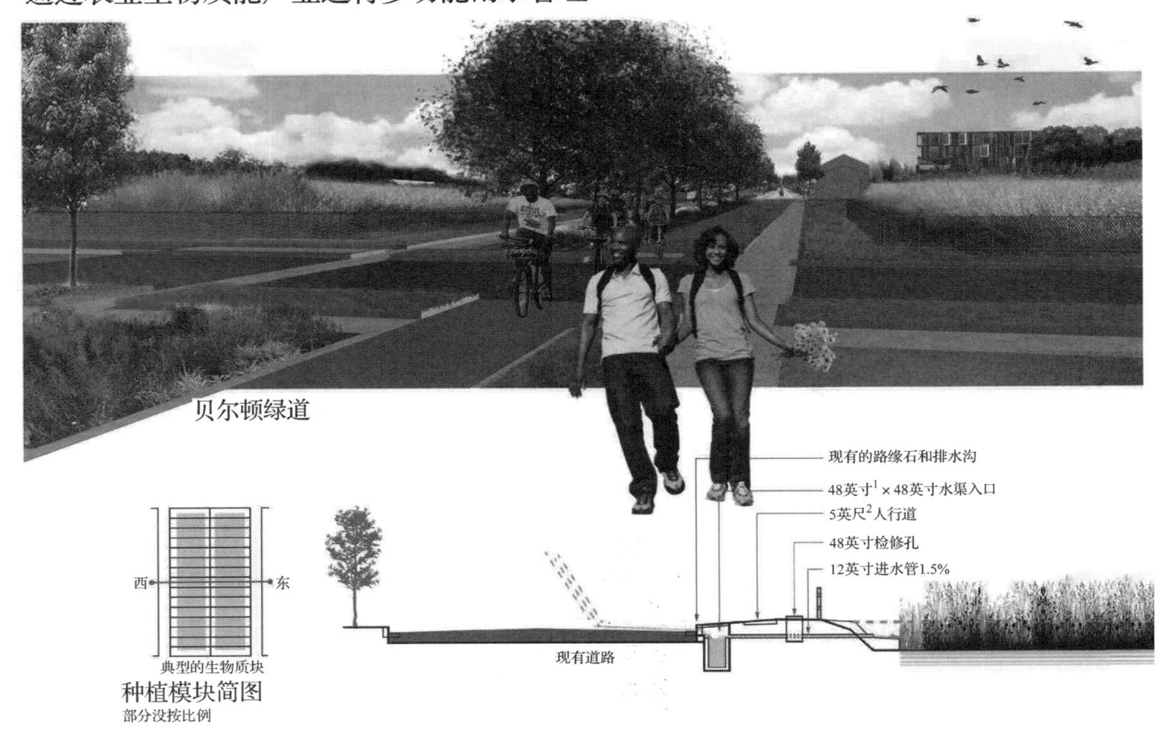

从田园到家园

生物质能如何将常常被淹没的街道转变成低成本的热能产地

大草原的启发

随着季节的推移，生物质田地提供了一个不断变化的景观，使城市野生动物和附近的居民受益。包括修剪的草皮、篱笆或灌木的边缘维护，是证明景观是有目的的和美丽的的关键。

种植模式

通过利用适应潮湿和干旱条件的本地植物物种，以及高生物量和竞争性物候，这些雨水生物质领域既具有生态多样性，又具有商业生产力。

根

密集的根系进一步增强了农田渗透雨水的能力，并可以通过雨水渗透吸收和菌根活动来吸收，转化或稳定各种污染物，包括软金属和重金属以及挥发性有机物。

图3.3.3、图3.3.4

图3.3.3　通过生物质农业进行多功能雨水管理

他的设计是用附近种植的生物燃料作物为区域供暖系统提供燃料——这是一项由参与我实验室研究的伊利诺伊州农民开发的技术，这种方法将生物燃料的生产带到城市街区环境。重要的是，赛尔利用生物燃料作物的生产来管理城市雨水，并在高度多功能的景观中增加生物多样性。

植物群落的生物量

柳枝稷　*Panicum virgatum*
柳枝稷作为主要的基质种，在多年生生物量生产中处于领先地位。作为一种本地植物，该物种是多种昆虫的宿主，寿命长，可再生，表型可塑性强。

美洲花生　*Apios Americana*
美洲花生常见于草甸和高草草原，是一种土生土长的豆科藤本植物，以其稳定地形成密集的块茎网络和固定氮而闻名。这种植物提供额外的营养，以帮助支持茁壮的黍属植物生长。

串叶松香草　*Silphium perfoliatum*
作为一种充满活力的本土向日葵品种，这种植物可以成功地与柳枝稷竞争。而且这种开花的非禾本草本植物，能提高生物多样性，特别在潮湿的条件下，它能在早春茂盛地生长。

Sources: Interview with Illinois biomass farmer

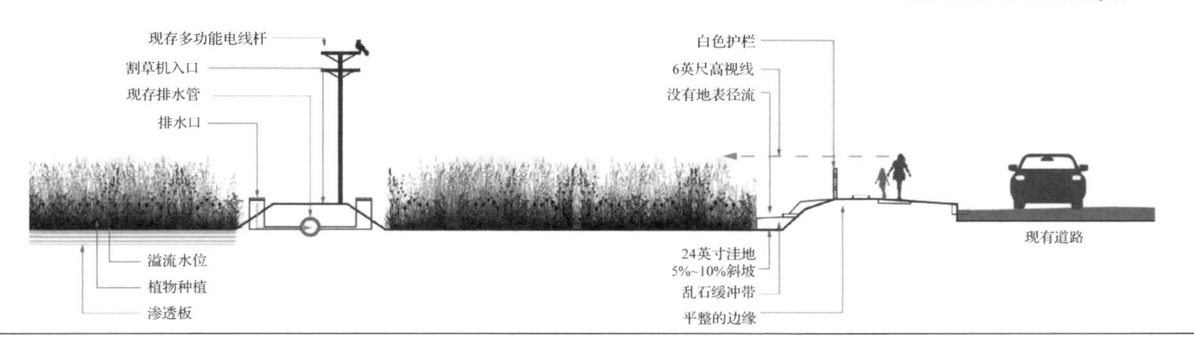

图3.3.4　生物质能将淹没的街道变成低成本热能产地

塞尔向我们部分伊利诺伊州的合作者发起了他自己的调查，并寻找了更具体的文献，使社区生物燃料生产和区域供暖成为他设计解决方案中重要的组成部分。

高度与安全
沃伦代尔（Warrendale）的生物质田地采用10英尺长的草坪边缘和精心设计的季节性割草程序，旨在帮助减轻对人们的负面影响。根据降雨水平，植被的高度将保持在5~10英尺之间，并可在整个街区进行割草。

收割
底特律的生物质收获在2月份是最佳的，那时地面结冰，土壤紧实和根系干扰可以降到最低。青贮机械(该地区种植干草/苜蓿的农民普遍使用)被用来切割和打包生物质，为区域经济提供技术工作岗位。

制粒，储存和燃烧
许多生物质锅炉系统可以直接燃烧燃料，但压缩造粒系统可以提高燃烧效率。单颗粒柳枝稷的总能量平衡为14.6：1，每1个单位的能量投入产生14.6个单位的能量。

1　英寸：非法定计量单位，1英寸＝0.025 4m。

2　英尺：非法定计量单位，1英尺＝0.304 8m。

3　英亩：非法定计量单位，1英亩＝$4.05\times10^3m^2$。

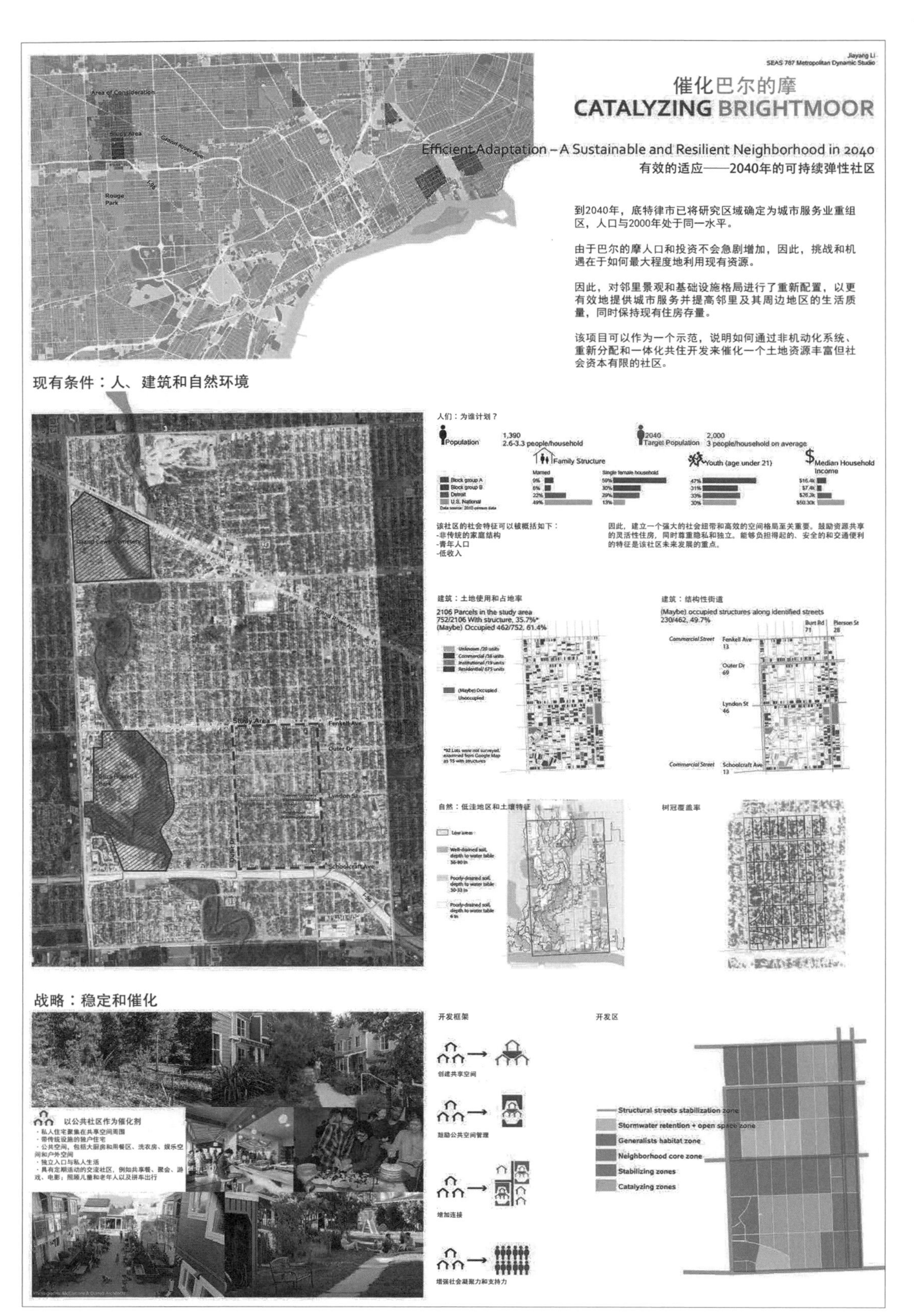

图3.3.5　小型管道雨水系统

李家洋（2017）提出的雨水管理方法通过调查土壤、地形和空地条件，构建了一个小型管道雨水系统，该系统与底特律神州月（Brightmoor）社区的卫生和雨水综合系统分开。这直接借鉴了我们目前在底特律的研究中所提供的参考文献和方法（Burton，McElMurry & Riseng，2018；Nassauer & Fung，2018）。

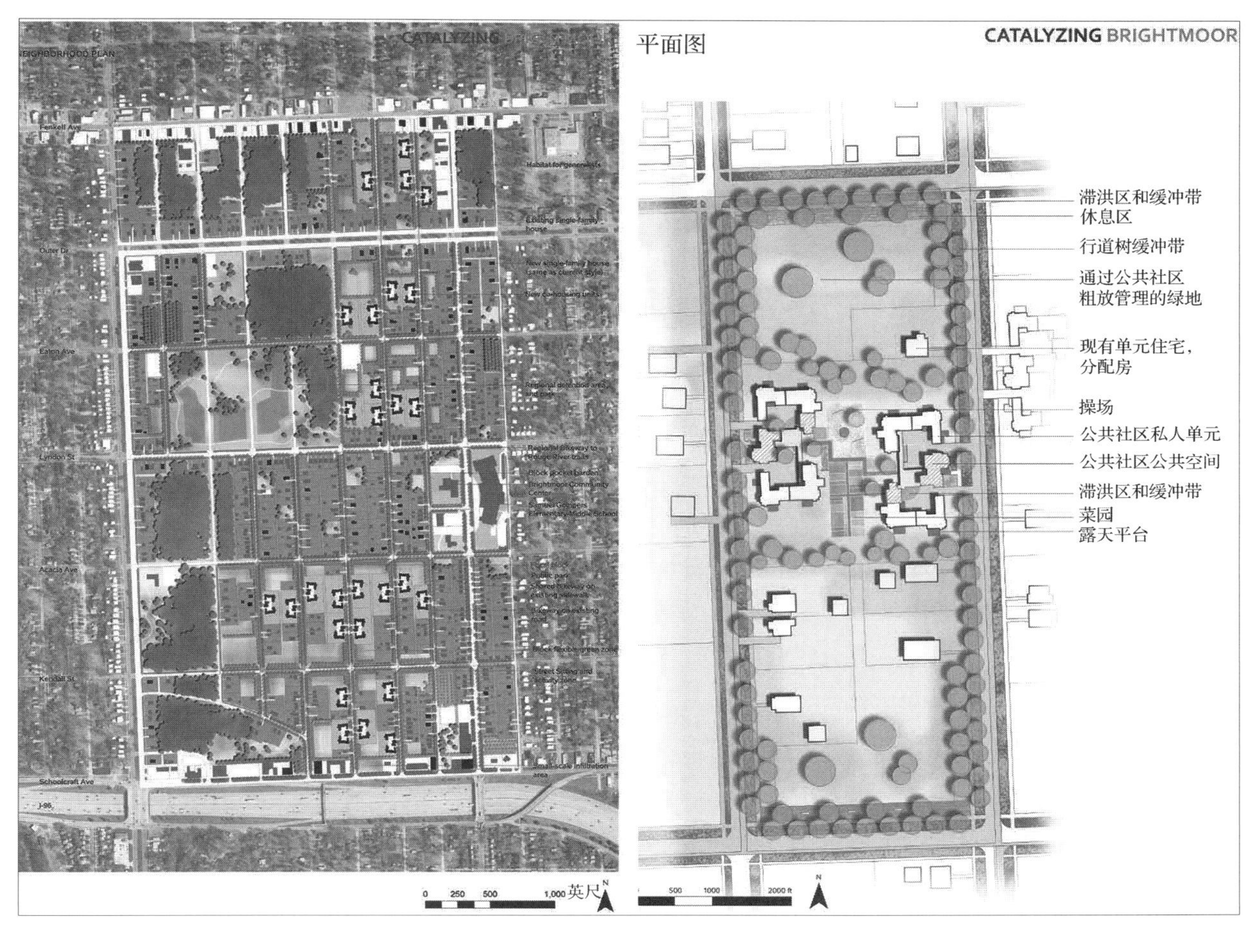

图3.3.6 李家洋自己对学术文献的调查让她在底特律一个高度空置的社区提出合住方式建造新的住房

图3.3.5、图3.3.6

将景观科学庞大的体系缩小到一定程度，使学生有可能轻松熟悉这门科学的相关方面。当学生知道工作室课程的学习目标时，他们就会有动力去学习这些内容。

如果工作室让学生获得有关景观功能的科学证据，那么教授和实践的设计过程可以推动风景园林向新的生态方向迈进。以我的经验，在直观的、整体的空间建议和基于证据的批评之间交替进行设计迭代教授过程，可以在课程中为学生开拓时空思维，培养他们使用同行评议的科学文献的好奇心和能力。在提议/处置框架内，工作室课程教学方法的一些准则是：

- 选择设计项目是因为它们可以教会学生从科学知识中学习什么，而不仅仅是因为其他课程目标（例如采用的技术或尺度）或与实践、社区参与及服务相联系的机会。
- 为学生提供坚实的科学知识基础，激发他们的创造力和想象力。如果学生对景观中体现的社会和环境功能有更多的了解，他们就能够创造性地运用这些知识来构思可能的新形式。

- 展示科学的文献语言如何增强设计师与他人合作创造新景观的能力。如果学生首先学习科学词汇对社会和环境进程的意义，他们可以在使用科学文献时具有好奇心和洞察力。
- 使学生有必要直接获取科学文献，以便根据自己的设计思维进行批判性评估。谨慎而批判地使用工具书或启发式方法，这仅用于补充对文献的解释。通过练习如何批判性地检查文献，学生学会评估科学的合理性和与他们自己设计方案的相关性，这可能有助于他们作为实践者为相关科学的发展做出贡献。
- 对于合理的设计批评，要求学生能够提供证据证明他们设计的方案关于社会和环境功能的主张的正确性。

工作室课程中的反复循证方法如何运用在课程教学的其他方面？它不排除对设计案例的搜索，但它更有可能引导学生观察和思考超越案例表面的工作，并更批判性地审视案例的绩效。它不排除使用数字图形工具或数字分析工具，但确实要求在快速空间构思和批判性思维上花费更多时间，在制作高质量表现图上花费更少时间。因此，在反复循证方法中，制作高质量表现图成为可选择的内容。与更多地依赖案例和表现相比，这种方法可能会激起学生更多的创造性和创新性，因为后者有时会导致纯粹的模仿。

3.3.5 结论：推动设计工作室课程教学，让科学参与其中

把科学的积极参与带入工作室设计课程中，并赋予学生一种创造性能力，这是仅靠掌握作图技巧而无法企及的。科学赋予创造力的观点并不新奇（Lyle，1985b；Nassauer，2002；Tamminga et al.，2002），但迅速发展的景观科学的内容本身就是新的，其作为科学行为的一部分不断被重新审视。如果风景园林设计忽视了这一知识基础，会极大地限制了想象力，而想象力正是设计师与科学家相比最大的亮点。为了更充分地发挥风景园林对未来产生有意义影响的非凡潜力，工作室课程教学必须专门纳入相关的科学知识，并促进对激励和支持设计决策的依据进行批判性思考。这样的教学演变并没有断然放弃工作室课程，相反，它采用合适的安排和基于项目的课程学习，以进一步提高学生的能力和专业的信誉。

3.3.6 参考文献

Ahern，J.，et al.（2002）. “Integrating ecology ‘across’ the curriculum of landscape architecture.” *Ecology and Design：Frameworks for Learning*. B. Johnson and K. Hill. Washington，D. C.，Island Press：397–414.

Burton，G. A. J.，et al.（2018）. “Mitigating Aquatic Stressors of Urban Ecosystems through Green Stormwater Infrastructure.” *NEW-GI：Neighborhood，Environment and Water Research Collaborations for Green Infrastructure*. J. I. Nassauer. Ann Arbor，Michigan，University of Michigan Water Center：24.

Cadenasso，M. L. and S. T. Pickett（2008）. “Urban principles for ecological landscape design and maintenance：Scientific fundamentals.” *Cities and the Environment*（CATE）1（2）：4.

Felson，A. J. and S. T. A. Pickett（2005）. “Designed experiments：new approaches to studying urban ecosystems.” *Frontiers in Ecology and the Environment* 3（10）：549–556.

Forman，R. T. T.（2014）. *Urban Ecology：Science of Cities*. New York，Cambridge University Press.

Forman，R. T. T. and M. Godron（1986）. *Landscape Ecology*. Toronto，Ontario，John Wiley and Sons.

Gobster, P. H. and W.-N. Xiang (2012). "A revised aims and scope for Landscape and Urban Planning: An International Journal of Landscape Science, Planning and Design." *Landscape and Urban Planning* 106 (4): 289–292.

John Graham (2016). Working landscapes: Transdisciplinary research on bioenergy and agroforestry alternatives for an Illinois watershed. Doctoral dissertation. University of Michigan. Retrieved from Deep Blue. http://hdl.handle.net/2027.42/133401.

Grose, M. J. (2014). "Gaps and futures in working between ecology and design for constructed ecologies." *Landscape and Urban Planning* 132: 69–78.

Grose, M. (2017). *Constructed Ecologies: Critical Reflections on Ecology with Design.* London, Routledge, Taylor & Francis Group.

Hill, K. (2009). "Urban design and urban water ecosystems". *The Water Environment of Cities.* L. A. Baker. Springer: 141–170.

Hill, K. (2018). "Review: Charles Waldheim: Landscape as Urbanism: A General Theory." *Journal of Architectural Education*: 1–11.

Hough, M. (1984). *City Form and Natural Processes.* New York, Van Nostrand Reinhold Company.

Johnson, B. R. and K. Hill (2002). *Ecology and Design: Frameworks for Learning.* Washington, D. C., Island Press.

Lyle, J. (1985a). *Design for Human Ecosystems.* New York, Van Nostrand Reinhold.

Lyle, J. T. (1985b). "The alternating current of design process." *Landscape Journal.* 4 (1): 7–13.

McDonnell, M. J. and J. Niemelä (2011). "The history of urban ecology." *Urban Ecology*: 9.

Mostafavi, M. and G. Doherty. (2010). *Ecological Urbanism.* Cambridge, Mass. Harvard University Graduate School of Design.

Nassauer, J. I. (1985). "Bringing science to landscape architecture." *CELA Forum* 5: 5.

Nassauer, J. I. (2002). "Ecological science and design: A necessary relationship in changing landscapes." *Ecology and Design: Frameworks for Learning.* B. Johnson and K. Hill. Washington, D. C., Island Press: 217–230.

Nassauer, J. I. (2011). "Care and stewardship: From home to planet." *Landscape and Urban Planning* 100 (4): 321–323.

Nassauer, J. I. (2012). "Landscape as medium and method for synthesis in urban ecological design." *Landscape and Urban Planning* 106 (3): 221–229.

Nassauer, J. I. and J. Raskin (2014). "Urban vacancy and land use legacies: A frontier for urban ecological research, design, and planning." *Landscape and Urban Planning* 125 (0): 245–253.

Nassauer, J. I. and Y. Feng (2018). "Different contexts, different designs for green stormwater infrastructure." *NEW-GI: Neighborhood, Environment and Water Research Collaborations for Green Infrastructure.* J. I. Nassauer. Ann Arbor, Michigan, University of Michigan Water Center: 45.

Orff, K. (2016). *Toward an Urban Ecology.* SCAPE, New York, New York: The Monacelli Press.

Pickett, S. T. A., et al. (2013). *Resilience in Ecology and Urban Design Linking Theory and Practice for Sustainable Cities.* Dordrecht, Netherlands, Springer.

Poole, K., et al. (2002). "Building ecological understandings in design studio: A repetertoire for a well-crafted learning experience. "*Ecology and Design: Frameworks for Learning.* B. Johnson and K. Hill. Washington D. C., Island Press: 415–472.

Spirn, A. W. (1984). *The Granite Garden.* New York, Basic Books.

Spirn, A. W. (2002). "The authority of nature: Conflict, confusion, and renewal in design, planning, and ecology." *Ecology and Design: Frameworks for Learning.* B. Johnson and K. Hill. Washington, D. C., Island Press: 29–51.

Star，S. L.（2010）. “This is not a boundary object：Reflections on the origin of a concept.” *Science，Technology & Human Values* 35（5）：601–617.

Tamminga，K.，et al.（2002）. “Building ecological understandings in design studio：A repetertoire for a well-crafted learning experience.” *Ecology and Design：Frameworks for Learning*. B. Johnson and K. Hill. Washington D. C.，Island Press：357–396.

Walsh，C. J.，et al.（2005）. “The urban stream syndrome：Current knowledge and the search for a cure.” *Journal of the North American Benthological Society* 24（3）：706–723.

Wu，J.（2014）. “Urban ecology and sustainability：The state-of-the-science and future directions.” *Landscape and Urban Planning* 125（0）：209–221.

Wu，J.（2017）. “Thirty years of Landscape Ecology（1987–2017）：retrospects and prospects.” *Landscape Ecology* 32（12）：2225–2239.

Zube，E.（1986）. “The advance of ecology .” *Landscape Architecture* 76：58–67.

3.4 走向第二个海岸：通过风景园林设计课程探索海岸价值

玛丽亚·古拉（Maria Goula），约安娜·斯潘诺（Ioanna Spanou），
帕特里夏·佩雷斯·鲁普勒（Patricia Pérez Rumpler）

3.4.1 引言

休闲作为一种经济驱动力和复杂的社会现象，与当代社会的相关性是不可否认的[1]。然而，旅游业，特别是大规模的沿海旅游开发，往往被认为对沿海景观有害，尤其是从社会环境的视角来看。即使在这种情况下，国家战略、规划程序和政策解决了旅游现象产生的问题，但完全不能满足创新性空间模式的需求，其中涉及度假地类型、它们的聚集模式以及最终所改善的休闲景观（Barba，Pie，1996：18；Pie，Rosa，2013：7）。事实上，大多数旅游经营都是在低建筑标准下发展起来的，并且忽视了它们所占据的沿海地区的景观条件和表现（Pie，Rosa，2013；Goula，2008）。此外，作为一个从广义上与休闲密不可分的行业，风景园林通过开放和绿色空间设计，一直是，而且仍然是国际上传统度假村设计的合作行业。

虽然在过去几十年里，世界上几乎所有的重要城市都在重新利用和设计其城市滨水区，但在如何升级和创新建造沿海成熟的旅游景点方面，尤其是在气候不断变化的情况下，仍然存在显著的认识差距。因此，有必要对滨海休闲模式的空间影响进行批判性反思，奇怪的是，直到现在这些模式一直被常规的设计项目所忽略[2]。

本节基于一个有25年历史的工作室课程反思了开创性的景观方法——景观与旅游：旧土地的新用途（Landscape and Tourism：New uses for Old territories），该方法融入了巴塞罗那风景园林硕士课程中[3]。

该课程是由在加泰罗尼亚风景园林专业创办过程中最相关的人物之一——已故的罗

---

1 自凡勃伦（Veblen）和他的休闲阶级论提出以来，已有许多思想家研究了旅游现象。科尔宾（Corbin）和博伊尔（Boyer）将海岸建设的历史凝练为理想的胜地；厄里（Urry）定义了游客视角的特殊性；麦肯奈尔（MacCannel）研究了大规模旅游与超现代性的关系。

2 派（Pié）和芭芭拉（Barba）于1993年4月在马略卡岛和1994年5月在巴塞罗那创建了由马略卡岛帕尔马建筑师（Architects of Palma de Mallorca）分会组织的第一个旅游和建筑研究生课程（以2012年西蒙兹书目汇编、2013年勒诺特论坛、欧洲风景园林硕士 EMiLA 暑期工作坊作为相关示例）。

3 加泰罗尼亚理工大学巴塞罗那建筑学院，MAP，ETSAB风景园林硕士。工作室课程目前的主题是第二海岸，包括不同的次要主题，融合在旅游和景观模块中。这里展示的作品集中在2011年至2015年间，其中第二海岸的概念成为发展教学的主要方法。参与同一课程阶段的其他教授有里卡德·派（Ricard Pié）、迪亚兹（Purificación Díaz）、安娜·马约拉尔（Anna Majoral）、莫尼卡·巴塔拉（Mònica Batalla）、（用于视频练习）帕纳吉奥蒂斯·安杰洛普洛斯2011（Panagiotis Angelopoulos 2011）、马塞尔·派2015（Marcel Pié 2015）。

莎·芭芭拉（Rosa Barba）教授所构建的[1]。其目的是：通过推测特定场所的景观价值，生成新的海岸设计策略，从而为旅游业提供基于景观资源的设计。西班牙和法国的海岸一直是工作室课程实践的主要关注点。

地中海的历史条件使其成为发展旅游业的绝佳地点，这是建立在稳定海岸、预防海洋灾害、填海造地等实践工程典范之上，并将冲积平原或沙障视为新休闲景观的理想选择。由于西班牙在20世纪70年代建立了民主与现代化政治体制，生态学家和其他活跃人士联合起来，加上基层民众在政治上的支持，保护了海岸仅存的几个具有生态价值的地区，重点关注湿地、沙丘、盐沼等。罗莎·芭芭拉和里卡德·派（Ricard Pié）等规划者很快就明白，研究海岸动态变化和保护特定地点的景观价值对于高质量的可持续度假区开发是有必要的。

地中海冲积平原为风景园林专业的学生提供了一个特别有趣的实验场所，学生通过在自然和人类之间建立一种自给自足、互利互惠的关系来恢复和重塑受损的景观。这门课程让学生有机会研究20世纪六七十年代发展起来的为数不多但仍有价值的先锋设计[2]，从而提供了一个沿海聚落的旅游历史视角，启发了过去和现在设计师所关注的问题；其次，它特别注重揭示我们所说的海岸遗址的“潜在身份（latent identities）”，这些遗址在几个世纪以来被排干成为农田，从根本上改变了许多沿海地区的水文循环过程。事实上，后者是本文的重点，它旨在展示这种针对性的方法作为一种必要的教学法的相关性，特别是在寒冷多雨、冬季干燥、夏季干热的地中海半干旱气候的背景下，这使学生需要考虑季节性游客流量和水文状况的剧烈变化。

（1）海岸风景园林设计教学法　政府机构对海岸采取的主要做法是保护，该方法将自然区域与人类活动隔离开来，但这已不再是一个有价值的策略。自然动态系统需要被恢复、重建和不断改造（Turner，Jordan，1993）。

基于这一假设，本课程围绕一系列前提展开，所有前提都与重要项目的执行有关，这些项目考虑到了复杂性和长期弹性的新的可能性。主要前提是：将海岸恢复为一个变化的边缘，通过设计重新定义这些景观的内在价值，由此作为多个过程的独特结果；一些是潜在的，另一些是由频繁发生的可预测和不可预测的自然干扰所定义的。

（2）第二海岸概念的方法论框架　本课程为学生提出了一项具有挑战性的任务：通过地图研究揭示海岸线以外景观的潜在时空特性。这一探索引出了一个值得思考的问题的定义，我们有意将其命名为“寻找第二海岸”（Goula，2008）。第二海岸是一个特定的地点，每个学生都可以对其概念进行解释，了解扩张的水文单元的动态过程和潜力，使其成为可持续度假村及其周围景观的背景和设计载体（图3.4.1）。

由不同研究问题定义的三种策略已经被提出并用于指导第二海岸设想：

（3）恢复和揭示水循环　功能运作由流域整体所决定的主观认识，虽然目前不可见并且基本上是中断的，但向学生介绍了“系统思维”（Waltner-Toews，Kay，Lister，2008）

1　作为1993年硕士课程改革的一部分，在与里卡德•派（Ricard Pié）取得成功经验之后，如上所述，两位建筑师都通过国家奖项展示了卓越的职业能力，研究并促进了西班牙沿海休闲胜地的改善。但不幸的是，他们的作品仅以西班牙语和加泰罗尼亚语出版，希望本文有助于传播他们的教学。

2　20世纪旅游建筑史的资料，例如法国南部的拉辛任务（Mission Racine）、撒丁岛的埃斯梅拉达海岸、西班牙的拉曼加戴尔马尔梅纳（La manga del mar menor）和马斯帕洛马斯（Maspalomas）的设计竞赛，以及现代运动建筑师的意见，如奥伊萨（Oiza）、科德里奇（Coderch）、坎迪利斯（Kandilis）等。

图3.4.1 第二海岸认识到扩张的水文单元的动态过程和潜力，并成为可持续度假村及其周围景观的背景和设计载体（另见彩图20）

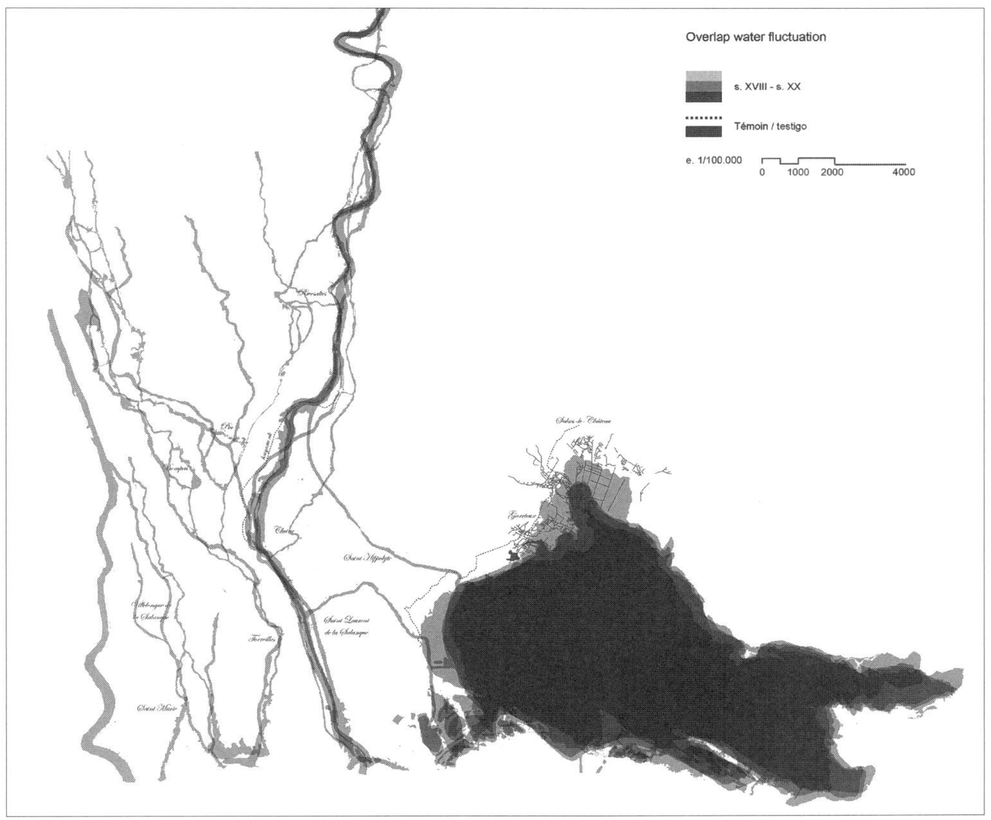

图3.4.2 塔拉戈纳百克斯营地（Tarragona Baix Camp）的水位波动叠加图（另见彩图21）

（图3.4.2）。用沉积物和水滋养堤岸的河流得以重建，与内陆的联系被重新激活，滨水区的空间得到了释放。在塔拉戈纳的百克斯营地（Baix Camp），学生们将地下水盐碱化和污染、激流的格局中断、农村废弃等问题提出来。最重要的是，通过重新发现上述所有这些问题并将其作为场地的结构框架（Spirn，1998），生态过程得到揭示并最终变得清晰，成为具有明显设计潜力的景观片段。

在百克斯营地干旱的景观中，水是稀缺的，关于水的讨论是高度政治化的，第二海岸成为完整水循环的象征（图3.4.3）。同时，学生们了解到形式和过程之间的相互依存关系（Gustavson，2004）。

第二海岸不仅是内陆地区重要的乡村生态旅游的一个地理隐喻，也成为未来更加多样化、多功能的乡村景观变革性的弹性战略。

在这些冲积平原的主要乡村景观中引入替代性方案，为受到沿海旅游严重影响的腹地的恢复提供了真正的可能性。学生的设计将湍急的小溪转化为蜿蜒曲折的水流，进一步满足人们的步行需求，并可以滞留和蓄存水分以及进行植物净化。这与逐渐形成的休闲项目共存，作为天然泳池和露营地，将领域范围扩展到海滩之外（图3.4.4）。

（4）迫使地图学突破传统的限制　在以海洋资源为主要价值的海岸景观中，课程一方面指导学生发现海岸线之外湿度的不同表达方式及其时间动态变化规律，另一方面要求他们寻找海洋和太阳价值的替代物。这些替代价值从周围遗产和普通农业景观的特征中产生（图3.4.5），帮助学生建立了对“扩展”价值观念本身的理解[1]。

在这个过程中，表现成为一种主要的解释工具，从对历史地图的分析到对反映塑造海岸景观的动态变化的各种地图的绘制。这些反复研究变成了深度投射练习，促使人们对所讨论的景观有更清晰的理解。

例如，将历史地图学整合到GIS中，不仅是一种从文化角度上认识过去的成熟行为，而且就地中海海岸而言，尤其是我们在这里的研究：这是对海岸过去和未来的必要性揭示。虽然历史地图的地理坐标参考通常是无法实现的，或者是不够准确的，但将历史地图成为灵感来源，也是一种可能实现的探索方法。

学生们对遗址进行历时性分析，根据历史航拍照片和对现有地形的详细分析，指出了冲积平原干旱过程中这种景观的形成和解构过程。他们发现了水的痕迹，通过景观地形和相关景观格局的最小变化分析，这些痕迹仍然隐约可见。恢复这些消失的动态形式成为他们方案的基础。

从这个意义而言，解释性的地图也是通过反映感知动态的概念，如具体体验和氛围，对场地进行有基础的、经验性的解释（Zumthor，2006；Böhme，1993a；1993b）。制图过程突破了传统的地理定位、参数化和不同有形要素测度的限制，以引导学生重新思考这些普通景观的潜在价值。它们的特性为景观模式的延续提供了信息，如今与体验模式相融合：景观包含了我们的身体、实际体验和吸引力感知[2]。

通过以旅行的形式绘制地图和拍摄视频，学生探索腹地乡村景观中空间格局的具象体验（图3.4.6、图3.4.7）。在“房间（rooms）”的主题下，它们展示了地块的几何形状是如何通

1　拍照和录像已经补充了设计工作室课程内的基础景观研究。由于本文篇幅较长，我们将主要关注制图分析。

2　“要使文化可持续发展，不仅需要生态再生设计，还需使设计的景观能够激发那些体验过这些景观的人进一步意识到他们的行为是如何影响环境的，并足够关心以做出改变”（Meyer，E. 2008：1：6–23）。

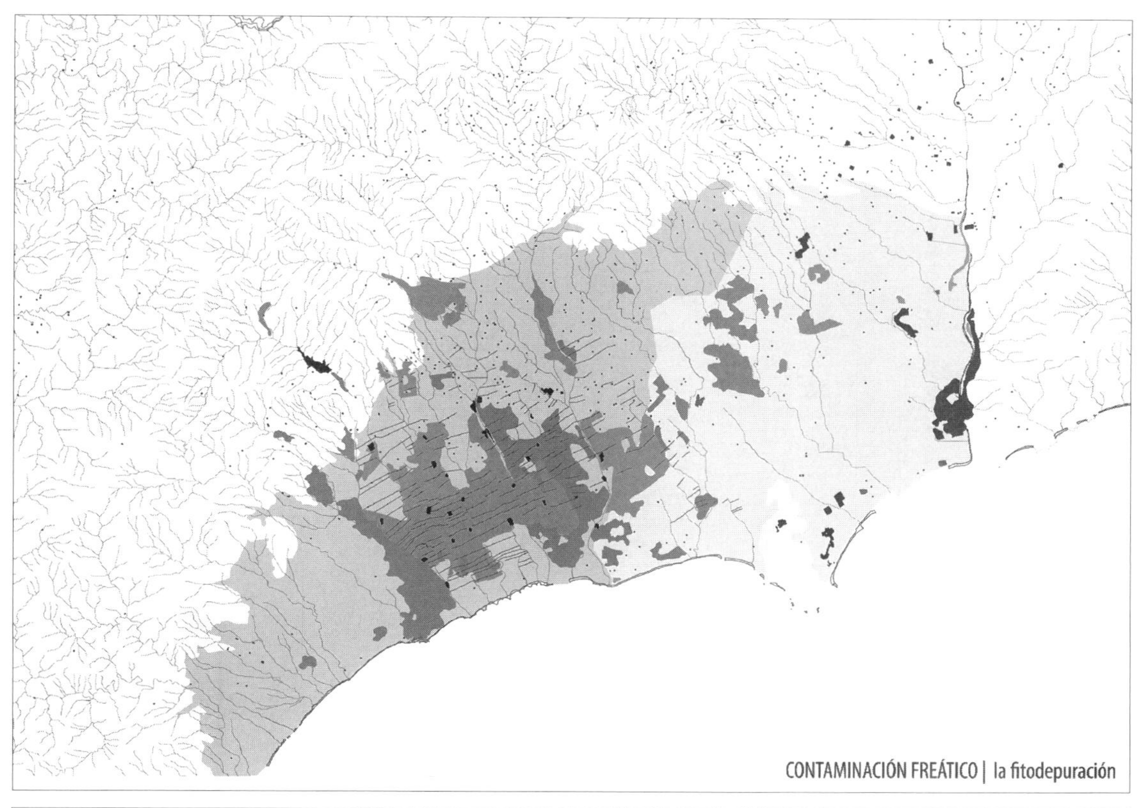

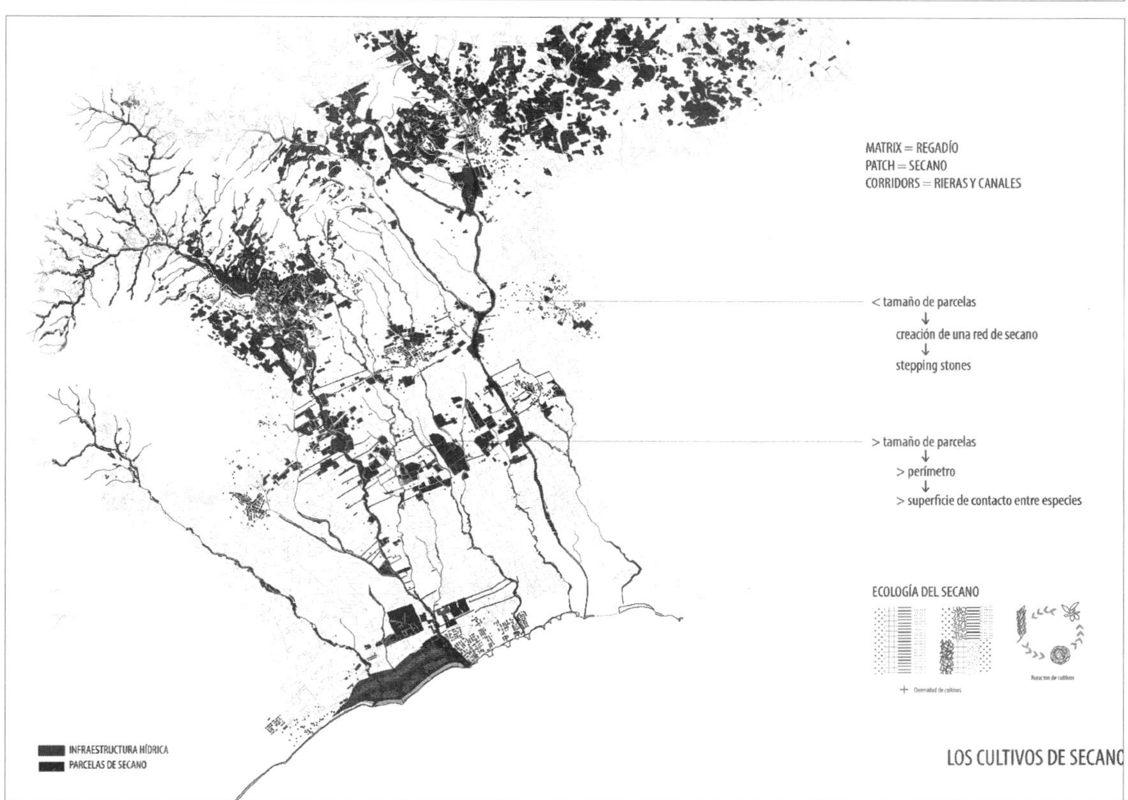

图3.4.3　在百克斯营地的干旱景观中，第二海岸成为完整水循环的象征（另见彩图22）

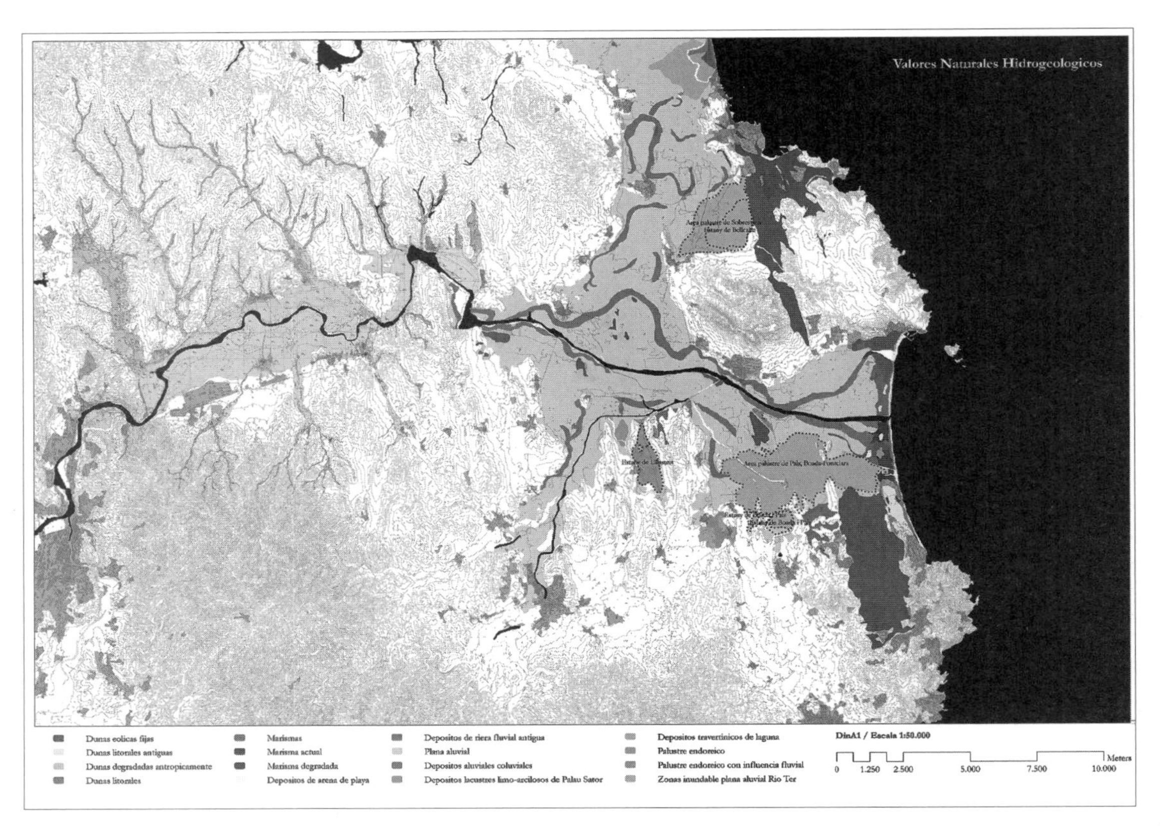

图3.4.4　托罗埃利亚德蒙特格里，百克斯恩波达（Torroella de Montgrí，Baix Empordà）的水文地质价值（另见彩图23）

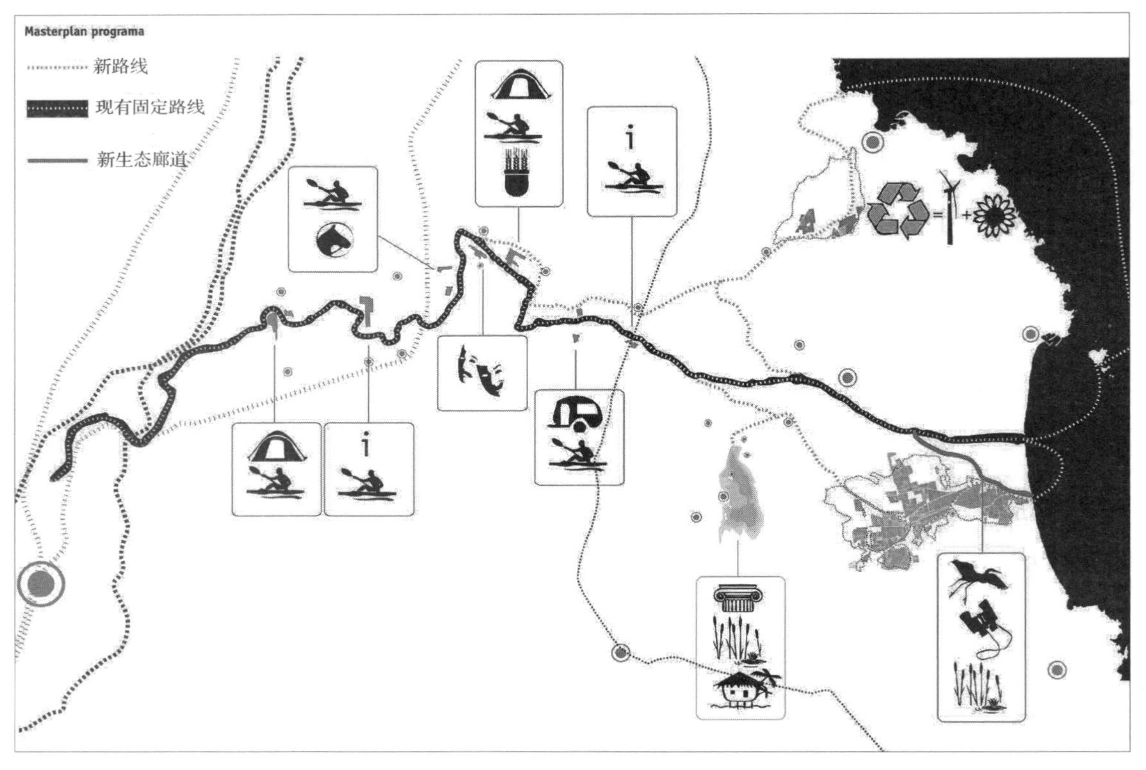

图3.4.5　托罗埃利亚德蒙特格里海洋和太阳价值的替代品（另见彩图24）

图3.4.6　学生视频中的图像，以记录在景观中几乎不可见的水的痕迹

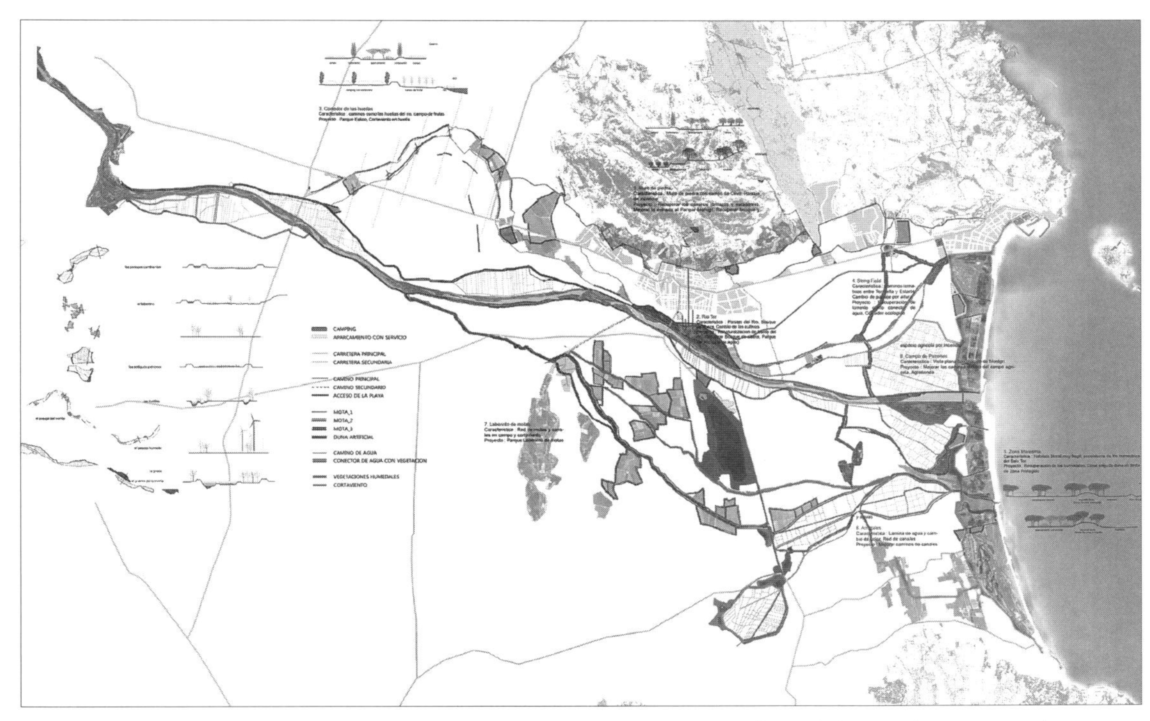

图3.4.7　托罗埃利亚德蒙特格里（Torroella de Montgrí）腹地乡村景观空间格局（另见彩图25）

图3.4.6、图3.4.7

过植物缓冲大风而变得清晰的。最重要的是，它在时间上的变化成为一种不同体验的并置。在这里，第二海岸的概念被定义为不同管理协议的轮换，允许通过空隙产生湿度。这种对景观的体验式解读也孕育了策略的定义，后者是基于一系列可变特征和内容的可进入“房间”形态的配置。

在该研究中，农村腹地也采取了类似的方法，场地的具象体验促发了对农村景观模式的解读（图3.4.8）。为了以必要的精度来举例说明农业模式的复杂性和多样性，学生们被引导要超越常规的尺度。地图学“举例说明（exemplifies）”了景观的意义与所讨论的地域尺度无关。在本项目中，农业景观模式分析的精确度为第二海岸的定义提供了依据，作为滨海农业边缘的平行地带：该边缘意味着冲积平原坡度的最小变化，虽然这就农业地块的排列和布局而言，会造成很大影响，但在原地几乎察觉不到。第二海岸因此成为一个阈限的景观（liminal landscape），从“海岸”到景观内部的转变，反之亦然。

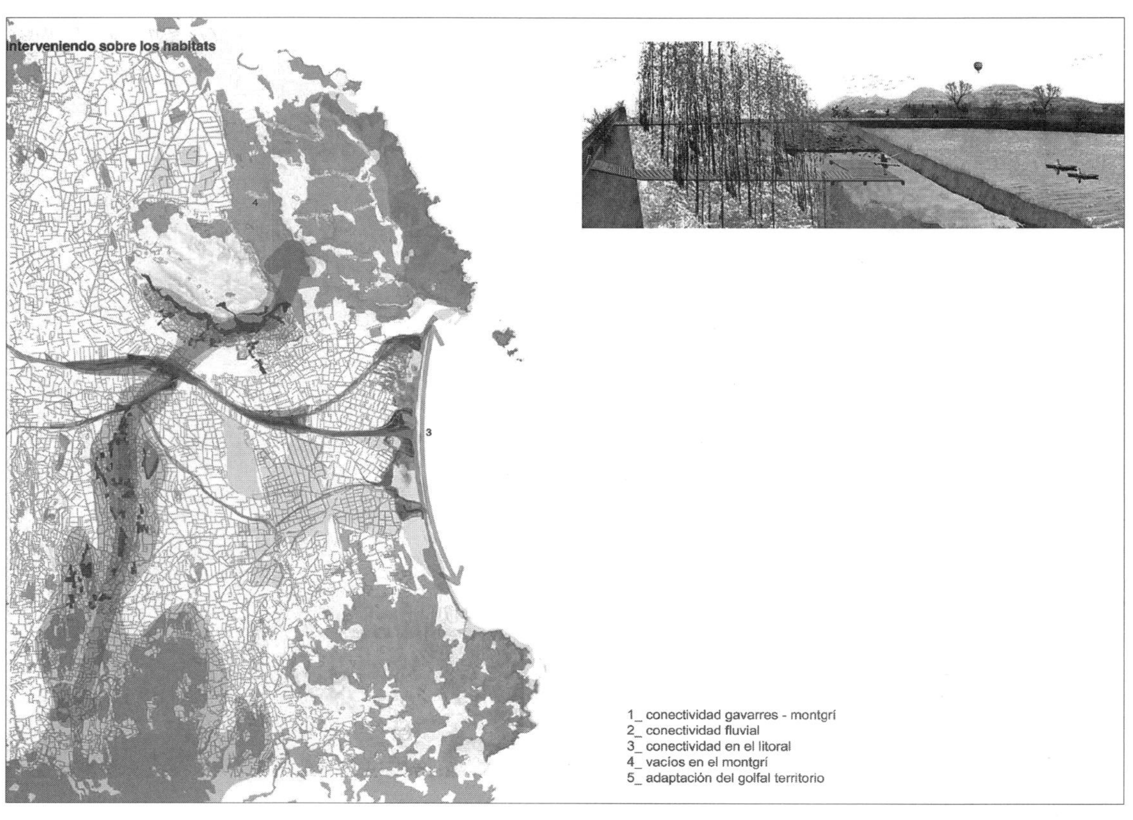

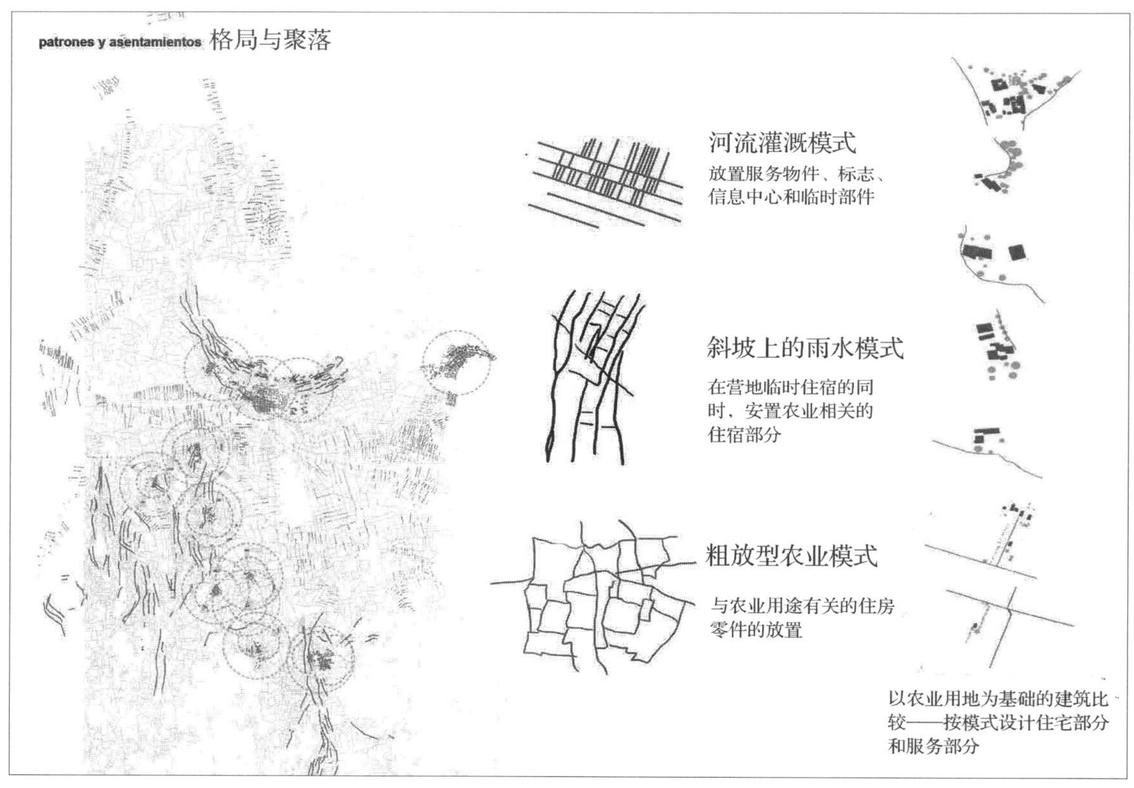

图3.4.8

图3.4.8　托罗埃利亚德蒙特格里，百克斯恩波达的农业模式和第二海岸（另见彩图26）

该项目跨越了环境设计和具象体验：学生们提议恢复一个古老的湖泊以增加生物多样性、恢复景观记忆、改善水质，也为游客构想了一个潜在的吸引节点（图3.4.9）。该项目将旅游业作为景观更新的主要推动者，因此观察者的眼光和体验成为同等重要的规划前提。

这种对景观的体验式解读在设计新的景观叙事的过程中起到了一种对比的作用，而特定场地的具象体验模式促进了新的景观重组。在新的重组中，重新激活的生态系统与体验性设计相融合。这些叙述通过特定体验的非线性序列来表现，试图吸引观察者的感知注意力，并积极地让他们参与到场地的重建中[1]。

（5）引入变化，作为学生理解第二海岸必不可少的一部分　地中海气候和沿海休闲活动的阶段性使学生需要考虑季节性游客流量和水文状况的剧烈变化。当这一特点与气候变化和海平面上升的现实相叠加时，它就变得特别有趣。学生被安排与一系列条件（力量和关系）互动，这些条件产生了向可测和不可测变化开放的景观功能。设计训练旨在通过应用最新的生态学对不确定性和弹性的思考揭示景观的潜在动态过程，把旅游业作为变化的主要推动力量。

在兰格多克-罗西隆（Languedoc Rousillon）的巴利阿里港（Port Barcarés），第二海岸是一个实体土地（图3.4.10）。它现有的湿度正在下降，是当地人的休闲地。潟湖面临着富营养化和私有化的问题，与其他地方和水系统没有联系。作为现代性的一种表达、作为拉辛任务（Mission Racine）的一部分，被开发、设计的滨海度假区比以往任何时候都更不完整。学生们通过对潟湖过去和未来沉积物演变的探索，提出利用水的动力来获取沉积物，以适应未来的变化，并作为进一步对巴利阿里港内陆海岸休闲、居住和混合生产力新形式的进一步思考。

3.4.2 旧土地的新机遇

风景园林为成熟的沿海旅游地的可持续和再生提供了一套积极的方法论和工具，不仅作为旅游胜地的附加价值，还提供了旨在与自然互动和恢复自然动态的设计规范，同时，维持当地民众和游客的使用功能。这种观点成为土地期待激活经济的真正机会。

在教学领域，第二海岸的概念已被证明是一个可实施的理念。它重新定义了海岸本身，通过将其与腹地重新连接来减轻不利影响，并改善水质。因此，针对正在失去吸引力的过度开发区域引入了一种新的设计理念。

我们开发“第一海岸”的方式已不再合理。“第二海岸”这一术语是作为一个场地的设计策略而出现的，它应该接受自然过程并承担人类居住功能，但需要持续的人为干预来避免其崩溃。正如“自然的园林化”（Janzen，1997）或“第二自然”理论（Pollain，1991）所提出的那样，它确实暗示了投射管理的概念联系。这些方法对文化和自然的极性表现出不同的态度，其中自然和文化意义被解码并根植于特定场地的设计迭代中。

正如布鲁诺·拉图尔（Bruno Latour）在他的最后一本书《面对盖亚》（*Facing Gaia*）（Latour，2017）中所说的那样，在一个充满不确定性的时代，通过新的表现形式来可视化

1　学生从各种尺度思考设计，在第一层分析中以适当的尺度理解每种现象，而他们的第二海岸绘图则是有意在不同尺度之间进行地图绘制练习。这样的发现可能是有形的，例如遗迹或重要的树木或石头，也可能是无形的，例如大气质量。

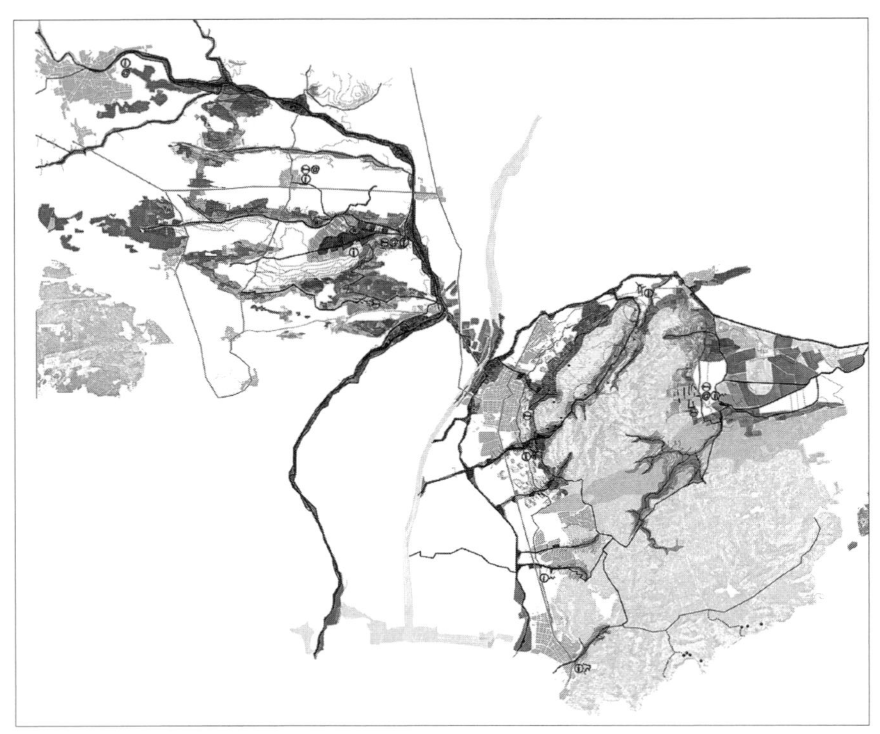

图3.4.9 学生对托罗埃利亚德蒙特格里附近的一个古老湖泊提出的修复方案，为游客设计一个潜在的旅游景点（另见彩图27）

图3.4.9、图3.4.10

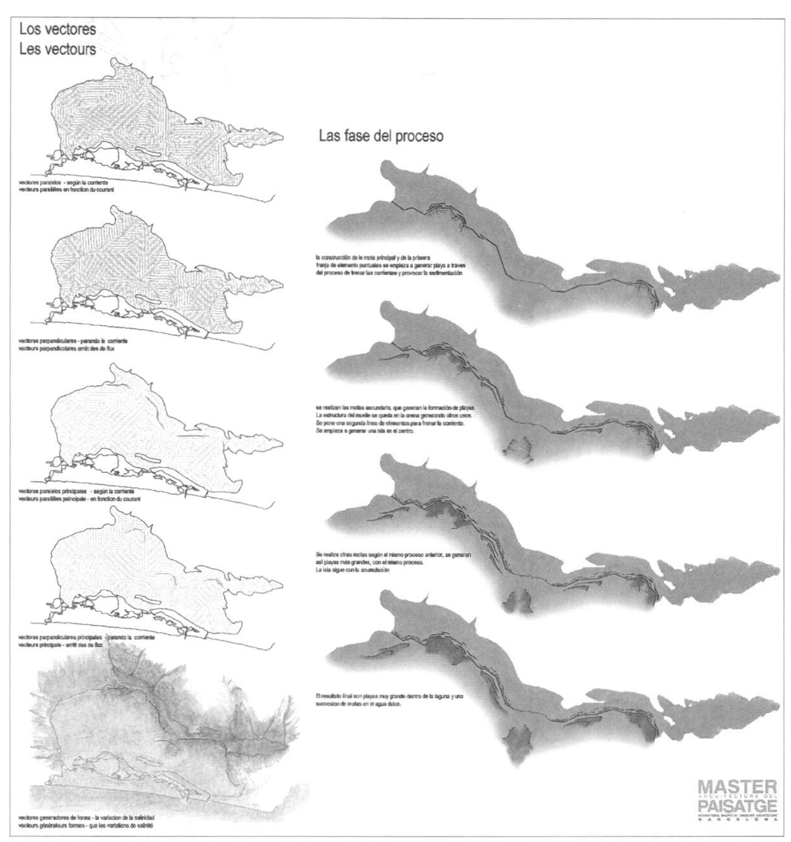

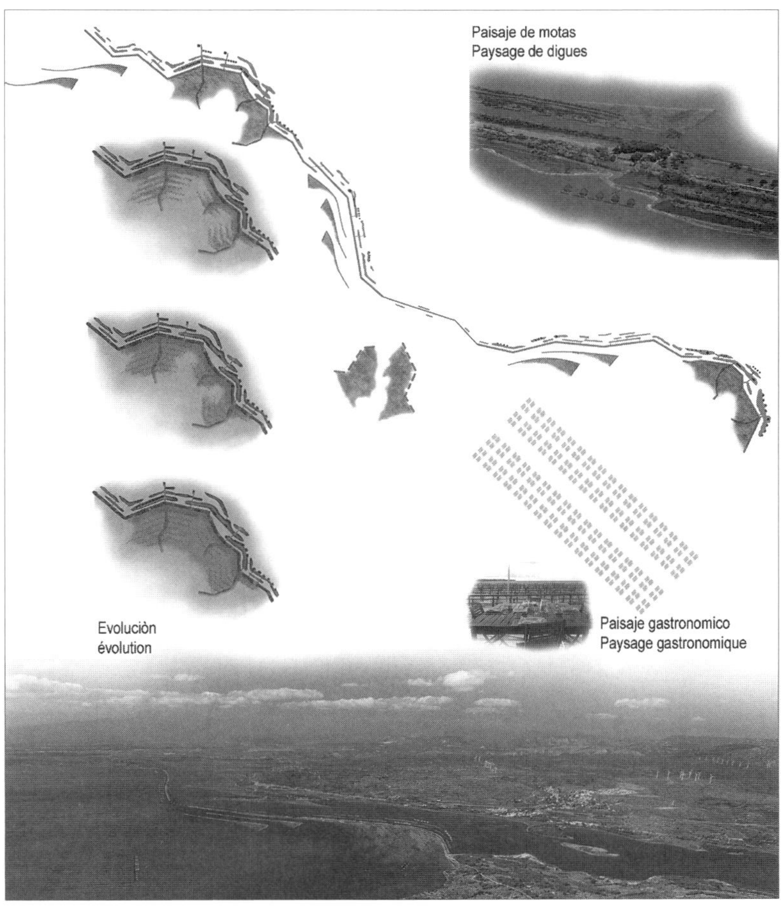

图3.4.10　在兰格多克-罗西隆的巴利阿里港，第二海岸是一个实体土地

地球的需求是除了现代性之外的唯一正确选择。通过促进参与者（集体、土地、水域和物种）之间多种对话的可能性（Latour，2004），通过帮助它们显露出来，第二海岸成为一种必要的理论探索和设计范式。在这里，海岸重新成为一种景观。

3.4.3 参考文献

Barba，R.，Pié，R.，eds.（1996）. *Arquitecturay turismo：Planesy proyectos*. Barcelona：CRPP，Departamento de Urbanismo y Ordenación del Territorio，UPC.

Böhme，G.（1993a）. “The Space of Bodily Presence and Space as a Medium of Representation”，in M. Hard，A. Losch，D. Verdicchio（eds.），（2003）. *Transforming Spaces. The Topological Turn in Technology studies*. Retrieved from：www.ifs.tu darmstadt.de/gradkoll/Publicationen/transformingspaces.html.

Böhme，G.（1993b）. “Atmosphere as the Fundamental Concept of a New Aesthetics.” *Thesis Eleven* 1993：36.

Goula M.（2008）. “New opportunities for old landscapes. Some concepts on the Mediterranean coast”. in *scape the International magazine for landscape architecture and urbanism*，No. 2：26–33.

Gustavson，Roland，（2004）. “Exploring Woodland design. Designing with complexity and dynamics” in *The dynamic Landscape. Design，Ecology and Management of Urban Planting*.London/New York：Spon Press.

Janzen，D. H.（1997）. “How to Grow a Wildland：The Gardenification of Nature”，*Insect Sci. Applic*. Vol. 17，No. 3/4 .

Latour，B.（2017）. *Conference Facing Gaia：Eight Lectures on the New Climatic Regime*，1st Edition.

Latour，B.（2004）. *Politics of Nature：How to bring the sciences into democracy*. Cambridge，Mass.：Harvard University Press.

Meyer K，E.（2008）. “Sustaining beauty. The performance of appearance：A Manifesto in three parts”，*Journal of Landscape Architecture*，Vol.3，No.1：6–23.

Norberg Schulz，C.（1980）. *Genius loci，towards a phenomenology of architecture*. London：Academy Editions.

Pié，R.，Rosa，C. eds.（2013）. *Turismo líquido*. Barcelona：Editores iHTT-UPC-UMA.

Pollain，M.（1991）. *Second Nature，A Gardener Education*. New York：Grove Press.

Sijmons，D. Chief editor，（2008）. *Greetings from Europe. Landscape & Leisure*. Rotterdam：010 Publishers.

Spanou，I.（2016）. “Experiential mappings：approaching the landscape through atmosphere”，in *SPOOL*，[S.l.]，Vol.3，No.1：37–56. Available at：http://journals.library.tudelft.nl/index.php/spool/article/view/1101.

Spirn，A.W.（1998）. *The language of the landscape*. New Haven-London：Yale University Press.

Turner，F.，Jordan III，W.（1993）. *Beyond Preservation. Restoring and Inventing Landscapes*. Minneapolis：Univ. of Minnesota Press.

Waltner-Toews，D.，Kay，J. J.，& Lister，N.-M. E.（2008）. *The ecosystem approach complexity，uncertainty，and managing for sustainability*. New York，Columbia University Press.

Zumthor，P.（2006）. *Atmospheres – Architectural Environments – Surrounding Objects*. Basel：Birkhäuser.

3.5 法国背景下的景观都市主义教学

卡琳·赫尔姆斯（Karin Helms），皮埃尔·多纳迪厄（Pierre Donadieu）

本节主要阐述：①法国风景园林设计教学的历史文化背景；②风景园林设计教学方法论的发展；③在凡尔赛国立高等景观学院进行培养以适应这些目标。

20世纪30年代，城市规划概念开始进入凡尔赛国立高等景观学院的风景园林设计教学中。教育的重点从园艺和绿地管理的教学转移到把学生当作风景园林设计师和城市规划人员进行培养。这种根本性的变化现已嵌入风景园林设计教学中。植物学和园艺学知识的地位在一定程度上已经被土地和土方工程经验，以及对设计场地历史和生态的理解所取代。生态科学和环境研究不仅与大型景观动态过程相关，也与气候变化、可持续能源、城市农业和城市扩张等问题相关。

教学重点的这一重大转变，更加重视从业人员的经验，以及公共部门的需求。这种新的教学方法在1945年之前作为园艺专业学生培养的一部分课程内容被引入，并在法国风景园林院校中一直发展到今天，1976年后，凡尔赛国立高等景观学院就是一个著名的例子，这所学校为了适应城市规划和风景园林设计的公共政策而施行教学改革。

然而，正如我们将在后面论证的那样，这种都市主义和风景园林设计的融合与20世纪90年代末首次出现在美国的景观都市主义运动并没有什么关联（Waldheim，2006）。

3.5.1 风景园林院校教学的改变

第一批法国风景园林设计师或城市规划师出现在第二次世界大战之后。1972年，法国政府在特拉普市（凡尔赛宫附近）设立了一个景观研究和培训实验室，用于创新景观规划，1972—1978年，它被称为国家景观研究中心（CNERP）。这种新型的城市风景园林设计师被称为“风景园林规划专家”，他们利用城市和农村经济学知识来告知人们他们是如何改造空间和适应景观特征的。1976年后，这一大型景观的概念（来自法国大景观）研究成为凡尔赛国立高等景观学院（ENSPV）[1]新成立的风景园林设计研究生课程的重点。学生们主要由受邀的专业人士授课，尽管一些学者是从之前的园艺学院（ENSHV）过来的。新的培训计划是在两个工作室课程项目中建立的，第一个，“安德烈·勒诺特尔（André-Le-Nôtre）”，以国王路易十四在凡尔赛的花园命名，由米歇尔·高哈汝（Michel Corajoud）指导；第二个，“查尔斯·里维埃·迪弗雷尼（Charles-Rivière-Dufresny）”，由贝尔纳·拉索斯（Bernard Lassus）指导，以17世纪将“英国花园”引入法国的艺术家命名。第二个工作室课程强调景观和花园设计中的艺术性和概念方法，以及创造力的运用。

1 这所新学校是由国家景观研究中心（CNERP）和凡尔赛国立高等园艺学院（ENSHV）风景园林与园艺部（1946—1974）合并而成。

“勒诺特尔工作室课程”的原则是强调景观项目场地的地理因素及实验。在那个时候（20世纪80年代），新老导师们都在寻求重塑风景园林设计师的职责，因为自第二次世界大战以来，风景园林设计师的职责已经简化为创造一般的城市绿地。人们把重点放在开发住房的开放空间上，往往忽视了20世纪70年代及之前的这两个阶段。居民们希望通过重新考虑住宅周围的户外空间来改善他们的居住环境。培养计划的目标是创造独特的空间，充分尊重当地居民的个人利益，增强其文化认同感；同时激励这些居民重新改造他们的社区，而不是试图逃离社区。

3.5.2 大型景观设计

“大景观”（指人居景观的地理尺度）概念和景观规划是教学中的新主题。1961年，风景园林设计师兼城市规划师雅克·斯加德（Jacques Sgard）将其引入凡尔赛国立高等景观学院，他在凡尔赛国立高等景观学院和索邦大学受过城市规划方面的教育，也曾师从瓦赫宁根大学的J. 比约弗（J. Bijhouver）。风景园林设计师皮埃尔·道弗涅（Pierre Dauvergne）延续了这一传统，他将其应用于各种尺度，包括城市和乡村景观以及郊区新城建设。风景园林教师们在城市社区尺度上使用了类似的过程和方法，他们的目标是从地理、历史、土地和植被中恢复这些地方的意义。

对城镇建筑中留下的开放空间和大型景观这两种尺度的干预，都是在没有预先设定开发管理计划的情况下实施并联系起来的。项目过程始于对场地及其背景（历史、生态、经济、社会等）的解读。可以说，城市规划和风景园林设计之间没有区别，其理念都是基于居民和用户对景观的感知将社区统一组织起来，景观是社区或土地结构不可或缺的一部分，这完全改变了城市或生态规划的分析方法。景观项目规划的过程包括确定场地容纳新元素的能力。因此，学生们被训练成这个过程中的协调者和谈判者，这个角色对于设计师来说也是至关重要的，因为他们与利益相关者必须保持持续的沟通。

后来，这些新的培养目标成为1975年、1991年、1993年和2004年分别在昂格斯、波尔多、布洛伊斯和里尔等地建立的其他风景园林院校教学计划的一部分。因此出现了后来称之为的“法国风景园林设计的黄埔军校（the French school of landscape design）”（Helms，2017）。

这种城市规划没有与城市法规层面相联系，而是创新地将风景园林设计确立为城市规划的先决条件。这些新的做法是通过观察一个地块的总体动态以及细节来预测长期的变化（Donadieu，2009）。他们建立了以项目为基础的城市规划的原始学科，在此之前，除了少数建筑师之外，规划师很少对这一学科进行探索。它的原创性是（并且现在仍然是）扩大风景园林设计的常规尺度（例如以花园为重点），以便更全面地涵盖地表：在景观层面、社区层面以及人行道层面。从业人员所考虑的这些实际问题包括水文和植物的形式与功能的一致性，以及社区与市辖区之间的关系；尊重场所的多功能性，在可持续发展的公共政策背景下，将娱乐和当地商业结合起来。

3.5.3 都市景观的概念

20世纪70年代初，来自艺术学校的米歇尔·高哈汝（Michel Corajoud）和风景园林设计师雅克·西蒙（Jacques Simon）在凡尔赛国立高等景观学院中引入了这种都市景观方法。

他们对该校当时侧重于园艺的教学模式进行了彻底的改变，提出了一种“通过居民洞察景观（reading the landscape ... through the inhabitants）”的城市新视角，一种重新定义我们如何看待场所的方式。他们的灵感来自凯文·林奇（Kevin Lynch）的作品《城市意象》（*The image of the city*），并与城市规划和建筑事务所（AUA-Atelier d'Urbanisme et d'Architecture）合作（Blanchon，2015）。

在1985年以后，这种继承了先驱者经验的教学方法逐渐成为学校教学特色的一部分。工作室课程和风景园林课程的目标是通过理解“不同层级信息（layers）”和阅读“已经存在（already there）”的东西来学习设计过程，这是未来城市、郊区和农村项目的基础。工作室课程的项目包含从现有城镇的开放空间到不同地域类型的新城市居住点——例如，湿地或后工业区。地域的规模也不同——从大型到超大型的郊区或农村地区的空间转型，包括基础设施或地理动态，如水道或能源生产。总体而言是空间组织和形式如何进行设计的问题（Masboungi，2001，2009）。

这种教学重心转移的主要结果之一就是园艺方面设计的教学内容逐渐消失，随之以往与此类项目相关的一部分技术和科学知识也逐渐淡化。例如，在工作室课程中，种植设计并不总是项目展示的必要部分。其他学科，如城市经济学和城市规划法规，已经从课程中消失，被景观的社会地理学所取代。

3.5.4 景观形态作为项目的结构基础

理解和解析自然地形已经成为学生第一次体验场地的基础。设计过程从理解等高线开始，通过模型、地图、设计草图和历史文件，将提案根植于场地的特定身份，并揭示一个场地成为新居住地的空间潜力。种植设计遵循定居（préverdissement）原则[1]，并揭示了与地形的呼应。这种由米歇尔·高哈汝和雅克·西蒙建立的项目设计方法变得至关重要，并影响了很多法国风景园林设计师后来的工作，如吉尔·维克斯拉（Gilles Vexlard）、雅克·库隆（Jacques Coulon）、阿兰·玛格丽特（Alain Marguerit）、亚历山大·谢梅道夫（Alexandre Chemetoff）、米歇尔·德维涅（Michel Desvigne）以及岱禾景观事务所（Agence Ter）的创始人们等。

米歇尔·高哈汝在2000年写的“给学生的信”这一关键文件中展示了这一教学重点的历史转变[2]。他解释了建设景观项目的9个阶段，包括头脑风暴（brainstorming），探索各个方向（exploring in every direction），超越极限（going beyond limits），处理尺度（working with scale），跳出规则回应设计（leaving in order to return），验证项目的设计方法（testing project approaches）……

在信的开头，高哈汝写道：“在对设计或场地得出任何结论之前，从项目的一开始就要不断冒出想法。为了完成一个项目，涉及一个你很可能不熟悉的景观，你必须克服巨大的知识缺漏困难，并问自己成千上万的问题：你为这个场地制订了什么计划？它将被转化成什么？谁想要这些改变？”他接着补充道：“重要的是尽早定下项目的（设计）方向，以避免过于冗长的初步分析所导致的犹豫不决和优柔寡断（Corajoud，2010：37）。”然后，高哈汝

1 “préverdissement”一词于20世纪70年代初在法国被首次使用，用来描述一种定居原则，即种植植被是为后工业地区的未来休闲或其他城市开发项目准备场地。

2 2016年，K. 赫尔姆斯（K. Helms）针对“给学生的信”制作了一段视频。

描述了提出设计草案所涉及的各个步骤。这个设计过程还得到了具有不同技术和科学领域背景老师的补充，他们在工作室课程内外4年的学习过程中教授学生。学生的草案在正式向课程老师汇报之前逐渐形成并不断深化。通过这种方式，学生在最后一年毕业之前，获得了如何去进行越来越复杂的设计的经验[1]。

在设计过程中，学生们学习的主要方面之一是如何利用景观的地理现状和历史文化，使场地独特的形态和水文地形成为设计草图的常数。通过这样做，就可以揭露、呈现和展示地貌。这样，通过考虑场地最终将用于或预期用于的活动，场地本身就为设计提供了起点和计划（图3.5.1、图3.5.2）。

图3.5.1　留尼汪岛（La Réunion），圣保罗的城市边缘1

Route des Tamarins是一条全长超过35km的新高速公路，其目的是开辟海岸线。这条新道路理应让城镇与被保护的自然区域和位于火山斜坡上的农田连接起来。设计师们在凡尔赛国立高等景观学院接受过教育，他们的工作模式是利用景观的地理条件和历史文化，使场地独特的形态和水文成为方案设计的根本基础。

设计机构：Agence Folléa-Gautier，项目时间：1998—2013。

图3.5.2　留尼汪岛，圣保罗的城市边缘2

在区域市政局的帮助下，风景园林设计师们成功地为该岛西海岸设置了明确的景观目标。在圣保罗，项目围绕重新定位的高速公路，允许居民们改造他们的生活空间：通过重建湿地区域打造特色城镇，并通过创建两个新的步道改造了生活空间。大型景观项目正在成为法国风景园林设计师常见的工作尺度。

设计机构：Agence Folléa-Gautier，项目时间：1998—2013。

1　1983年，凡尔赛引入了面向四年级学生的区域景观规划工作室课程（尽管其他风景园林学校并非如此）。在为期6个月的课程中，学生们要处理涉及公共合同的真实要求，并受到包括学校实践教师在内的小组的监督。

3.5.5 景观都市主义？

根据《景观都市主义读本》（*The landscape urbanism reader*）（Waldheim，2006）中给出的定义，景观都市主义是一个宣言，有助于打破学科之间的障碍。它是城市设计和风景园林设计两种空间组织方法的结合，为一种新的实践模式和新的潜在行业机遇提供了一个名称。瓦尔德海姆（*The landscape urbanism reader*：37–53）提出“建设城市不是围绕建筑，而是围绕景观”，我们要“创造景观的都市主义”。

这些方法涉及更大尺度的实践（例如，TER和GRün大都会机构：横跨3个欧洲国家的53个地区的总体规划）或更复杂的城市问题（例如，Michel和Claire Corajoud机构在波尔多的一个新的城市河岸方案）。这些项目涉及从长远的角度理解景观，并通过语言的流动性、空间的连续性、景观实体及其系统的艺术性解释来揭示隐藏的地理信息（图3.5.3至图3.5.5）。因此，美国和法国在21世纪初出现的关于景观都市主义的思考方式既有相似之处，也有不同之处。詹姆斯·科纳在他对德斯维涅（Desvignes）先生的《自然媒介》（*Natures intermédiaires*）（2004：9）的介绍中指出了这一点：“在这方面，德斯维涅的工作最引人注目的是他对不完整的迷恋。”正是这一代在20世纪80年代初接受培训的风景园林设计师，为城市规划的不确定性引入了一些前瞻性思维元素（Masboungi，2011）。

这种对风景园林设计的思考方式，作为一种景观建造过程的延续，直接被纳入凡尔赛国立高等景观学院和其他法国学校的教学体系中。学生们所学的不再是“构图（composition）”（这个词已经不再使用），而是在自然景观上建设。景观的规则不再拘泥于传统，例如那些用来产生特定花园的风格，或一些场所固定的景观结构。这些规则必须，而且仍然要随着发展而制定，每个场地都要秉持这些规则，或者使其变得独特，并满足用户的需要。米歇尔·高哈汝（2010）说，这个项目应该设法着眼于地平线。通过超越场地的物理环境限制，可以避免碎片化、分离和区块化（图3.5.6至图3.5.9）。

图3.5.3 沿着前港口码头布置的新公共空间的花坛细节图

其想法是直接让居民回到他们的主要生活场所：加隆河（Garonne）。新公共空间是一个介于历史名城与河流之间的景观，同时，该空间将这两者结合了起来。

项目时间：2005，设计公司：Atelier R，风景园林设计师：Anouk Debarre。

图3.5.4　镜面节点的细节图

水面是孩子们的休闲场所，映射出天空和加隆码头的历史建筑。此外，水体位于河流遗址所在地，这是对原地理元素的设计呼应。

项目时间：2005，设计公司：Atelier R，风景园林设计师：Anouk Debarre。

图3.5.4至图3.5.6

图3.5.5　沿着加隆河左岸的设计按照4.5km的景观序列进行

大型景观工程按景观序列有序组织细分。

项目时间：2000年，竞赛文件来源：Atelier Michel Corajoud和Atelier R：Anouk Debarre景观设计事务所。

图3.5.6　通过对场地的景观和地理进行了解，对斯特拉斯堡老港口进行新的规划

岱禾景观事务所在他们的项目“两岸领域（Territoire deux Rives）”中提出了一个策略，其目标是寻求在现有的景观基础上发展一种城市战略。莱茵河地区水网密集，但正在发生着各种形式的衰落。一系列的运河、码头和盆地为城市化提供了形式和方向。公共空间沿着河岸布置，加强了它们作为城市连接点的作用。这些空间使得绿色景观结构在城市尺度上发展。

资料来源：岱禾景观事务所2015年竞赛方案。

图3.5.7　斯特拉斯堡新城规划的详细方案

该规划使原有湿地、工业区和新型住宅和办公区域之间互相连接，避免了区块化，从而实现地理上的连续性。

来源：2015年岱禾景观事务所。

图3.5.8　一个位于莱茵河和历史名城斯特拉斯堡之间的新区

这是一个由风景园林设计师主导的都市主义过程，将隐藏的地理要素作为设计基本元素：因此，以前的支流成为住宅区域新的景观。

图3.5.9 “两岸领域”项目

“两岸领域”项目是斯特拉斯堡雄心勃勃的建设政策实施的最后阶段，该政策旨在改造老港口空间。该项目从赫里茨、马尔罗和多瑙河的城市区域出发，提出了新型的公共空间；同时，受河流影响的自然和荒野空间也向居民开放，保留了原有历史环境特征。

图3.5.7至图3.5.9

3.5.6 结论

40多年来，在法国，风景园林设计师的培养方案不断发展，并越来越成熟。自从1993年通过了一项保护景观的法律以来，公共政策对景观问题的关注更加直接，这一培养方式将园林艺术的传统与城市规划师所接受的城市设计的新愿景相结合。通过这种方式，学生们学习到如何对不同尺度（空间和时间）的景观进行营造，以此作为城市规划过程的一部分。景观和场所的营造是基于经济、社会、法律和环境等复杂的过程。

这种向城市规划的转变始于1946年的凡尔赛国立高等景观学院，并从1985年开始，这种转变更加明显，同时也可以在其他4所学校（昂热、波尔多、里尔、布洛瓦）中看到这种转变。由于先前法国建筑师协会（French Order of Architects）反对使用“风景园林设计师”（landscape architect）一词，这一转变则使得风景园林设计师可以采用“风景园林设计师”（paysagiste concepteur）作为他们的官方头衔（由2016年通过的一项法律规定），而不是“政府认定的风景园林设计师”。这样一来，建筑师、城市规划师和土木工程师的专业领域就可以与风景园林设计师的专业领域彻底地区分开，因为这些专业在此之前都受到法律的约束。

使用绘图和设计工作室课程来教授学生，（这一授课方式的变化）与这些学校中老师类型的变化密切相关。除了培养学生所需要的专业技能外，风景园林设计师还越来越多地教授学生有关视觉艺术、图形绘制的技术、生态生物学和社会环境的知识。他们与艺术家和科学家合作，包括地理学家、历史学家、人类学家和哲学家。近40年来，风景园林设计领域逐渐取代了土木工程、城市规划和建筑在空间规划中的地位。

然而，每个学校采取的方法是不同的，昂热更倾向于科学，一些学校更重视建筑和城市规划，而另一些学校更注重项目治理的社会调解。但撇开这些差异不谈，所有的学校都引入了研究实验室和博士课程，或者与风景园林设计相关，或者与其他艺术或科学领域（如地理、历史、政治科学或民族生态学）相关。然而，在大多数情况下，实践者讲授的工作室课程的内容与研究者讲授的实验室内容之间的理想互动并没有实现。

自2000年以来，风景园林设计师已经3次获得了城市规划奖（Grand Prix de l'urbanisme）。并且在2018年，两家风景园林设计公司，岱禾景观事务所（Agence Ter）和奥斯蒂事务所（Atelier Jacqueline Osty et associés）与两名城市规划师一起被奖项提名。

3.5.7 参考文献

Agence Ter，（2011）. *357824 hectares de paysages habités*. Brussels：Éditions AAM Ante Prima.

Blanchon，B.，（2015）. "Jacques Simon et Michel Corajoud à l'AUA，ou la fondation du paysagisme urbain"，in *Une architecture de l'engagement，l'AUA 1960–1985* Jean-Louis Cohen and Vanessa Grossman（eds.）. Paris：Éditions Carré，Cité de l'architecture et du patrimoine.

Brisson，J.-L.（2000）. *Le jardinier，l'artiste，l'ingénieur*. Arles：Actes Sud.

Corajoud，M.（2010）. *Le paysage c'est l'endroit ou le ciel et la terre se touchent*. Arles：Acte Sud/ENSP.

Davodeau，H.（2008）. "Le 'socle'，matériau du projet de paysage，l'usage de 'la géographie' par les étudiants de l'École du paysage de Versailles"，in Projets de paysage. Versailles：ENSP.

Desvigne，M.，Tiberghien，G.，Corner，J.（2009）. *Natures intermédiaires，les paysages de Michel Desvignes*. Basel：Birkhäuser.

Donadieu，P.（2009）. *Les paysagistes ou les métamorphoses du jardinier*. Arles：Actes Sud/ENSP Versailles.

Helms，K.（2006）. "The Pioneers"，in *Landscape Architecture Europe Fieldwork*. Basel：Birkhäuser LAE Foundation：64–69.

Helms，K.（2013）. "Année André le Nôtre"，*TOPOS*，2013，23.

Helms，K.（2016）. *Learning from M. Corajoud*. Film，15 minutes，produced by Association L'Atelier Michel Corajoud.

Helms，K.（2017）. "Practice-Based Research in Large Landscape Strategies"，in *Design Based Theories and Methods in PhDs from Landscape Architecture，Urban Design and Architecture*. H. Readers，Prominski and M. Von Seggern édits.

Helms，K.（2018）. The facilitator in anticipary of landscape stratégies，PhD dissertation，RMIT Europe.

Lynch，K.（1960）. *The Image of the City*. Massachusetts：The MIT Press.

Masboungi，A.（2001）. *Penser la ville par le paysage autour de M. Corajoud*. Paris：Édition de la Villette.

Masboungi，A.，Mangin，D.（2009）. *Agir sur les grands territoires*. Paris：Le Moniteur.

Masboungi，A.（2011）. *Le paysage en préalable，Michel Desvigne，grand prix du paysage*. Paris：Parenthèses.

Siddi，C.，Helms，K.（2009）. "Landscape Urbanism on the Mediterranean Coast". Quartu Sant' Elena. Sardinia：Gangemi Editore.

Waldheim，Charles（ed）（2006）. *The Landscape Urbanism Reader*. New York：Princeton Architectural Press.

3.6　教授不可预知、批判性地融入城市景观

丽莎·戴德里奇（Lisa Diedrich），马德斯·法尔瑟（Mads Farsø）

城市化是一种全球趋势，自从工业化以来，对城市领域的干预愈加成为风景园林设计师的一项任务。在欧洲，风景园林设计师作为城市环境的专业人员享有很高的声誉，其项目范围从大型战略设计到小型城市开放空间设计，从公共政策制定到社区改造设计，从适应气候变化的城市结构规划到城市行为艺术。这些项目的出现产生了一系列有关当代风景园林设计实践的文献，这在欧洲国际风景园林师联合会支持的丛书《欧洲景观设计》（*Landscape Architecture Europe*）（Diedrich et al., 2018, 2015, 2012, 2009, 2006）中随处可见。尽管如此，在生态、经济和人口格局迅速变化的时代，也就是在城市未来极其不可预测的时代，今天的技能、工作方式、方法和知识往往很快就会过时。因此，在“面向未来（future-proof）”的风景园林设计师的教育中必须承认，教师需要为学生做准备，以应对今天无法完全预测的未来情况（图3.6.1、图3.6.2）。

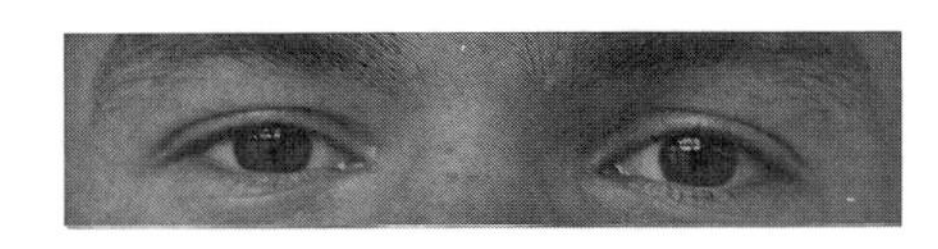

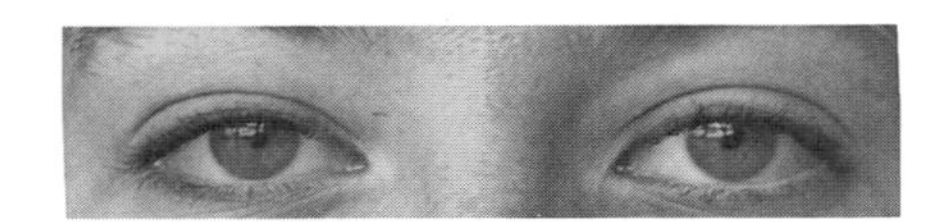

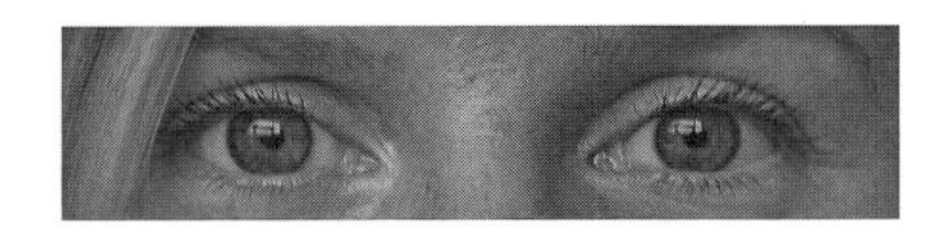

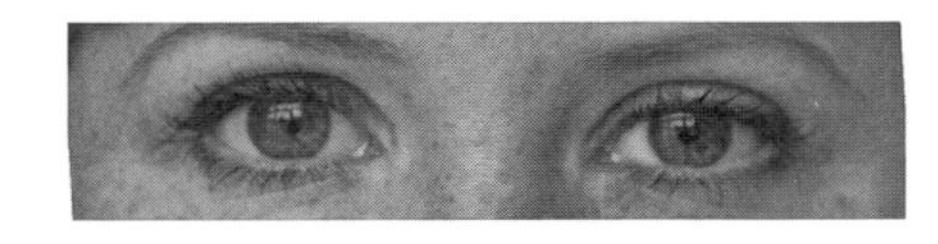

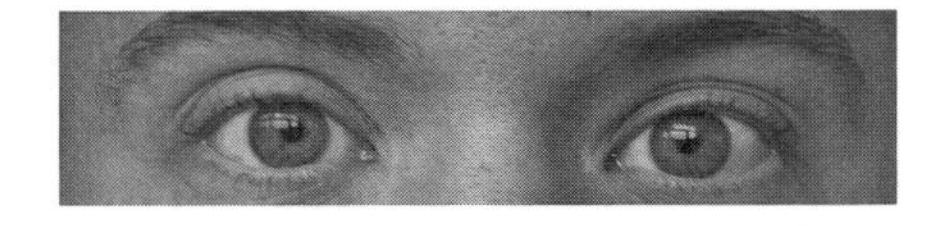

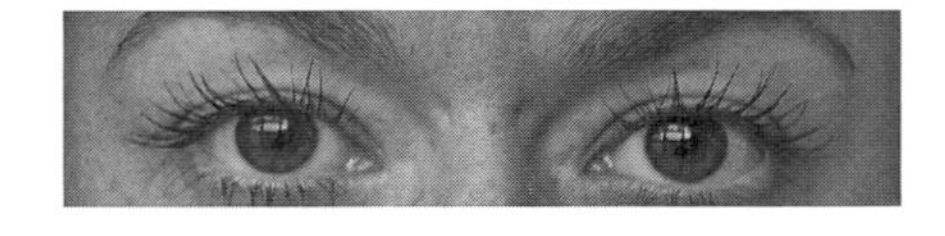

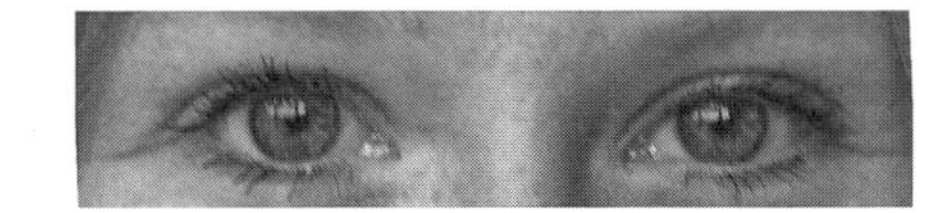

图3.6.1　“思考的眼睛”课程教案封面

领域　在教学中跨越学术和艺术领域。

因此，我们旨在通过参与一个开放式学习过程[1]，教导学生如何面对无法预测的问题——不断变化的城市景观的复杂性，该过程专注于重新制定问题和重新定义方法，而不是提出标准问题和通过传统方法进行培训。我们要求这种参与在三个方面是至关重要的：我们提高对危险的场地和情况的认识；我们寻找干预这些情况的关键条件；并且我们提出了有争议的观点，以助于改变。这将我们带到了自己知识的边缘，有时甚至进入了未知的领域，并且我们希望采用创新的教学方法（图3.6.3、图3.6.4）。引用在欧洲以实践者、基于实践的研究者和教师而闻名的德国籍瑞士风景园林设计师冈瑟·沃格特（Günther Vogt）的话，他说："我们更感兴趣的是一场涉及幕后情况的辩论——富有成效的探索过程，在边缘的发现之旅"（Foxley and Vogt，2010：7）。

图3.6.2 无法完全预测的未来情况

问题 鉴于21世纪的"棘手问题（wicked problems）"，如果我们尚不知道下一代需要哪些知识，我们该如何教授解决方案？

图3.6.3 学生最终作品展览中的反馈环节

关系 风景园林学的研究、教学和实践密切相关，但遵循不同的"游戏规则"。

1 为了传达这一学习过程，在下文中使用了术语"学习成果"。表述"学习成果"是描述教学单元目标的一种手段，涉及课程学生知识、能力和技能的预期增长。目前在瑞典农业科学大学和国际上许多大学的课程中，它们反映了当代教学研究的一种趋势，即更好地描述课程中培训单元的性质、内容和意图，并使进展和评估计划对同事和学生更加透明。在这一章中，这个术语被隐喻性地用来表达作者自己在构思、实施和评估他们的课程时所学到的东西，以及促进概括和转化为即将开设的具有相同意图的课程的具体学习成果。

图3.6.4　实地考察丹麦哥本哈根与瑞典马尔默之间的中央水域，厄勒海峡（Öresund）
无所不在　如何找到你过去没有寻找的地方，以及你原本会忽略的品质？

3.6.1　跨越分界线

我们曾在欧洲、澳大利亚和美国的不同风景园林课程中教授设计工作室课程和开展设计研讨会，然后于2009年在哥本哈根大学相遇，并自2013年起在瑞典农业科学大学阿尔纳普校区（Swedish University of Agricultural Sciences in Alnarp，SUL）共事，现在我们努力将风景园林教育中两种截然不同的方法结合起来：科学启发的方法，包括严谨的观察、解释和学术写作方法；以及艺术导向的方法，其通过绘画、建模和展览进行针对具体案例和面向未来的构想。这些方法与风景园林设计的研究和实践相联系，有其规范的价值要求：科学与数据、分析、证据、真理和“客观性”相关联，而设计则与艺术活动、形式发现、工艺和“主观性”相关。

第一种趋势在科技大学最为突出（在现代英语的语境中被称为STEM学科——科学、技术、工程、数学）；后者通常基于工作室的课程（通常在艺术、设计和建筑学校教授）。我们认为只执着于其中一种方法是没有意义的，因为如果我们想要成功地为一个不确定的“明天”构想城市景观，我们同时需要科学和艺术的方法。

这种不确定性促使我们跨越科学与艺术之间、创造与思考之间以及传统知识与未来知识生成形式之间的界限。我们教授我们还不知道的东西——法国哲学家、符号学家和批评家罗兰·巴特（Roland Barthes，1915—1980）认为，这是一种与研究（Barthes，1978）直接对应的教育学。因此，我们努力向年轻的风景园林设计师传授我们作为研究人员开展调查项目的思维方式和技能，以应对21世纪的城市挑战。依据德国设计理论家霍斯特·里特（Horst Rittel，1977）的观点，我们设想这样的项目是复杂的、定义不清的“棘手问题”，需要采用不同于解决20世纪的“驯服问题（tame problems）”的方法。这与采用超越传统科学信仰的知识理论产生了共鸣（参见Moore 2010）。

根据许多当代设计学科学者的说法，“设计思维”（Brown，2009；Lawson and Dorst，2009；Simon，1996）方式特别容易向年轻人传递他们在21世纪需要的技能和能力。设计思维作为一种方法，推动了另一种不同类型的知识管理过程，即在当代知识社会的网络环境中进行信息选择、获取、集成、分析、综合和共享的过程（Noweski et al.，2012；Ascher，2009；Nowotny，2008，2001）。令人惊讶的是，设计思维作为一种方法在它产生的地方（即建筑学、城市设计以及风景园林学）仍然是陌生的。作为一个专业，风景园林学在很大程度上未能将它的隐性实践知识理论化，而将这一领域留给其他设计学科探索，例如工业设计，它将获得的洞察力转移到其他领域，例如经济学、信息技术和教育学[1]。

在风景园林学中，没有任何学术传统会探究基于实践的知识是如何产生的，以及哪种探究和操作方法支持它，因为风景园林的学者主要活跃在科学和技术领域，风景园林工作室课程的教师专注于教授绘画艺术和建筑项目。仅仅在10年左右的时间里，风景园林和城市设计学者们为了进行城市景观导向的设计研究，而加入了对设计思维范围的提炼队伍中（von Seggern，2008；Sieverts，2008）。自20世纪60年代初作为一个多范式领域出现后，设计研究既不依赖于公认的标准，也不依赖于一系列的研究实践、方法和认识论。在瑞典农业科学大学的科学环境中，我们努力使人们接受将理解设计思维作为工作室课程实践和科学研究的必要补充。我们还提议，作为一个基本原则，接受“设计”作为一种不可或缺的概念和技术活动，而不是表面形式化的定义，以引导当代城市景观的转变。这些反过来又被理解为超越了“绿色”环境的限制，既是自然的又是人为的。因此，我们的教学方法体现了科学技术和艺术领域的交叉（图3.6.5至图3.6.9）。

1　设计思维是设计师用来想象和实现项目的方法。它描述了一个由5个步骤组成的迭代过程：移情、定义、构思、原型和测试。设计思维课程已经在美国斯坦福大学（https://dschool.stanford.edu）等知名大学和欧洲波茨坦的哈索·普拉特纳研究所（https://hpi.de/en/school-of-design-thinking.html）开设。

图3.6.5 在厄勒海峡周围进行实地考察并穿越海峡

行程 如何将行程安排作为一种"发现"景观特殊价值的方式?

图3.6.6 参观哥本哈根超线（Superkilen）公园项目现场

棘手问题 解决今天遇到的"棘手问题"需要别的方法，不同于解决20世纪特有的"驯服问题"的方法。

图3.6.7 学生以舞蹈表演的形式展示场地特征

舞蹈 教师需要让他们的学生在没有人能够完全预见的情况下做好准备。

图3.6.8 富有表现力的展示方式

媒体 通过富有表现力的形式和其他表达方式挑战传统的场地展示方式。

图3.6.9　期末时学生项目在展板上展示

概念化　将不确定的“明天”的城市景观概念化需要科学和艺术知识结合。

3.6.2　激发参与

教师可以使用富有想象力的课程场景来激发学生对城市景观的批判性参与。以下两个例子源于2013年和2015年在瑞典农业科学大学阿尔纳普校区设计的两门课程（图3.6.10、图3.6.11）：

“想象一下，全欧洲的青年建筑师欧洲竞赛（http://www.europan-europe.com）的程序被修订了。EUROPAN（欧洲建筑设计比赛）城市和评审团厌倦了接受那些有时甚至没有踏足比赛场地的设计师们制造的无用的建筑幻想。然而在21世纪到来之后，鉴于气候变化、资源枯竭、社会动荡和经济不确定性等因素，欧洲城市越来越需要能够发现和利用现有场地特征的设计师提出的针对特定场地的城市改造创新方法，而这正是风景园林设计师所擅长的（至少在这个课程之后）。因此，EUROPAN机构决定向由风景园林设计师领导的团队开放竞赛（这是现实），并通过资格预审阶段限制参与（这是课程方案）。要通过EUROPAN的资格预审，必须提交一份文件，包括对当代特定场地设计的批判性反思和自己对场地特殊性理解的方法。此外，还必须向EUROPAN陪审团口头答辩自己的立场”（Diedrich and Farsø，2013：3）。

“想象一下，厄勒海峡地区有一个项目，开发一条徒步穿越路线来体验其独特的景观，并提高居民和游客对厄勒海峡城市景观中特定美景、历史、冲突和变化的认识。这条小路会是什么样子呢？它将包括哪些景点，以及如何传达它们具体（和独特）的价值？提高公众对厄勒海峡特性的认识，难道不是为更可持续的发展奠定基础吗？在本课程中，学生将横跨厄勒海峡地区进行探索，以便建议将特定的地点纳入厄勒海峡地区的探索路线。徒步穿越那些充满故事和机遇的奇特景观的经历，让那些参与其中的人对官方认可的旅游亮点以外的景点特征有了更深刻的认识。它迎合了对现有场地条件的欣赏和对景观美的价值体系和概念的修正——从公众对景观的‘发现（as found）’意识出发，新的设计概念应运而生”（Diedrich，Lee and Farsø，2013：3–4）。

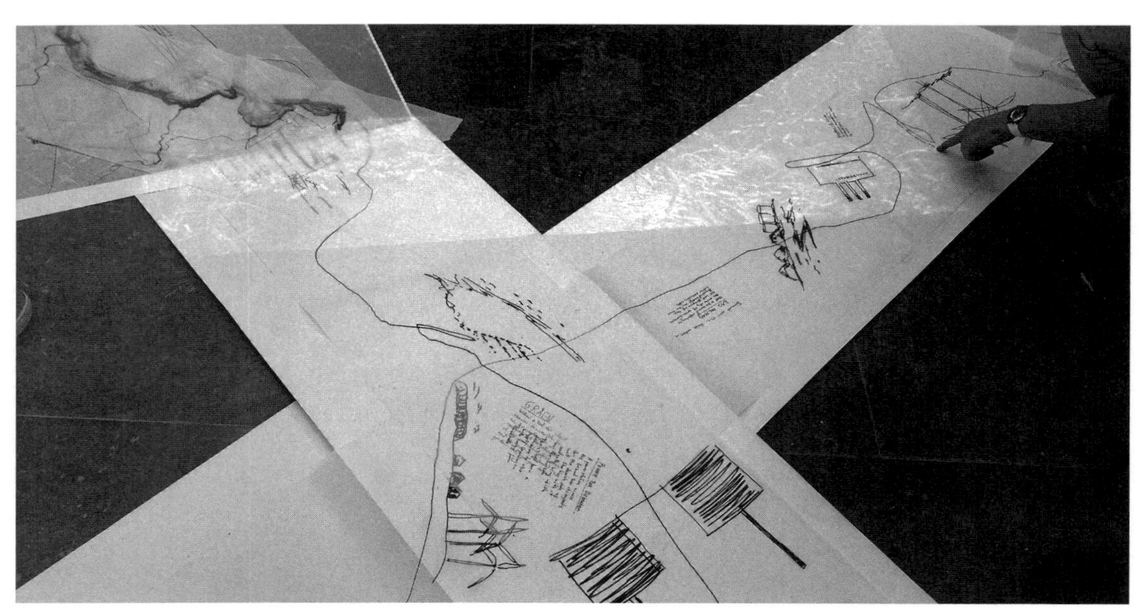

图3.6.10　讨论现场工作中遇到的学生装置和现场图纸

反思　接受任何媒介或形式，无论是传统的还是创新的，但是很少有一种可以单独传达景观特征。

图3.6.11　实地考察马尔默的Nyhamnen废弃场地

追踪　设计是改造当代城市景观不可或缺的概念和技术工具。

3.6.3　设计作为思维媒介

第一个方案是为期10周的理学硕士（Master of Science，MSc）选修课，被命名为“思考的眼睛（Thinking Eyes）”，参考了《风景园林杂志》（*Journal of Landscape Architecture*）中类似的术语部分，它展示的研究不仅有书面文字，还有绘画、涂鸦、建造，简而言之，用任何能够最好地传达新问题框架和知识路径的媒介来展示研究。第二个方案名为“厄勒海峡组（Öresundsect）”，是为期2周的理学硕士/哲学博士联合暑期课程，在基尼·李（Gini Lee）和丽莎·戴德里奇（Lisa Diedrich）（Lee and Diedrich，2019）的“穿越横断面（Travelling Transect）”研究背景下进行，旨在进行实地考察的同时对其进行概念化和编撰归类。

这两门课程都旨在使学生能够沉浸在城市现实中，以科学和艺术的方式捕捉该领域的特征，并通过文学研究、研讨会反思、学术写作和艺术展览与这些场所保持批判立场（图3.6.12至图3.6.14）。我们并不认为我们基于实践和面向理论的教学是完全新颖的，然而，很少在同一门课程中同时教授这些东西，更不用说在设计项目和思考项目设计时采用批判性的观点了。我们邀请学生从实践和理论上探讨什么是批判性的：他们认为一个场地的风险是什么，他们认为实现变革的关键条件是什么，以及他们如何确定一个合理的立场来推动这种变革。

（1）批判立场和探究　文学是两门课程的起点。在“思考的眼睛”中，学生们需要阅读关于当代风景园林的专业文章以及关于场地理论的学术著作。然后，他们必须选择附近的当代设计作品，通过档案研究熟悉其背景和历史，然后参观它，采访设计师，并写一篇评论。在时间更短的厄勒海峡组课程中，学生们没有写书面评论，而是在研讨会上与受邀作者讨论阅读材料，且博士生必须在课程结束后一个月内提交学术论文。在这两门课程中，对理论文献的探究都与对具体设计作品或计划设计干预的场地的探究相联系。这使学生意识到理论、设计和场地不能被认为是绝对给定的，而总是在人文学科启发的研究中进行讨论和评估的。学习成果：批判性反思使学生能够通过理解城市景观的方法进行反思性设计，以补充直观的项目设计。

图3.6.12　与客座教师一起举办中期展览

布置　通过现场调查结果展示和与同伴讨论，学生能够对预定设计的场地、专业设计作品和理论文献形成批评性立场。

图3.6.13　学生在工作室课程中对现场样本和想法进行分类

沉浸　城市景观需要身临其境、沉浸其中才能以科学和艺术的方式捕捉其品质。对它们的诠释需要通过文学研究、学术写作和艺术展览来达到批判立场。

图3.6.14　工作室课程地板上弃用的材料

丢弃　定期复习和改变汇报模式鼓励学生选择、丢弃再重新选择现场收集的材料，这一过程有助于他们为自己的研究问题选择最合适的表达方式。

（2）沉浸和有意而为之的意外发现　现场实地考察对非现场文献研究形成补充。在“思考的眼睛”课程中，学生们需要探索他们的校园。校园位于马尔默郊区，靠近海岸，周围有多种类型的土地：一个大型公园、农田、高速公路、乡村道路、火车轨道和分散的建成地块，包括购物中心、工业区、20世纪60年代的住宅区和花园城市区。在厄勒海峡组课程中，我们把学生送到同一个地点，沿着一条线从不同的起点向海岸“横穿（transect）”它，进入厄勒海峡——瑞典和丹麦之间的水域。这给学生们提供了沿着地图上确定的特定路线行走的共同体验，揭示了该场地的特征和冲突。学生们也明白，每个人的发现都是不同的，正是这种“有偏见（biased）”的差异提出了下一个研究问题。

在接下来的阶段，学生们被分成几个小组，明确从厄勒海峡的瑞典一侧到丹麦一侧的各种横断面，并偏离既定的路径，以找到他们没有寻找到的东西——这似乎是矛盾的，但参考法国城市研究学者弗朗索瓦·阿舍（Francois Ascher，2009）的说法，这种有意而为之的意外发现能使原本可能被忽视的东西能够被发现。学习成果：科学严谨性让学生明确场地调研的方法和范围，而在艺术自由的调研过程中偏离主题，使学生捕捉意料之外的事物并将其纳入调查。

（3）中介和认知转移　在这两门课程中，由于需要从野外运送物品到工作室课程中，学生们需要使用用于进行科学和艺术探索的各种工具：用于取样的容器和袋子、用于素描、写笔记和记录受访者陈述的笔记簿，以及用于定位和路线跟踪、拍照、摄影、录音和其他测量的智能手机。这些工具用于将即时的发现经处理后转化成易于传达的结果，这些发现可以传达给那些没有在现场的人，然后通过工作室课程工作处理成更精细的表达。通过改变每周的展示媒介，例如：先交画，然后交影片，然后交模型，然后交叙述，然后是叙述的广告海报，然后是空间装置，我们鼓励学生从收集到的现场材料中选择最相关的发现和媒介，转而应用于设计项目中，并激发他们的选择。这激发了关于如何使用不同的媒介，这些媒介最能支持什么论点以及原因的批判性思考（图3.6.15）。

图3.6.15　工作室课程内的绘画、建模和现场第一印象及样品小型展览

印象　以艺术为基础的方法有助于抓住场地的特征，以及面向未来的推测。

所有学生都发现很难将这两个知识层面结合起来：在艺术媒介中表达他们的具体发现，同时又要反映这些媒介在设计研究和知识生成的元层面（meta-level）上会提出什么样的原则。不管有多难，学生课程评估时将这些认知迁移操作归类为最有价值的学习经历[1]。学习成果：从现场到场外的转化从来就没有内在的偏见；所使用的媒介限定或允许发现和见解，而关于媒体的元反思刺激了批判性思维和基于证据的论证链（图3.6.16）。

（4）洞察力和决策　在这两门课程中，我们都要求学生以展览的形式展示他们的最终作品。在“思考的眼睛”课程中，学生们必须为阿尔纳普校园提出一个战略设计方案，而在“厄勒海峡组”课程中，学生们必须对厄勒海峡地区进行景观叙事，从中得出设计干预方案。展览包括了课程中使用的所有媒介，并由学生向被邀请参加展览的评委做口头陈述作为补充（图3.6.17）。展览被证明是一种合适的学术评估形式，展示了来自现场的证据，以支持关于场地特征及其发展为设计的详细陈述。学习成果：场地特征和特定场地的设计决策同样受益于艺术表达和科学严谨性，使不一定在现场的公众理解场地研究者或设计师的观点，并批判性地参与到他们的社会相关立场中。

1　一名交换生清楚地表达了这一观点：“这是我在瑞典农业科学大学阿尔纳普校区的第一个学习模块，很可能是我学过的最好的模块。我从来没有这么努力过（我好像每次做一个新学习模块时都这么说，但这次我是真心的），也没有被逼得这么紧，也没有被要求得这么多。我的其他同龄人也这么认为。尽管这样，或者说也许正因为如此，‘思考的眼睛’模块是我这一学年的亮点。理论（我觉得今天的设计教育缺少这一点）、文学、设计评论、展示技巧、布局、艺术、概念模型、比例模型、拼贴、电影、展览开发和展示都是课程的关键元素。我们涉及以上所有的内容，并学到了一些新东西（第一次，或者可能是在现有技能的基础上发展起来的）。真的是我做过的最有意义的课程……”

图3.6.16　工作室课程的展览和终期评图

反思　学生在由设计从业者和权威人士组成的外部评审团面前展示并主动讨论他们对场地和最终设计的理解。

图3.6.17　特别的展览环境激发了讨论

参与　教师参与学习过程，重点是重新制定问题和重新定义方法。

3.6.4 不可预测未来的设计思维

设计思维作为教育的概念基础，以明确定义的步骤为过程提供了结构，而没有限制每一步的执行方式和整个过程想要产生的结果的性质。作为一种方法驱动的教学模式，设计思维超越了科学和艺术传统。科学方法在瑞典农业科学大学这样的科技大学中很流行，它们倾向于根据“总体规划”来塑造教育内容：数据驱动的分析产生了明确但却是部分的结果，很少对这些结果与复杂的城市景观及其未来的相互关系进行批判性反思。艺术方法在艺术和建筑学校中很常见，倾向于重复巴黎美术学院体系的“大师模式（master model）”：大师或老教师对问题的直觉方法被学生采用，并指导为想象的未来制作场景的过程，这种直觉驱动的训练阻碍了“制作”的隐性知识被提升到“思考”的水平，从中可以提供洞察力作为研究结果。基于设计思维的教学在强调学术严谨性的同时，也为直觉和解释留下余地，它既包括“思考”，也包括“制造”。它是普遍的，同时也有能力根据一个地点、一个时间、一种文化的具体条件，以不同的方式来执行。最后，它比常规的科学研究更快，比典型的艺术作品更容易理解（图3.6.18至图3.6.21）。速度和证据对于下一代应对城市挑战的能力至关重要，包括当今不可预测的挑战。我们需要各种知识，更迫切需要的是如何以跨学科的方式结合各种形式知识的方法。城市景观展示了一个真实世界的实验室，教育可以作为实验研究。我们的教学实验证实了比利时建筑师朱利安·德斯梅特（Julian De Smedt）的观点：“我们的议题不是一个明确的方向，而是一种明确的态度——渴望、热情和乐观，批判和关注，乐趣和探索。这是一种指示，一种行动的动力，有时我们并不清楚我们的议题将走向何方”（De Smedt，2009：1–2）。

图3.6.18　讲述真实尺度展览中的现场体验

洞察　如何向没有去过现场的观众传达通过个人身体沉浸而感知的场地特征？

图3.6.19　一个外卖装置的最终展览

外卖　用任何最能够传达知识的媒介表述问题。

图3.6.20　展现瑞典农业科学大学阿尔纳普校区景观特征的装置

价值观　如何修正景观美的价值体系和概念？

图3.6.21　学生项目包括各种模拟和数字媒体

画廊　被邀请的评论家在一个类似美术馆的环境中与学生一起参与一整天的自由讨论。

3.6.5 参考文献

Ascher, F.（2009）. *L'age des métapoles*. La Tour d'Aigues：L'Aube.

Barthes, R.（1978）. *Lecon. Lecon inaugurale de la Chaire de Sémiologie littéraire du Collège de France*. Paris：Seuil.

Brown, T.（2009）. *Change by Design. How Design Thinking Transforms Organisations and Inspires Innovation*. New York：HarperCollins.

De Smedt, Julian（2009）. *Agenda*（Barcelona：Actar）Diedrich, L. et al.（2018, 2015, 2012, 2009, 2006）. *Landscape Architecture Europe*. Basel：Birkhäuser/Wagenin- gen：Blauwdruk.

Diedrich, L. and Farsø, M.（2013）. *Thinking Eyes. Show me your site specificity*（Alnarp：SLU）, unpublished course documentation.

Diedrich, L., Lee, G. and Farsø, M.（2013）. *Öresundsect. Appropriating site qualities in the Öresund urban landscape*（Alnarp：SLU）, unpublished course documentation（download https://oresundsect.wordpress.com/）.

Foxley, A. and Vogt, G.（2010）. *Distance and Engagement.Walking, Thinking and Making Landscape*. Baden：Lars Müller Publishers.

Lawson, B. and Dorst, K.（2009）. *Design Expertise*. Oxford：Elsevier.

Lee, G. and Diedrich, L.（2019）. "Transareal excursions into landscapes of fragility and endurance：a contemporary interpretation of Alexander von Humboldt's mobile science." In Braae, E. and Steiner, H.（eds）*Routledge Research Companion to Landscape Architecture*. London：Routledge.

Moore, K.（2010）. *Overlooking the Visual. Demystifying the Art of Design*. London：Routledge.

Noweski, C. et al.（2012）. " Towards a paradigm shift in education practice：developing twenty-first century skills with design thinking. " In Plattner, H. et al.（eds）*Design Thinking Research*. Berlin/Heidelberg：Springer.

Nowotny, H. and Scott, P. and Gibbons, M.（2001 [2004]）. *Re-Thinking Science. Knowledge and the Public in an Age of Uncertainty*. Cambridge：Polity Press.

Nowotny, H.（2008）. "Designing as Working Knowledge. " In Seggern et al.（eds）*Creating Knowledge. Innovationsstrategien im Entwerfen urbaner Landschaften*. Berlin：Jovis, 12-15.

Rittel, H. and Webber M.（1977）, *Dilemmas in a general theory of planning*. Stuttgart：IGP.

Seggern, H. v, Werner, J., and Grosse-Bächle, L.（eds）（2008）. *Creating Knowledge：Innovationsstrategien im Entwerfen Urbaner Landschaften*. Berlin：Jovis.

Sieverts, T.（2008）. "Improving the Quality of Fragmented Urban Landscapes—a Global Challenge!" In H. v Seggern, J. Werner and L. Grosse-Bächle（eds）*Creating Knowledge. Innovation Strategies for Designing Urban Landscapes*. Berlin：Jovis.

Simon, H.（1996）. *The Sciences of the Artificial*. Cambridge：MIT Press.

4

风景园林历史与理论课程

4.0 简介

像历史和理论这样的传统课程，通常与风景园林规划或设计教学没有直接联系，且常倾向于采用更传统的教学形式，如讲座或研讨会。本书所谈及的教学模式打破了这一传统。

本章展示了如何利用三种不同的方法来教授风景园林历史（和理论）的三个不同方面的内容。这里讨论的主题有文化景观、历史景观和城市开放空间的历史。景观传记的构建、档案资料的整理和横截面的绘制是阐述相关主题的主要方法。

作为识别某时间跨度内发生变化的手段之一，一组历史景观的摄影记录为“重拾景观”项目提供了灵感。布鲁诺·诺特伯姆（Bruno Notteboom）和皮耶特·乌伊特恩霍夫（Pieter Uyttenhove）用这个摄影项目作为构建景观传记的一种手段。学生通过采访有关景观专家和利益相关者参与了这一知识生产过程。

另一个不同类型的案例构成了本章4.2节的基础。这些来自20世纪奥地利风景园林设计师的作品档案为教学和研究提供了基础。乌尔丽克·克里普纳（Ulrike Krippner）、莉莉艾·利卡（Lilli Lička）、罗兰·乌克（Roland Wück）阐述了如何将这些档案资源融入各种形式的以研究为基础的风景园林教学中。

历史教学贯穿于凡尔赛国立风景园林学院主导的风景园林专业项目的各个部分。在伯纳黛特·布拉雄（Bernadette Blachon）撰写的4.3节中，他描述的教学方法是通过选择城市部分肌理去理解和分析城市的不同尺度场所，以强调建筑和开放空间之间的联系。其研究对象是20世纪初至今在巴黎地区规划和设计的居住区方案。

4.1 重拾景观：景观传记的教学与制作

布鲁诺·诺特伯姆（Bruno Notteboom），
皮耶特·乌伊特恩霍夫（Pieter Uyttenhove）

乡土景观是人们在日复一日生活和工作的过程中所塑造的不断变化的景观，如何利用乡土景观是风景园林教学面临的挑战之一。我们更容易专注到J.B.杰克逊（J.B. Jackson）所说的“政治景观”：景观原型，由权力、意识形态或宗教决定的一系列设计（Jackson，1984）。政治景观的形成可以被解释为一个或多个可识别的作者不断干预的结果（杰斐逊式网格、如画式的公园、高速公路系统、城市广场、生态廊道等）。但是，在无数的参与者自上和自下参与景观“设计”时，我们如何教学生在作者身份不易识别的背景下解读景观呢？在D.W.梅尼格（D.W. Meinig）编著的论文集《解读平凡的景观》（*The Interpretation of Ordinary Landscapes*，1979）中，地理学家马文.赛缪尔斯（Marwyn Samuels）创造了“景观传记”一词，作为解读个体性和特殊性在景观随时间发展过程中的作用的一种方式。景观传记通过引入个人经验和叙述来避免泛泛而谈（Samuels，1979）。最近，遗产研究人员重新关注了景观传记的概念，他们希望在思考景观的未来发展时，为历史、记忆和相关社会角色发声（Bosma & Kolen，2010；Kolen et al.，2013）。

“重拾景观”是一项借助于重新拍摄而正在进行的调查，记录了近一个世纪以来佛兰德斯（Flanders）景观的转变。它旨在引导我们重新关注景观的渐进式转变，参与其中的既包括居民，也包括设计师、规划师、工程师和政策制定者（Notteboom & Uyttenhove，2018）。该项目聚焦于20世纪早期、1980年、2004年和2014年拍摄的60幅景观照片，探讨了大规模干预和日常变化之间的景观转变机制：农业用地的持续重新分配，不断扩张的居住和经济活动，大大小小的基础设施建设，自然的破坏、保护和恢复，剩余空间的非正式和临时占用，等等。通过一系列在时间和空间上展开的照片，“重拾景观”记录了一个欧洲高密度城市化地区的演变，一个由共同的但往往是相互冲突的作者身份所塑造的乡村-城市连续体。与地图相比，摄影图像被认为是理解当代（城市）景观复杂性的杰出媒介，景观图像是由摄影师（和观众）的嵌入式视角所创造的，蕴含了编码地图中所缺乏的细节。

重拾景观不仅是通过解释景观的演变来向学生（以及广大受众）教授景观的工具，也是与学生共同制作的。20世纪80年代初，比利时国家植物园和比利时自然和鸟类保护区为该项目奠定了基础。研究人员从布鲁塞尔自由大学植物学教授让·马萨特（Jean Massart）在20世纪初拍摄的一系列景观照片中挑选出60幅作品，发表了一篇关于重新拍摄照片的评论文章（Vanhecke et al.，1981）。这次重新拍摄最初的目的旨在展示生物多样性的减少，其主要是由农业的升级和小型景观元素的消失导致的，因此，这些图像完全由植物学领域的专家来进行解释。与此同时，最近的两个重新拍摄阶段（2004年和2014年），则源自不同的学科和兴趣领域。最初在弗拉芒建筑学院的支持下，根特大学城市主义实验室Labo S进行指导，项目的范围扩展至景观转变的方方面面，包括建筑、风景园林设计、城市规划和基础设施等领域，还包括非设计师处理乡土景观的方式：小型农业设施、花园和自发的开发，如荒地上的植被（图4.1.1）。基于相关研究成果出版了两本书籍（一本是2004年重新拍摄后出版的荷兰语书籍，一本是最近一次重新拍摄后出版的英语书籍），举办了两场展览和建立了一个荷兰语和英语双语交流研究网站：www.recollectinglandscapes.be（Uyttenhove et al.，2006；Notteboom & Uyttenhove，2018）。

a

b

c

图4.1.1

图4.1.1　奥普韦克，小型农场

a. 让 • 马萨特于1911年拍摄

b. 乔治 • 查理尔于1980年拍摄

c. 贾恩 • 肯帕纳尔斯于2003年拍摄

d. 迈克尔 • 克莱恩于2014年拍摄

这个系列展示了一个从相对贫穷的农业村到一个通勤族聚居的村庄的演变过程。果园的一部分被一个露天仓库取代，仓库旁边是一个覆盖着塑料和汽车轮胎的粪堆。这种“混乱”的场景是小型农业企业的典型特征，随着时间的推移，小型农业企业一直保持着小规模和多元化，与那些不断扩张和专业化的企业的“卫生”条件形成对比。今天，房子被新建筑所取代，谷仓也将很快被拆除以扩大花园。

d

4.1.1 学生作为知识的生产者

虽然对于教师而言，这些媒体为风景园林（历史）课提供了有用的帮助，但知识的交流是双向的，学生也参与了对图像所包含的信息的生产。在十多年的时间里，通过研讨会和硕士论文的方式，“重拾景观”系列图像不断扩展成了一个知识库[1]。在研讨会上，每组学生都专注于一个特定的景观，他们被要求从两个角度进行阐述。第一个角度是专家的观点：采访生物学家、农业科学家、政策专家、城市规划师和设计师等，解释图像系列的视觉转变。第二个角度是使用者的角度：学生们去现场与居民、农民和路人交谈，揭示特定地方的微观历史和叙事。例如，在一个案例中，一个马术练习场的所有者将一处多产的农业景观转变为一处休闲景观，与居民的访谈揭示了景观的“视觉占有”（visual appropriation）问题。

在这种情况下，人们不愿意使用栅栏和绿篱，认为这是对开阔景观的侵犯。这是一个有趣的发现，它与人们希望通过“重新修剪”来进行美化的一般假设背道而驰（图4.1.2）。访谈得到了其他资料的补充，从地方历史协会的出版物和档案，到地理图册，再到关于所研究区域的社会、文化、经济和农业发展的广泛文献，这些资料进一步发展了景观传记。这些传记的成果最终以总结的方式呈现在书中和网站上，每一张图片都进行了附注。此外，在一系列的硕士论文中，很多景观传记得到了进一步的论证，这部分内容在书中作为更详细的案例研究发挥了重要作用。

这种教学方法的一个优点是，它能激发学生的兴趣，因为学生不仅获得知识，而且还创造知识，然而“传统”风景园林历史课写作也是如此。或许，更重要的是，将摄影图像作为进入景观的第一“入口”，同时加入专家和居民的访谈，使学生们意识到景观转变及其作者身份的复杂性。在制作传记的过程中，学生们真正地走进和走出景观，将居民的社会、文化和情感体验与专家的更深远的经验相结合。这种方法有助于风景园林教学的另一个原因是，它是跨尺度的，从细节到景观的整体，甚至是全球尺度的。当学生被要求解释摄影图像内的每一个元素时，他们会意识到微观和宏观叙事的纠缠效应。例如，比利时田野的图像系列，详细展示了不断发展的耕种和养殖技术所产生的影响，以及农业区历时性的改变，构成了对该区域农业经济演变的更广泛的理解的入口（图4.1.3）。在克莱姆斯克（Klemskerke）的系列照片中，家庭农场的故事以及土地逐渐被出售的过程体现了20世纪消费社会兴起的宏观背景，娱乐的民主化及其对比利时海岸的影响（图4.1.4）。

为了将“重拾景观”书籍和网站作为知识生产的工具进行概念化，我们采用斯特凡诺•博埃里（Stefano Boeri）的“折中图集”（eclectic atlas）作为一种收集不同类型信息的工具：照片、文本、地图、方案、剖面等。然而，这些案例研究在方法上不同于折中图集，因为“重拾景观”首先从一系列摄影图片开始，将地图作为次要信息来源。如果我们从景观传记的角度来考虑“重拾景观”，它是一部既面向过去又面向未来的传记：对景观随着时间的推移而发生的视觉变化的记录，不仅仅是对景观的历史进行记录，更是为了让学生们可以进行前瞻性的思考。理解景观转变的机制和不同行为者在其中的作用，就有可能预测这些未

1 研讨会和硕士论文主要由根特大学建筑与城市规划系指导，其中一次研讨会由鲁汶大学建筑学院景观都市主义课程教师布鲁诺•诺特伯姆指导。

a

b

c

图4.1.2

d

图4.1.2　佐内贝克（格洛维德），佐内贝克老街

a. 让·马萨特于1911年拍摄

b. 乔治·查理尔于1980年拍摄

c. 贾恩·肯帕纳尔斯于2003年拍摄

d. 迈克尔·克莱恩于2014年拍摄

在两次世界大战和战后农业升级过程中，一排树木消失了，在这一过程中许多景观元素也消失了。最近，一个富商买下了这块地，打算建立一个马术学校。他重新种植了树木和树篱，遮挡了视线，并从视觉上和物理空间上分割了土地。

a

图4.1.3

b

c

d

图4.1.3　埃克洛

a. 让·马萨特于1911年拍摄

b. 乔治·查理尔于1980年拍摄

c. 贾恩·肯帕纳尔斯于2003年拍摄

d. 迈克尔·克莱恩于2014年拍摄

农业的升级不断地改变着地貌。20世纪初劳动密集型的亚麻栽培（我们看到远处跪着的劳动者）为牧场腾出了位置，而交替种植的玉米遮挡了视线。在最近的发展阶段，植被变得更加多样化，例如在玉米和草甸之间生长的芦苇。这一变化是由草场上放牧范围减少所引起的，因为养殖变得更加工业化，更多的养殖活动是在室内进行的。

a

图4.1.4

b

c

d

图4.1.4 克莱姆斯克

a. 让·马萨特于1908年拍摄

b. 乔治·查理尔于1980年拍摄

c. 贾恩·肯帕纳尔斯于2004年拍摄

d. 迈克尔·克莱恩于2014年拍摄

马萨特拍摄了沙丘内部边缘的景观，其特点是贫瘠土壤上的集约化种植。防风用的灌木和树篱将景观分隔开，它们既是木柴的来源，又防止风沙吹入田野。随着农场所有者出售了他们的土地，这一景观逐渐被旅游业所接管。前景的房屋展示了典型的比利时住宅文化，这种文化的基础是私人住宅所有权、自建和创新经济。

被书写的景观的未来景象。在几次研究讨论会上，学生们被要求在前面几个阶段的基础上，描绘出未来的景象，从而延续成了一系列虚构的照片或视频（图4.1.5、图4.1.6）。这种前瞻性的视角帮助学生探索他们作为风景园林设计师的角色，景观一方面是由突如其来的、有计划的干预所决定的，但另一方面又似乎是在没有任何设计者的帮助下产生的。从这个意义上说，“重拾景观”不仅为学生创建了一个知识库，也是一个在研究和设计之间发展新的教育形式的教学项目。

4.1.2 突破教室的界限

“重拾景观”是在学术界内发展起来的。然而，多种媒体和论坛参与了它的展示和讨论，目的是促进与社会的对话。该项目不仅出版了两本书和建立了一个网站，还策划了两个展览，伴随着讲座和辩论（一个是2006—2007年在根特的SMAK当代艺术博物馆举办的，另一个是2015年在安特卫普的deSingel国际艺术学校，由弗拉芒建筑学院主办），将学生和研究人员的成果推向社会。回顾项目的历史，这种研究与社会之间的对话在项目初期就已经被考虑其中。生物学教授让·马萨特的图像档案是这个项目的基础，基于此开发了研究以及教学工具。他的摄影集《比利时的地理环境》（*Les aspects de la végétation en Belgique*，Massart & Bommer，1908，1912）中的大幅照片（30cm × 40cm）提供了比利时植物地理分区的系统性概述。马萨特主要将其用于大学教学，但在中学教育，特别是农业学校中也有应用。马萨特本人出身贫寒，通过在全国各地举办大量讲座和在布鲁塞尔自由大学开设针对中产阶级和工人阶级的专门大学课程，积极开展普及教育[1]。除了他的科学地图集，他还出版了许多普及书籍、文章、旅游指南和类似的材料。他也是那一代植物学家中最早呼吁在环境中观察生物体的人之一，他更愿意把每一个跟随他上课的人送到真实的土地上去直接观察（图4.1.7）。

在1980年的第一次“重新拍摄”时，科学普及的目标得以延续。在“重拾景观”项目实际开展之前，比利时国家植物园和比利时自然和鸟类保护区就已经出版了第一本重新摄影的书（Vanhecke et al.，1981），同时在全国各地的文化中心举办了一系列摄影展。在最近一次由Labo S策划的展览中，学生和研究人员制作的研究材料也在不同的层面上得到了展示（图4.1.8、图4.1.9）。事实证明，对乡土景观的熟悉感吸引了大量观众，对于那些想更加深入了解景观传记的参观者，展览不仅展示了纪录片，还提供可以查阅的网站。我们之前曾说过，“重拾景观”在不同的知识生产、存储和展示的媒介之间往复，无论是学界内部还是外部，档案馆、展览空间还是教室（Notteboom，2011）。也许我们应该增加第四个媒介：景观本身，在这个空间里，学生和研究者都沉浸在景观的物质性之中，把它看作是不同类型参与者行动结果的“重写本”。将学生送出教室，送入景观，使他们从被动的消费者转变为主动的知识生产者（最终成为设计师）。然而，即使是整合了当代技术，如网站，此类项目仍然极具挑战，如重新收集景观资料，以及此类的风景园林教学和研究。事实上，景观传记和知识生产空间的建立应该向教师、研究者、学生和专家之外的其他人士开放，倾听那些来自学术界之外的声音，那些实际塑造景观并引起乡土和政治景观转变的人的声音。

---

1 在所谓的布鲁塞尔自由大学进修（Extension de l'Université Libre de Bruxelles）框架内，建立起了一所人民的大学（Notteboom，2009：83–84）。

a

图4.1.5

b

c

d

图4.1.5　安特卫普（里略）斯海尔德河右岸

a. 让·马萨特于1904年拍摄

b. 乔治·查理尔于1980年拍摄

c. 贾恩·肯帕纳尔斯于2003年拍摄

d. 迈克尔·克莱恩于2014年拍摄

加尔根斯库尔河地区（Galgenschoor）历史上是一个泥泞的地区，一遇到大涨潮就会被淹没，今天，它是安特卫普港的一个自然保护区。地平线上的变化（在最后一张照片中被薄雾笼罩）显示了20世纪基础设施的大规模建设，包括港口基础设施和核电站。最近的两张图片还显示了重新造林的运动，这是自然保护区自然管理计划的一部分。该保护区将成为正在建设中的港口整体生态网络的一部分。

图4.1.6　2004年学生们描绘的未来的景象（另见彩图28）

该景象预测了安特卫普附近斯海尔德河沿岸进一步城市化和核电站的发展，以及对自然和基础设施的驯化。

图4.1.7　比利时海岸游览

资料来源：Massart J.（1912）. "La 50e herborisation de la société Royale Belge de Botanique. Sur le littoral Belge." *Bulletin de la Société Royale Belge de Botanique*（51）：70–185.

图4.1.8 2006—2007年 景观回顾展览“档案”中的类似的摄影材料

图4.1.9 2006—2007年景观回顾展览“教室”中的数字化摄影材料、纪录片和网站

4.1.3 参考文献

Boeri, S. (1998). "The Italian landscape: towards an 'eclectic atlas'", in G. Basilico and S. Boeri Stefano (eds.), Italy. *Cross Sections of a Country*. Zürich: Scalo.

Bosma, K., Kolen, J. (eds.) (2010). *Geschiedenis en ontwerp. Een handboek voor de omgang met cultureel erfgoed*. Nijmegen: Uitgeverij Vantilt.

Jackson, J.B. (1984). "A Pair of Ideal Landscapes", in Jackson, J.B. *Discovering the Vernacular Landscape*. Yale University Press: New Haven Conn.

Kolen, J., Renes H. and Hermans, R. (2013). *Landscape Biographies: Geographical, Historical and Archaeological Perspectives on the Production and Transmission of Landscapes*. Amsterdam: Amsterdam University Press.

Massart, J. and C. Bommer (1908). *Les aspects de la végétation en Belgique. Les districts littoraux et alluviaux*. Brussels, Jardin Botanique de l'État / Ministère de l'Intérieur et de l'Agriculture .

Massart, J. and C. Bommer (1912). *Les aspects de la végétation en Belgique. Les districts flandrien et campinien*. Brussels, Jardin Botanique de l'État / Ministère de l'Intérieur et de l'Agriculture.

Notteboom, B. (2009). "Ouvrons les yeux!" *Stedenbouw en beeldvorming van het landschap in België 1890–1940* (doctoral dissertation). Ghent: Ghent University.

Notteboom, B. (2011). "Recollecting Landscapes: Landscape Photography as a Didactic Tool", *Architectural Research Quarterly* 15/ 1, 47–55.

Notteboom, B., Uyttenhove, P., et al. (2018). *Recollecting Landscapes. Rephotography, Memory and Transformation 1904–1980–2004–2014*. Amsterdam: Roma Publishers.

Samuels, M. S. (1979). "The Biography of Landscape. Cause and Culpability", in Meinig, D.W., *The Interpretation of Ordinary Landscapes*. Oxford: Oxford University Press.

Uyttenhove, P. (ed.), Vanbelleghem, D., Van Bouwel, I., Notteboom, B., Debergh, R. and Willequet, B. (2006). *Recollecting landscapes: herfotografie, geheugen en transformatie 1904–1980–2004*. Ghent: A&S/Books.

Vanhecke, L., Charlier, G. et al. (1981). Landschappen in Vlaanderen vroeger en nu. Van groene armoede naar grijze overvloed. Meise / Brussels, Nationale Plantentuin van België / vzw Belgische Natuur- en Vogelreservaten.

www.recollectinglandscapes.be

4.2 向历史学习：将档案资料融入风景园林教学

乌尔丽克·克里普纳（Ulrike Krippner），莉莉艾·利卡（Lilli Lička），
罗兰·乌克（Roland Wück）

对于教育和学习而言，风景园林是一个非常复杂的专业。除了需要具有实践技能还需要对空间及艺术的理解，以及社会、文化、科学、工程和风景的广博知识。教与学的过程会改变学生的世界观（Ramsden，2003），这与黛安·哈里斯（Dianne Harris）对近现代风景园林史的理解一致，近现代风景园林史是一部与多种空间、社会和过程相关联的历史（Harris，1999）。

本文讨论了将景观档案资料融入风景园林教学和研究中的可能性。这些档案提供了非常有价值的20世纪奥地利景观发展的资料和数据，我们将其作为教学资料应用在从本科到研究生的课程中，很多课程还处于初步尝试的过程中。通过对这些风景园林项目、原理、技术和论述进行研究，可以更加全面地理解当代风景园林设计及其面临的挑战。

4.2.1 教学与研究的联系

在维也纳自然资源与生命科学大学（BOKU）的风景园林设计学院（ILA），教学被理解为学生和导师的合作过程。教学鼓励并引导学生扩展好奇心、培养自己的兴趣，以增加他们的经验、技能和知识。这一目标符合学校规定的教学与研究紧密联系的原则，教学的方法包括通过研究学习（learning by research）、学习如何研究（learning about research）和学习研究成果（learning research outcomes）。

根据休斯（Hughes ，2005：15）的研究，研究指导教学（research-guided teaching）与研究指导学习（research-guided learning）是彼此的“特定的背景”。研究人员、导师和学生都会针对行业的各个层面提出共同的问题，这种联系可能是知识进步的动力。最普遍的对教学与研究关系的看法是将研究结果转述给学生，但是希利（Healey，2005）和罗伯茨（Roberts，2007）认为教学与研究的关系更为复杂，他们提出了以学生为中心和以教师为中心的教学策略，并强调了研究内容和研究过程（图4.2.1）。

风景园林设计教学和研究都涉及景观（经过设计的）及其历史记录和重要性。其他问题还包括设计和设计师，他们的个性、方法和技术。正如马瑞斯（Mareis）所说，从认识论而言，设计分析的重点已经不再是“形式”或“功能”等传统的设计标准，取而代之的是设计实践、对象、工具、体系和设计师，它们成为复杂的认知结构的核心组成部分”（Mareis，2010：11–12）。这种转变与风景园林历史的发展相似，今天的景观解决了“景观是如何、为

什么以及由谁创造、建造、使用、感知、接受的，以及它们如何与更广泛的社会、政治和文化力量相联系”的问题（Dümpelman，2011：627）。这一观点将风景园林设计视为一种连续性过程，鼓励对其进行整体性的解读。在这一过程中，对风景园林项目的当代诠释构成了未来发展的基础。

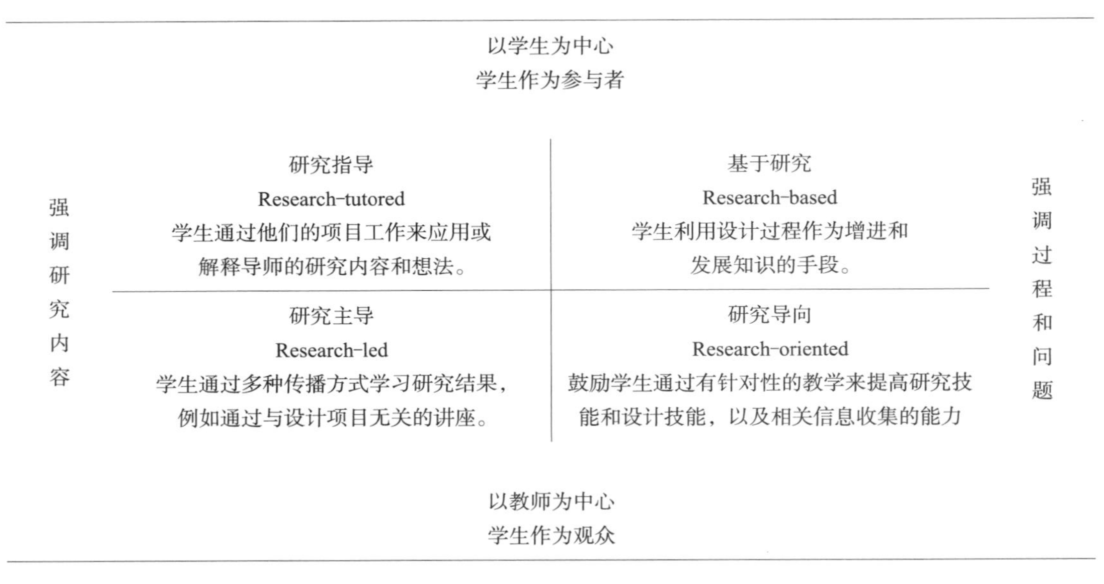

图4.2.1　罗伯茨从以设计为中心的视角编写的希拉的教育与研究关系模型（罗伯茨，2007：16）

4.2.2　将景观档案作为教学工具

这种认识促使我们在2007年建立了奥地利风景园林设计档案库（LArchiv），以收集、分析和讨论有关20世纪和21世纪奥地利景观历史的资料。收藏内容包括与阿尔伯特·埃施（Albert Esch）、约瑟夫·奥斯卡·弗拉达（Josef Oskar Wladar）、弗里德里希·沃斯（Friedrich Woess）和科塞利卡（KoseLička）公司的项目有关的方案、手写的文件、照片、印刷品和幻灯片。还有一些特别的收藏内容，如弗里德里希·沃斯在维也纳博库（BOKU Vienna）任教的35年之中设计并制作的一系列手稿、绘画和照片。由于沃斯是奥地利学术领域推动风景园林设计发展的关键人物，因此通过这些藏品我们可以更加深入地了解20世纪奥地利风景园林设计专业教育的发展。数字化藏品包含有关教育、专业组织、历史类出版物以及个人履历的数据（表4.2.1）。在当今全球化的背景下，数字化数据库似乎是收集分散信息并使之为大众所用的最佳手段。我们努力将档案作为一种创新的教学工具，以促进学生对风景园林设计的探索和全面理解。

为了实现这一目标，我们将档案整理、历史研究和解释等研究工作与风景园林设计的教学结合起来，并制定了三方面具体措施（图4.2.2）：首先，通过对该领域的先驱者及其传记和工作的研究提高学生对历史连续性的认识，以及对风景园林历史和相关论述的理解；第二，增加学生技术、风格方面的知识和提高档案工作相关的技能；第三，提高档案的可访问性，鼓励学生查阅档案并将历史纳入风景园林设计的日常工作过程之中。虽然提高对风景园林历史的认识是所有课程的总体目标，但其他两方面的措施需要适应教育的特点和水平，根据学生在风景园林设计和历史方面的经验和理解，在不同年级的课程中侧重于其中一个方面即可。此外，我们根据教学与研究关系的模型选择了适当的教学方法，以应对学生知识的不断增长（图4.2.1）。本科课程需要在短时间内传达大量基础知识，因此主要遵循研究主导（research-led）的策略；与之相反，研究生课程则希望学生积极地参与到研究中，采用基于研究（research-based）和研究导向（research-oriented）的策略。

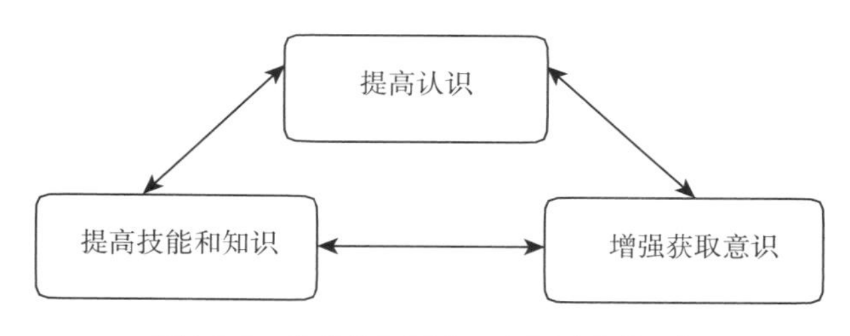

图4.2.2　将教学与历史研究相融合的目标

表4.2.1　奥地利景观档案的结构和范围（截至2017年9月15日）

综合藏品	数字化数据库
阿尔伯特·埃施（Albert Esch，1883—1954）	530位风景园林设计师传记
约瑟夫·奥斯卡·弗拉达（Josef Oskar Wladar，1900—2002）	1 435个景观项目
汉斯·格鲁伯鲍尔（Hans Grubbauer，1900—1974）	1 410种出版物
爱德华·玛丽亚·伊姆（Eduard Maria Ihm，1904—1971）	50个培训机构
维克多·默德哈默（Viktor Mödlhammer，1905—1999）	78个专业组织
格特鲁德·克劳斯（Gertrud Kraus，1915—2013）	
弗里德里希·沃斯（Friedrich Woess，1915—1995）	
赫尔曼·克恩（Hermann Kern，1935—2017）	
科塞利卡（KoseLička）（1991—2016）	

4.2.3　将景观档案融入课程教学

在尝试建立奥地利景观档案库十年后，我们已经形成了一个较为完善的档案结构，并收集了大量的资料。最初这些档案只是被我们作为研究工具，但现在我们也将其应用在教学之中。风景园林史课程现在被设置在维也纳博库（BOKU Vienna）的硕士课程中，但我们的目标是将风景园林历史和档案以更加基础的方式引入本科课程。当然，最好的方法是吸引尽可能多的教师参与其中，不论他们是以讲座还是研讨会的方式，目的都是提高人们的意识。即使是以研究为主导的教学方法，在准备实地考察、设计课程或设计及历史类讲座时，档案资料都可以提供有关项目和设计者的详尽信息。

基于档案资料也可以进行一些具体项目的学习，用于那些与历史没有明显关联的课程，例如CAD或风景园林设计课，虽然研究那些已经被破坏或者面临改造的现代或后现代风景园林设计项目是一项很大的挑战。除了这些以档案内容为核心的应用以外，档案还可以被用于以研究为导向的教学，传授与档案研究相关的技能和知识；或者基于档案进行项目和设计师特点的分析；或者进行风景园林教育发展历程的研究，促进学生对专业更加全面的理解。到目前为止，我们已经改革了很多的课程，使这些课程更加有效地利用这些20世纪奥地利风景园林设计的档案材料或数字化资源，将其作为研究和教学的工具（表4.2.2）。以下将进行详细的介绍。

表4.2.2 将奥地利景观档案作为教学工具

教学与历史研究活动相融合的目标	本科课程		硕士课程			研究生
	CAD	论文	绘画课程	保护与管理	论文	博士论文
提高认识	×	×	×	×	×	×
提高技能和知识	×	×	×	×	×	×
增强获取意识		×		×	×	×

4.2.4 本科和硕士项目的绘画课程

我们的计算机辅助设计（CAD）本科课程需要基于一些具体项目来进行：这些被视为“工作知识”（working knowledge），这一概念在风景园林教育领域的应用源自赫尔加·诺沃特尼（Helga Nowotny），他将皮克斯通（Pickstone，2007）在人文学科中使用的“工作知识”概念引入风景园林设计学科。例如，CAD课程教学生在设计过程的不同阶段（方案演示、技术性方案、剖面、工程细节、种植设计）应用CAD。

我们没有选择像纽约高线公园这样著名的当代风景园林设计项目，而是选择了类似阿尔伯特·埃施或约瑟夫·奥斯卡·弗拉达这样的风景园林设计师的方案，他们留下了各种各样的项目可供借鉴。我们的教学始于将手绘图矢量化和数字化，并使用开源数据地图与场地平面图进行叠加（图4.2.3至图4.2.6）。这一操作过程需要细致的观察和对图示语言含义的理解。手绘图纸有时并没有显示所有必需的信息，这时学生就需要与老师进行讨论，以实现对图纸的进一步阐述与解释（图4.2.4）。在图纸数字化过程中通过不断的对比和分析，学生会对项目获得更加深入的理解。

遵循类似的研究主导的策略，2017年春季，塔斯·卫（Thaïsa Way）在她所教授的绘画课程中使用了档案材料，以“探索和理解绘画在风景园林设计实践和专业中的作用”（Way，2017）。在绘画课上，研究生仔细阅读和分析了阿尔伯特·埃施、约瑟夫·奥斯卡·弗拉达和弗里德里希·沃斯的多个方案和相关观点（图4.2.7）。学生被要求思考作者的意图，并按照作者的风格复制部分图纸，然后再以他们自己的风格进行绘制和解读。学生在历史绘画的基础上增加了颜色、图案、阴影或人物，这一行为激发他们去思考如何将绘画作为一种可视化和表现的工具（图4.2.8）。课堂讨论环节还探讨了设计师和学生们的风格、个人笔迹以及材料、技术和色彩方面的问题。在当今许多设计师只运用数字化绘图方式的时候，我们通过鼓励学生仔细地研读这些手绘方案和透视草图来“探索研究在绘画和设计思维中的作用”（Way，2017）。

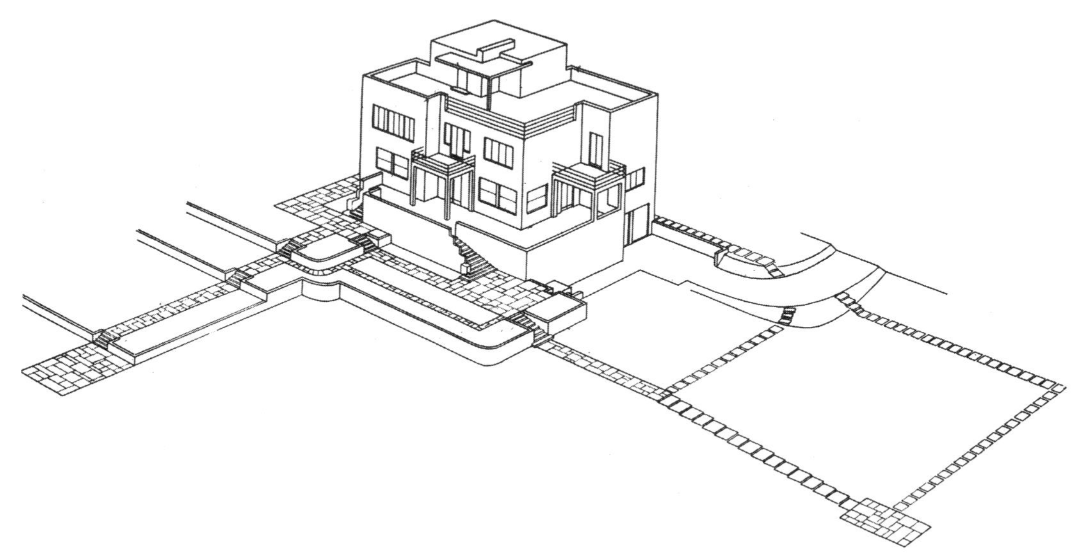

图4.2.3　桑托斯花园的等轴测图

花园由阿尔伯特·埃施在1930年设计（Grimme，1931：39）。

图4.2.4

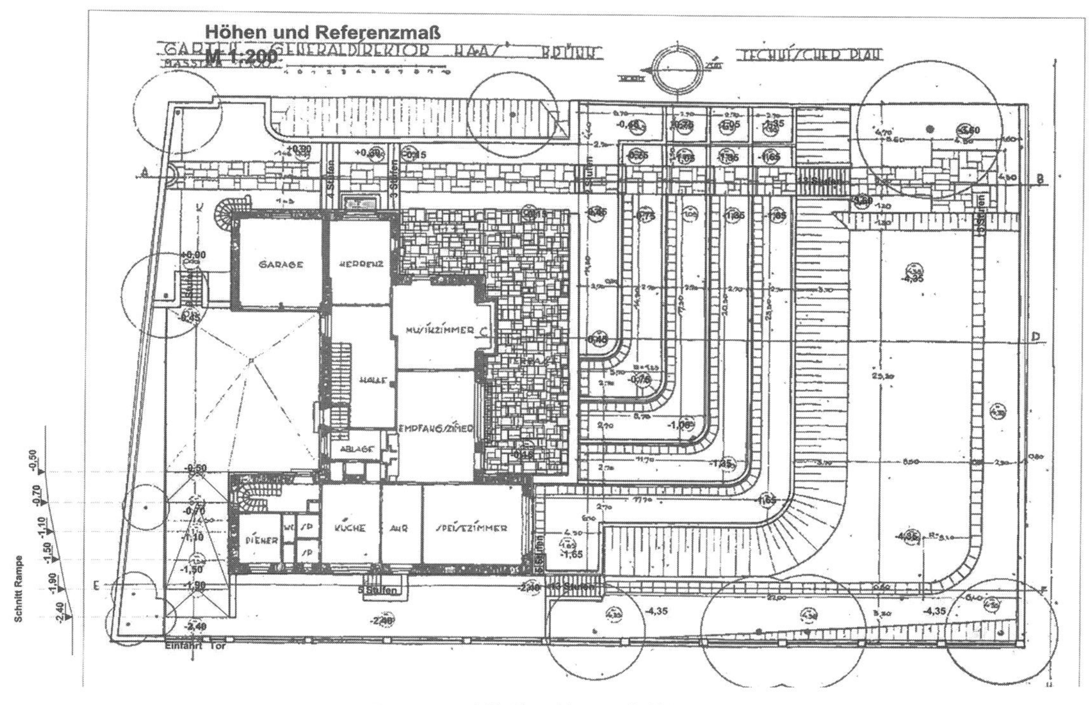

图4.2.4　哈斯花园施工图中的平面图

方案由阿尔伯特·埃施在1930年设计（Grimme，1931：39），我们添加了这些红色参考线以帮助学生解读历史图纸。

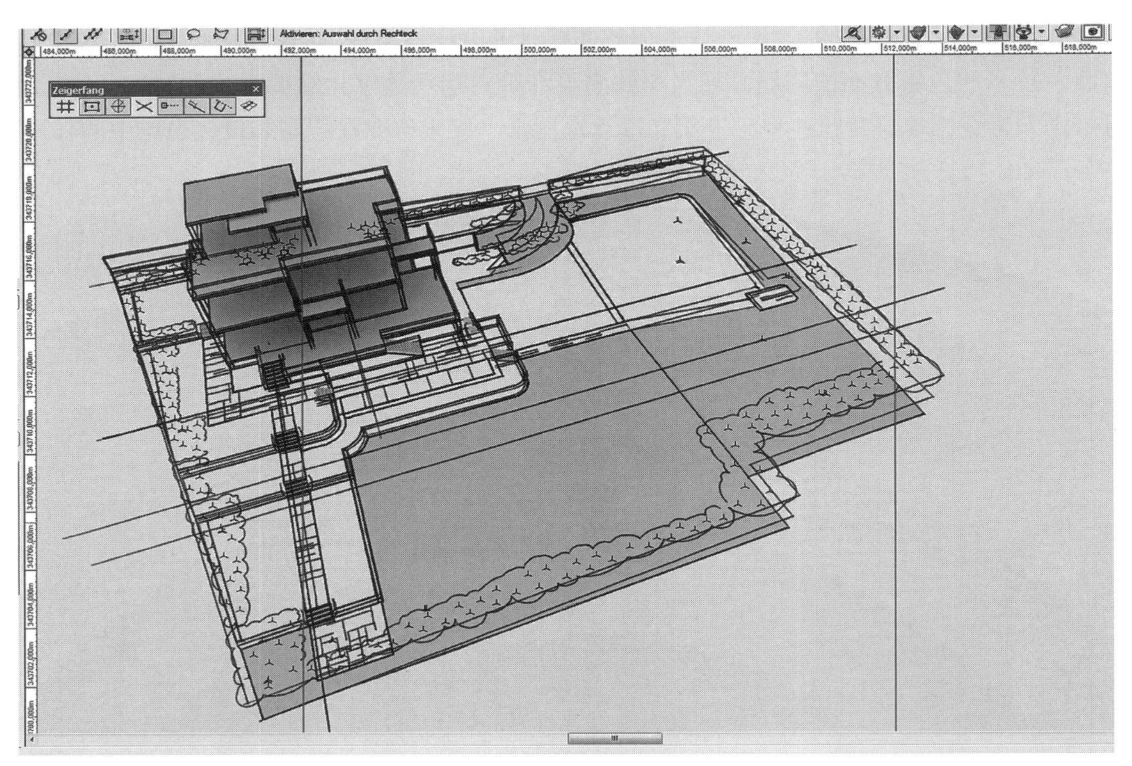

图4.2.5　桑托斯花园的3D图纸

绘制：Vigil Peer，2017年。

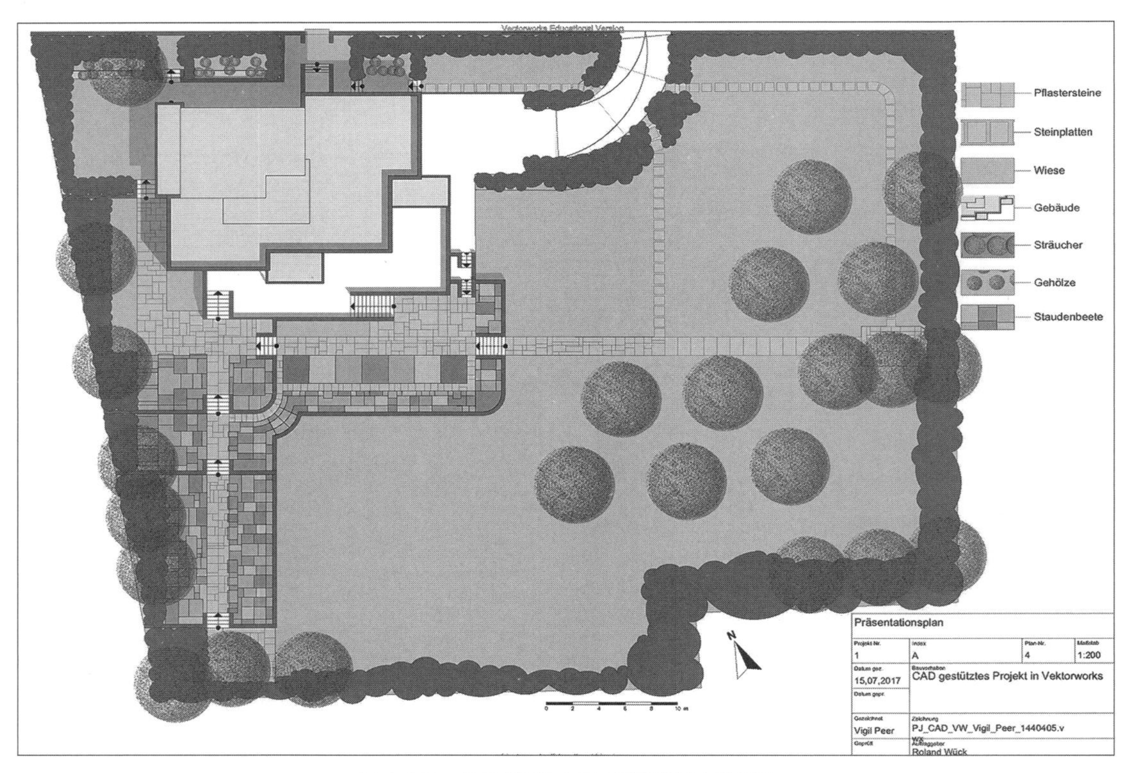

图4.2.6　桑托斯花园的计算机绘制平面图

绘制：Vigil Peer，2017年。

图4.2.7　2017年绘画课程的学生

图4.2.8　喷水花园分析

分析了约瑟夫·奥斯卡·弗拉达于1937年设计的喷水花园（the Spritzer Garden），绘制：Rita Engl，2017年。

学校的奥地利景观档案库确保了我们能够快速地获取资料，并使其可以便捷地应用在课程中。认知始于研究这些当地风景园林设计师的传记和作品的过程中，而学生通常不会在国际出版物中找到它们。弄清其他时期的技术细节并将它们与当今的标准进行比较可以加深我们对材料、工具和行业的认识，项目档案也可用于研究国际趋势对本土设计的影响。

4.2.5 硕士课程中的探索与分析

如上所述，我们在硕士课程中设置了风景园林历史类课程。谈及20世纪20～60年代的奥地利近代历史，我们拥有丰富的研究经验，相关研究成果已经被纳入奥地利景观档案之中，因此现在我们可以在风景园林历史课程中使用这些研究成果。但是，在一个学期内讲授从古代到现代的整个风景园林历史是一个极大的挑战，我们只能在以研究为主导的课程基础上开展工作，通过密集的课外讲座交流我们的研究成果（图4.2.9）。

在历史景观保护与管理课程中，教学方法由以教师为中心转变为以学生为中心。近期我们重新制订了课程的教学目标和教学计划，并于2018年春季开始实施。在这个全新的方案中，学生将专注于第二次世界大战之后的奥地利景观，了解其最新发展趋势、项目和设计观念。除此之外，他们还将体验并测试一种用于景观遗产识别的工具，这是一份由德国研究团队编写的20世纪五六十年代风景园林项目的现场手册（Butenschön et al.，2016）。在对20世纪五六十年代的风景园林设计进行总体介绍之后，学生被要求使用现场手册在自己家附近的主要城镇中识别那一时期的风景园林项目（图4.2.10），学生需要进行项目搜索、分类和评估，并利用奥地利景观档案（传记、项目、论述、出版物）提供的这一时期奥地利景观的信息进行情境化分析。最后，学生的研究成果也将被收入奥地利景观档案库中，从而推动档案库建设和拓展景观历史信息。

图4.2.9　海伦・沃尔夫（Helene Wolf）于1928年设计的维也纳中央公墓的犹太公墓（Architektur und Bautechnik，17/5：70）

图4.2.10 由维克多·默德哈默于1967年设计的巴登温泉花园（Spa Garden in Baden）

如今，第二次世界大战之后的风景园林项目正面临着衰败、被破坏或重新改造的巨大危险（Bredenbek，2013：9–10）。我们希望上述课程可以让学生参与到对这类景观的评估、开发和管理的讨论之中，更加深入地了解这类景观所蕴藏的专业根源、态度和原则，并提高对这类景观文化价值的认识。

4.2.6 论文中的档案研究

正如希利所建议的那样，资料的收集进一步促进了研究与教学的联系（Healey，2005：78）。遵循基于研究的策略，奥地利景观档案库为论文提供了多层次的研究问题。最近的一篇学士学位论文研究了维也纳盲人花园的历史，这个花园是约瑟夫·奥斯卡·弗拉达和维克多·默德哈默（Viktor Mödlhammer）于1958年设计的（图4.2.11、图4.2.12）。学生检索奥地利景观档案中的相关信息，将项目置于历史背景之中进行分析，并对比档案资料和现场体验，以便基于设计的历史来评估现状。

在高年级的论文课程中，学生们发现了一些迄今为止未经编辑的材料，它们为研究做出了重大贡献。这些专业设计师的收藏品为追溯、描述和分析风景园林设计行业的发展提供了证据，其核心和重点是工作和环境变化的历史连续性。安雅·塞利格（Anja Seliger）的博士学位论文对20世纪30～80年代约瑟夫·奥斯卡·弗拉达的相关资料进行了排序、分类和研究（图4.2.13）。这对于档案库和学生来说是双赢的：档案库获得了一份经过全面清点和分析的档案材料合集；学生获得了档案工作的经验，并更好地体会风景园林实践与研究的关联性（Powers and Walker，2009：105）。伴随着这种基于研究的学习过程还产生了三方面的成果：查阅档案的门槛没有了；博士研究生拥有了对历史连续性的认识，这种认识还通过论文的出版被强化；学生成为熟练的档案工作者。

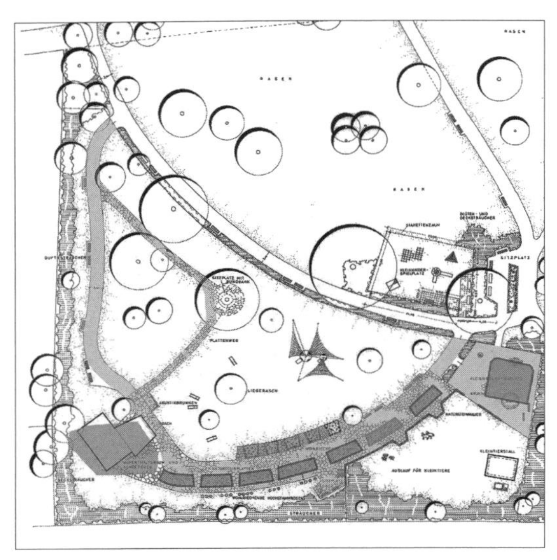

图 4.2.11　维也纳盲人花园的道路和建筑结构调查

该花园由约瑟夫·奥斯卡·弗拉达于1958年设计完成，学士学位论文，Jennifer Fischer，2015年。

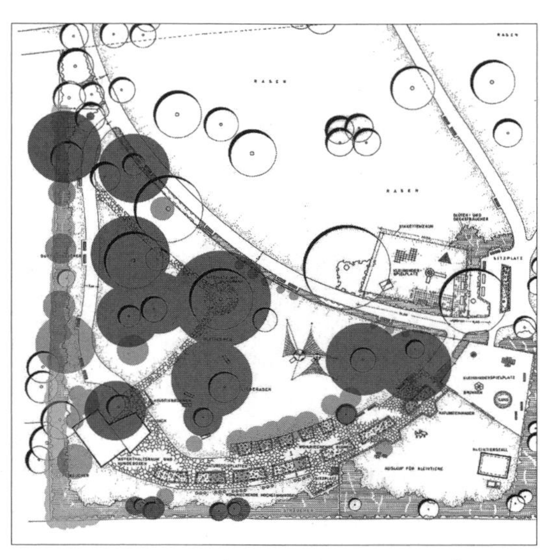

图4.2.12　维也纳盲人花园的植被调查

该花园由约瑟夫·奥斯卡·弗拉达于1958年设计完成，学士学位论文，Jennifer Fischer，2015年。

图4.2.13　约瑟夫·奥斯卡·弗拉达于1957年设计的Schnarrendorf高速公路

奥地利风景园林设计档案库，奥地利风景园林档案馆，维也纳自然资源与生命科学大学博库。

4.2.7 结论

将奥地利风景园林设计档案融入教学之中已经获得了一定的成效，学生和教师对探索20世纪奥地利景观的历史充满热情。通过调查历史文献，学生了解到当地的历史，并在社会政治发展以及文化艺术变革的大背景下感受到风景园林设计的复杂性，这些工作使学生能够更好地理解风景园林设计这一职业的社会影响。此外，课程也鼓励学生反思自己的设计态度、技术和风格。

将奥地利风景园林设计档案融入教学中可以提高学生对风景园林历史和风景园林设计专业的认识，丰富学生技能和知识，使档案更容易被查阅。这些策略适用于以学生为中心的课程，同时也适用于以教师为中心的课程。拉姆斯登（Ramsden）认为教学就是要改变学生对风景园林专业和历史的观念，这一观点鼓励我们进一步加强教学与研究的联系。

4.2.8 参考文献

Bredenbeck，M.（ed.）（2013）. *Grün modern – Gärten und Parks der 1950er bis 1970er Jahre：Ein Kulturerbe als Herausforderung für Denkmalpflege und Vermittlungsarbeit*. Bonn：Bund Heimat und Umwelt in Deutschland BHU.

Butenschön，S.，et al.（2016）. *Öffentliche Grünanlagen der 1950er– und 1960er–Jahre：Qualitäten neu entdecken；Leitfaden zum Erkennen typischer Merkmale des Stadtgrüns der Nachkriegsmoderne*. Berlin：Universitätsverlag TU Berlin.

Dümpelmann，S.（2011）. "Taking Turns：Landscape and Environmental History at the Crossroads"，*Landscape Research* 36/6：625–40.

Fischer，J.（2015）. Der Blindengarten im Wertheimsteinpark. Der Umgang mit historischen Gärten der Nachkriegszeit，unpublished bachelor thesis. University of Natural Resources and Life Sciences BOKU Vienna.

Grimme，K.（1931）. *Gärten von Albert Esch*. Vienna：Winkler.

Harris，D.（1999）. "The Postmodernization of Landscape：A Critical Historiography"，*Journal of the Society of Architectural Historians* 58/3：434–43.

Healey，M.（2005）. "Linking Research and Teaching：Disciplinary Spaces"，in R. Barnett（ed.），*Reshaping the University：New Relationships between Research，Scholarship and Teaching*. Maidenhead：McGraw–Hill/ Open University Press，67–78.

Hopstock，L. and Schönwälder，K.（2013）. "Gedächtnis einer akademischen Disziplin"，*Stadt+Grün* 62/2：34–39.

Hughes，M.（2005）. "The Mythology of Research and Teaching Relationships in Universities"，in R. Barnett（ed.），*Reshaping the University：New Relationships between Research，Scholarship and Teaching*. Maidenhead：McGraw–Hill / Open University Press，14–26.

Karn，S.，Nater，B.，and Schubert，B.（2012）. "30 Jahre Archiv für Schweizer Landschaftsarchitektur"，*Anthos* 51/2：8–11.

Mareis，C.（2010）. "Entwerfen – Wissen – Produzieren：Designforschung im Anwendungskontext"，in C. Mareis，G. Joost，and K. Kimpel（eds.），*Entwerfen – Wissen – Produzieren：Designforschung im Anwendungskontext*. Bielefeld：transcript，9–32.

Nowotny，H.（2008）. "Designing as Working Knowledge"，in H. Seggern（ed.），*Creating Knowledge*：

Innovation Strategies for Designing Urban Landscapes. Berlin：Jovis，12–15.

Pickstone，J. V.（2007）. "Working Knowledges before and after Circa 1800: Practices and Disciplines in the History of Science，Technology，and Medicine"，*Isis* 98/3：489–516.

Powers，M. N. and Walker，J. B.（2009）. "Twenty-Five Years of Landscape Journal：An Analysis of Authorship and Article Content"，*Landscape Journal* 28/1：96–110.

Ramsden，P.（2003）. *Learning to Teach in Higher Education*. New York/London：Routledge/Falmer.

Roberts，A.（2007）. "The Link between Research and Teaching in Architecture"，*Journal for Education in the Built Environment*，2/2：3–20.

Way，T.（2017）. Drawing and the Emergence of Landscape Architecture，unpublished syllabus. University of Natural Resources and Life Sciences BOKU Vienna.

4.3 用多尺度的方法讲授城市开放空间的历史

伯纳黛特·布拉雄（Bernadette Blanchon）

4.3.1 介绍

该模块是人文学系课程的一部分，它包括风景园林设计和城市历史的讲座、参考书目的阅读和小组辅导作业，我们将之称为“历史研讨会”（History Workshop）。该模块的目的是通过研读、讨论和分析景观都市主义的相关参考资料，让学生们更好地认识历史对于解读当前问题的角色和潜力，使他们获得在新的项目中运用这些资料的能力。

4.3.2 凡尔赛国立高等景观学院（ENSP）的历史教学

我们的模块试图在内容、方法和工具上与风景园林设计课程（studios）的教学联系起来。理论教学和实践教学之间的联系在历史研讨会的小组辅导作业中变得更加明确，小组辅导作业需要根据主题绘制场地分析图，其目的在于激发学生对风景园林实践问题的启发性理解。然而，到目前为止，风景园林设计课程还没有与该模块产生直接合作，历史教学和风景园林设计课程之间的联系尚由学生自己进行探索。

4.3.3 借助对20世纪景观项目的案例研究进行历史教学

（1）介于实践与研究之间的案例研究　对历史和当代的成就的解读，是理解不同时期思想如何转化为具体项目的一种方式。通过案例研究来进行历史教学可以让学生将那些讲座中分析过的经典案例所涉及的术语、主题和概念应用到一些特定的场地中。我们的课程也采用了同样的方法，通过案例研究来弥合研究与实践的距离。该课程模块使用与风景园林设计课程类似的基于平面图和横截面图的表现方法，通过案例研究探索专题问题，为学生思考当代问题提供了具体的历史维度的信息。

（2）现代景观设计：一段被误解的历史　关注20世纪的作品的目的是用历史的方法来拥抱现在。今天，从遗产保护的角度而言，法国现代景观并没有得到足够的重视，仍然需要与某些长久遗留下的观念做斗争。虽然在建筑和风景园林领域这种状况已经有所改变，但是要从园林艺术史中走出来，走向城市景观设计，进而认可20世纪的景观作品，难度就要大得多。我们认为，在思考住宅区设计时，不可能把建筑和景观分开，这一点很重要，要让未来的年轻专业人员铭记于心。

（3）全球化的方法：景观、案例与分析　我们的方法与通常以建筑为中心的方法不同，是基于对场地的“反向”视觉，以开放空间（通常被错误地视为“空”）为基础。因此，学生被要求关注那些通常被忽视的内容。同样，我们也反对“黑土豆综合征”（black potatoes syndrome），当建筑作为模糊的斑点被排除在景观之外时，风景园林设计师就会沦为绿化工作者。通过观察社区的户外空间，解读建筑与场地和周边环境的关系，我们试图展示一种潜在的全球化的视野，既包括建筑也包括景观，用于管理和改造街区以及大多数城市中的场地。

（4）描述场地：词汇要素　描述与精确观察事物的能力是直接相关的（Dutoit，2008），但它也与我们已经获得的关于被感知事物的知识是相关的（见下文）。描述某物意味着能够识别并且命名它，一个人的知识越广博，就越需要准确的词语来描述事物。事实上，这是在观察和学习（关于空间、历史、现象、思想等）之间往复的过程，正是词汇使思想和空间之间的联系成为可能。在这个课程模块中，我们试图为学生提供描述和命名建筑和风景园林设计元素的方法，这也是将课程和案例研究联系在一起的方法。图像借助于文字进行补充，虽然这一点往往难以执行，但我们坚持认为每一个设计都可以通过标题来凝练地表达它的意义：每一幅图都必须有一个有意义的标题来概括其含义（而不仅仅是“横截面A-A”）。课程还要求提供概括项目总体目标的简要文字说明。

4.3.4　**该方法的理论基础**：介于写作和阅读之间

（1）描述作为场所的体验和反馈　此方法建立在历史（或回顾）的基础上，并由此展开对未来的描述（专注于那些对未来项目有用的内容）[1]。瑞士地理学家柯博斯（Corboz）认为，描述是一种有意的、问题化的行为（只有被描述的对象是问题或客观事物时才有意义），它涉及主体和客体之间的关系。在《介于阅读和写作之间的描述》（*Description between reading and writing*）（Corboz，1995）中，他详细介绍了一种“阅读”操作，并基于此展开设计的“写作”练习，他认为这是一条连接“阅读的世界和写作的世界的‘通道’”（Corboz，2001：252）。他指出两个极端（激进生态学和国际现代建筑学会——他还特别指出这种对立是近乎讽刺的）都论及景观问题和战后时期。一方面，激进的“生态主义”认为，土地是无所不能的，所以每一次的行动都应该由土地自身及其地方性所决定，但这也意味着改造性的项目被边缘化；与之相反，现代城市主义倾向于放弃对场地的任何解读，认为项目是无所不能的，也是至关重要的。

柯博斯解释了如何观察，以及描述中所包含的元素是如何与描述者的“文化视野”联系在一起的：“如果不知道自己在观察什么，就不可能去观察。对于事物的认知与主体的期望，或者更广泛地说，与他们的文化是相一致的”（Corboz，2001：253）。因此，既要通过讲座拓宽知识面，又要通过描述为所获得的知识提供具体的支撑[2]。

（2）以描述的方式呈现场所的历史和功能　在人类学领域，克利弗德·纪尔兹（Clifford Geertz）的工作关注于“厚描法”（Geertz，1973），他还质疑了描述和解释之间的界限。他的研究在历史维度上将公共空间使用过程中的众多阶层和多元文化联系在一起。即使这个课程模块对学生来说过于简短，无法与当地居民和管理者建立联系，但此方法依然具

1　参见瑞士建筑师乔治·德贡布的亚耳河（Aire）项目（Descombes，1988；Marot，1999）。

2　艺术评论家丹尼尔·阿哈斯（Arasse，2000）也将对作品的详细直接的观察与知识的创造性运用结合起来，对那些耳熟能详的杰作进行了新的、令人信服的解读。

有吸引力。一些学生研究小组发现，场地叙事的方法对他们感知场地使用和进行设计是十分有益的。

（3）图形话语作为批判性阅读　我们还参与了《风景园林》（*JoLA*）杂志“天空之下”（Under the Sky）栏目（2006—2014）的编辑工作，对已建成的作品进行批判性阅读（Blanchon，2016），我们将此作为教学活动的补充。虽然这种图形话语的方式主要应用在“思维之眼”（Thinking Eye section）栏目中，但在“天空之下”中的尝试也卓有成效，如我们与华盛顿大学的学生一起开发了受纪尔兹“厚描法”启发的“厚剖面”方法（Way，2013：37；Blanchon，2016：70），这是一种受到历史背景启发的对构造横截面的创造性使用方法。我们还借鉴了“思考之手”（Thinking Hand）的理念（Pallasmaa，2009），使一幅画可以以一种复合的方式表达和创造想法，而不是通过一页一页的文字[1]。采用什么样的方法表现不同历史层级和阐明相关议题是风景园林领域不断思考的内容之一（Cosgrove，1999；Treib，2008）。

4.3.5　多尺度的方法

（1）跨时空的多尺度方法　我们使用从20世纪初至今的住房开发设计实例来探讨开放空间城市史，这些实例代表了城市肌理发展的不同阶段。这项研究使用了多尺度的方法，所有的描述和分析都包含了建筑及其外部空间：场地和地表，由开放空间（公园、广场、街道、花园……）构成的街区，以及细节和空间“设施”，这些细节和设施将建筑与建筑之间以及建筑与地面和天空进行连接（门槛、台阶、排水沟……，各种植被群落，门廊、窗户、阳台……）。我们试图探讨在各个尺度上伴随时间维度发生的变化。通过在不同的尺度之间反复缩放也解决了有关尺度一致性的问题。

（2）从直接感知到地图和横截面　从直观的全球化的方法开始：在现场漫步，并以非正式的和接纳的方式进行观察。学生们沉浸在现场氛围中，通过素描和摄影等方式，记录并再现空间的感觉和场地的“线索”，即空间的物质性特征（图4.3.1、图4.3.2）。然后，学生以四人为一组，集中讨论一个中心主题，这个主题将作为一条贯穿始终的主线，以减少复杂性，防止学生进行长篇大论的写作。他们在现场探索所选定的主题，从区域、街区、实践或物理性三个层次来解读主题。为了达到上述目的，横截面图是首选的工具。横截面图是反映相互关系最有力的方法，它是一种检验连续性和关联性的工具（图4.3.3至图4.3.5）。在不同尺度间移动，使人们可以在不同尺度之间进行阅读，并提出对设计一致性的质疑。这种方式超越了行政区划或私人与公共的限制，跟随居民日常活动的轨迹，穿梭于室外公共空间与室内私人空间之间。

在区域尺度上，我们使用带有等高线的地图或者地形剖面，重新定义项目的规模或主题，将其纳入地理或城市的背景之中，这种方式可以反映出场地与周围环境的关系（图4.3.6至图4.3.9）。

在街区尺度上，我们可以将地面层视为一个共享的公共空间，我们从社区的总体规划开始，并关注树木和开放空间。在这一尺度上，我们还使用了鸟瞰图和早期规划图（图4.3.10）。每组的重点是与选定部分相关的更精确的场地平面图（图4.3.11）。

1　乔治·法哈特（Georges Farhat）对勒诺特尔的研究，展示了表现方法如何呈现不一样的历史（Farhat，2003），以及关于将遗址作为“活档案”的观点（Farhat，2011），与我们的目标一致。

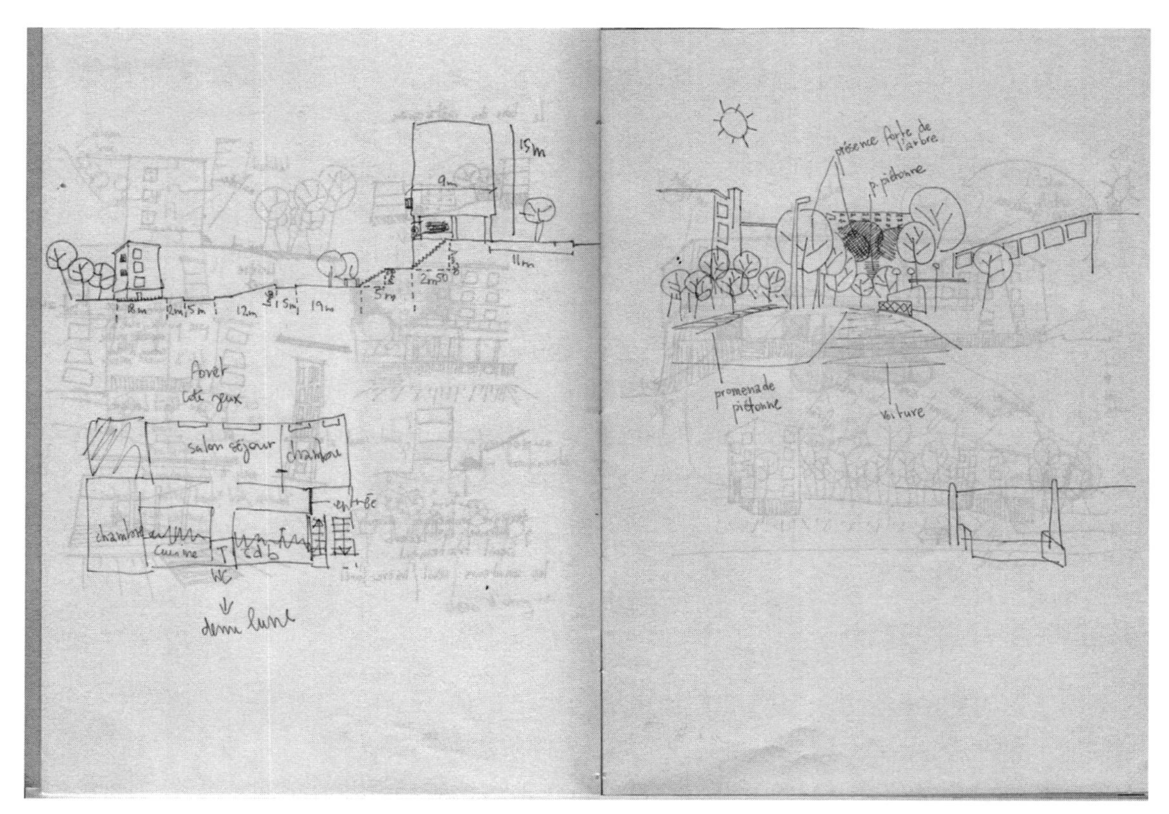

图4.3.1　初步草图和现场笔记：法国巴黎塞纳省沙特奈-马拉布里（La Butte Rouge，Chatenay-Malabry）

2011—2012年由学生S. Bertrand，H. Carpentier，S. Cathelain绘制。

图4.3.2　素描：法国奥贝维利耶的玛拉德里路（La Maladrerie，Aubervilliers）

2016—2017年由学生O. Fouché，A. Touboul绘制。

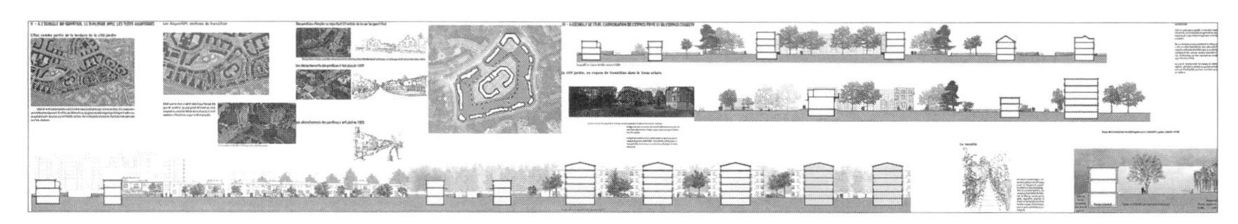

图4.3.3　多尺度横截面图：法国叙雷讷

2014年由B. Rigal，L. Poirier，A. Munoz，C. Beau Yon de Jonage绘制。

图4.3.4　剖面图：法国巴黎塞纳省沙特奈-马拉布里的让•阿勒曼广场（Square Jean Allemane）

2016年由C. Durand，L. Provost.绘制，“位于森林和国道之间的场地：该场地主要的公共空间位于地势最低处，沿着一条曾经的小溪展开”。

图4.3.5　街区尺度：巴黎塞纳河左岸

2011年由学生S. Bertrand，H. Carpentier，S. Cathelain绘制。

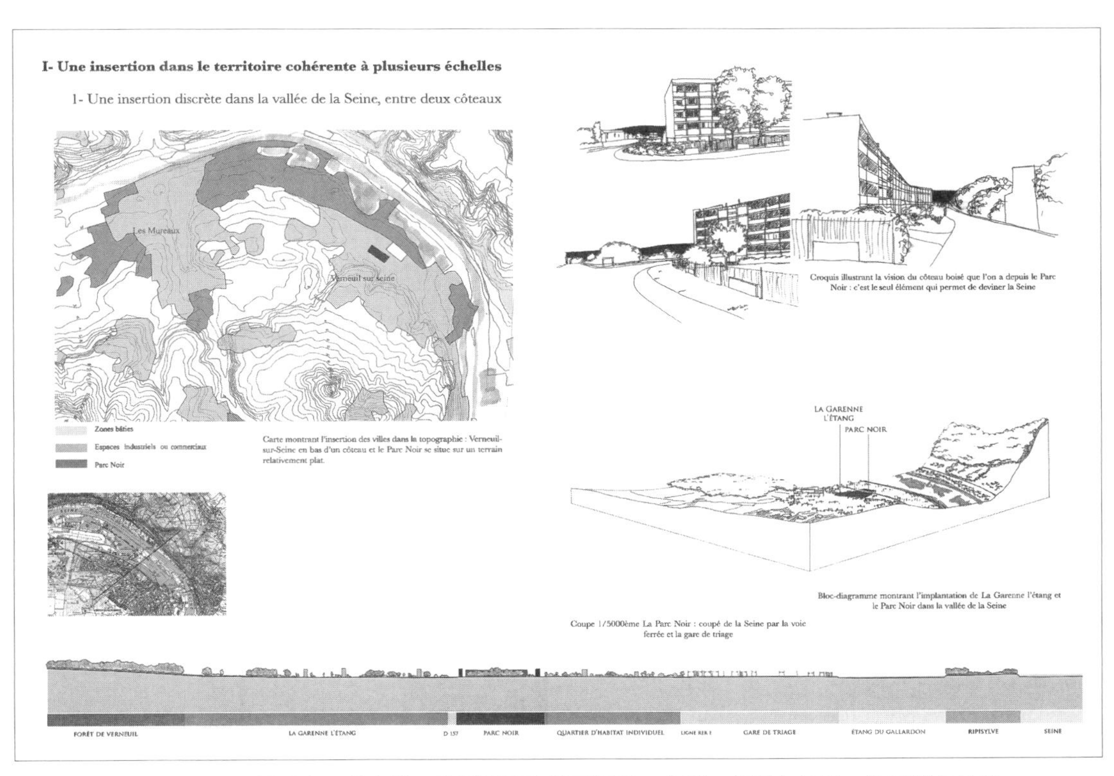

图4.3.6　区域尺度：等高线、地形断面和地形图块；主题：界限与边缘，法国维尔纳叶

2014年由学生J. Thau，M. Sivré，F. Suss，A. Schneider绘制。

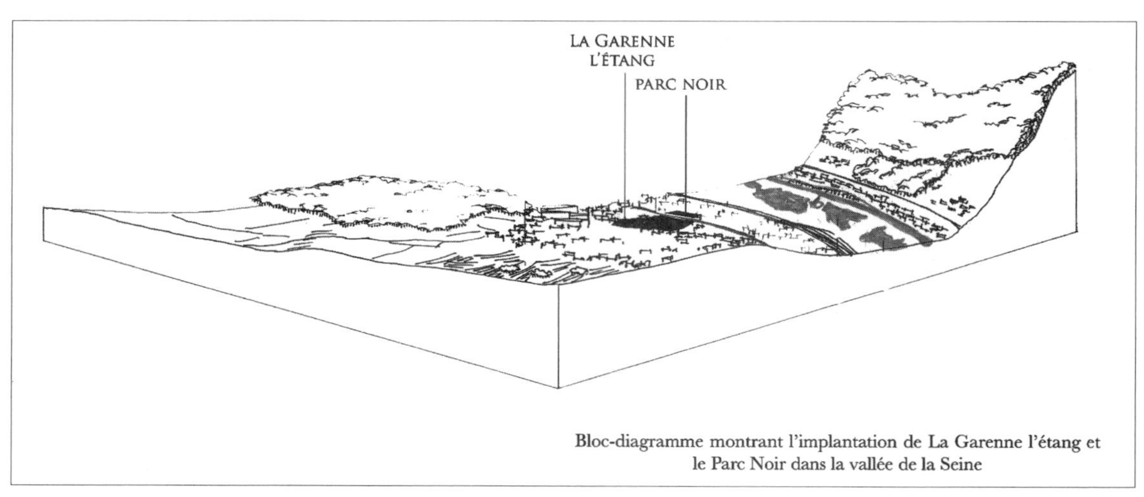

图4.3.7 区域尺度：三维图块；主题：界限和边缘，法国维尔纳叶

2014年由学生J. Thau，M. Sivré，F. Suss，A. Schneider绘制，“黑色公园：以前的城堡花园和狩猎树林”。

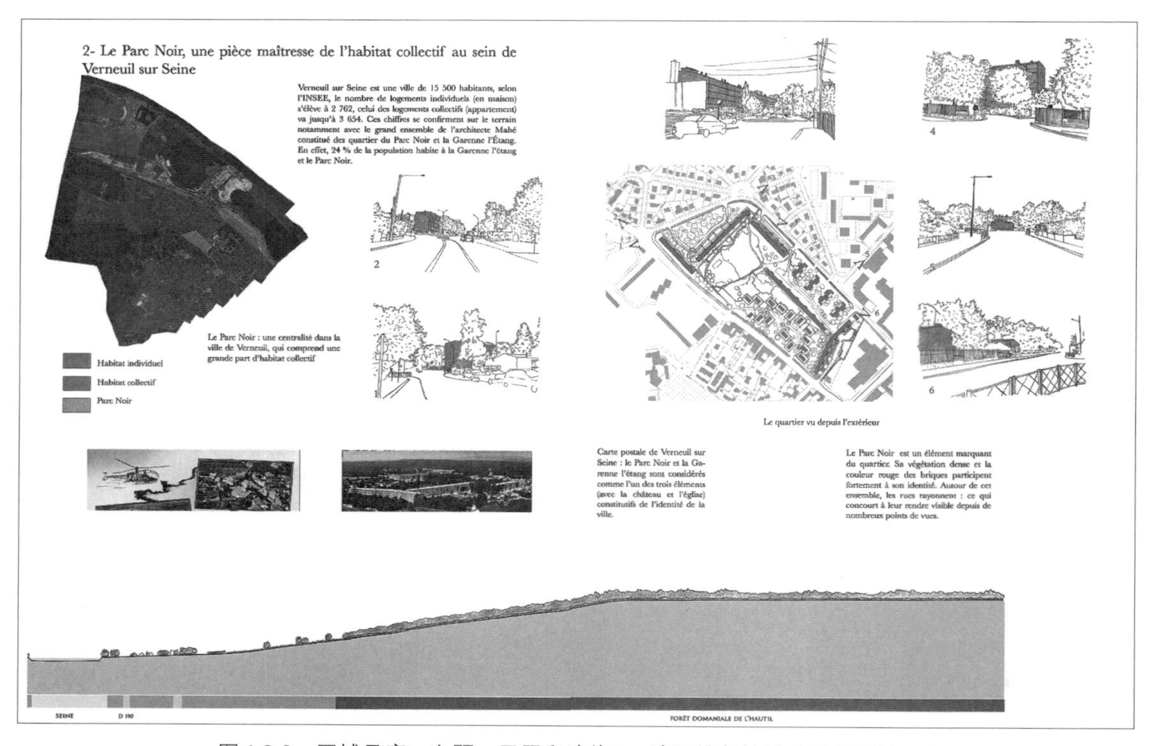

图4.3.8 区域尺度；主题：界限和边缘1，法国维尔纳叶（另见彩图29）

2014年由学生J. Thau，M. Sivré，F. Suss，A. Schneider绘制。

在实践或物理性层面，我们展示了场所的物质性特征（细节、材料……）。借助于“空间设施”的概念，将其定义为空间中的一组元素，它们的组合有助于特征描述。这个层面也为我们提供了一个指引，让我们知道哪些部分是需要详细的、近距离的观察。这些“空间设施”可以是植物，也可以是关于水平面或建筑物之间的连接物——如门槛和门廊（图4.3.12至图4.3.27，特别是图4.3.18、图4.3.23和图4.3.27）。选定的“设施”可以组合在一起描述场地、不同时期、地区或设计师，并与特定地点的意义联系起来（Francis，2001：19）。

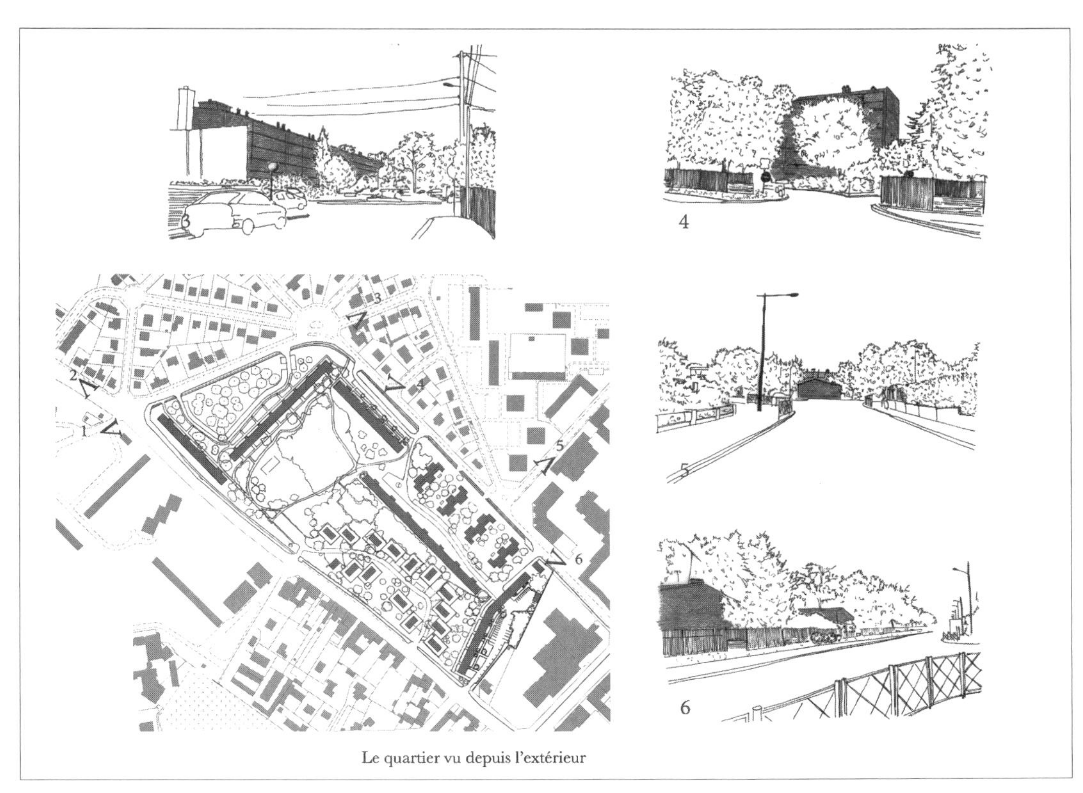

图4.3.9 区域尺度；主题：界限和边缘2，法国维尔纳叶（另见彩图30）

2014年由学生J. Thau，M. Sivré，F. Suss，A. Schneider绘制，“（放大）从周边看到的区域场景”。

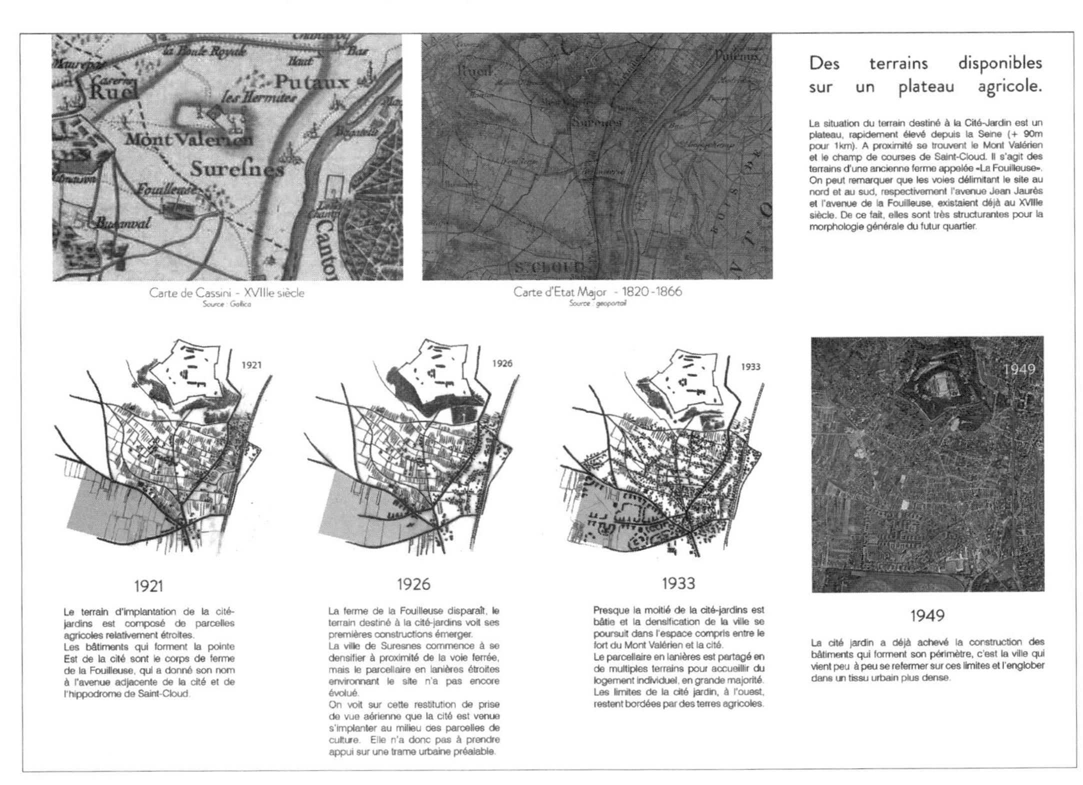

图4.3.10 法国叙雷讷地区不同历史阶段的区域尺度变化（另见彩图31）

2014年由学生B. Bouan，A. Costeramon，E. Desmeules，A. Gu绘制，“从农业高原到花园城市”（相同区域可参见图4.3.3）。

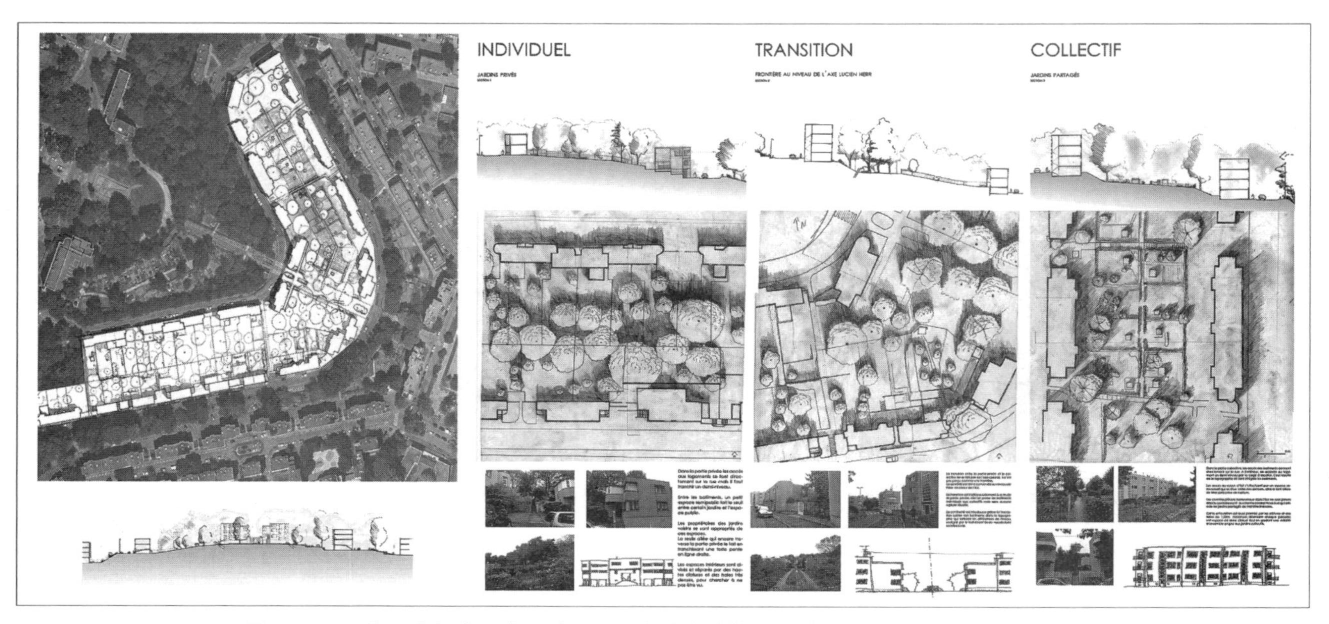

图 4.3.11 街区和细节尺度；法国巴黎塞纳省沙特奈-马拉布里的总体规划和横截面

2016年由学生E. Fernandez Martinez，E. Morillon，J. Feig绘制，“主轴线位于两个街区之间：个人住房和私家花园/集体住房和分配地”（相同区域可参见图4.3.1、图4.3.4和图4.3.28）

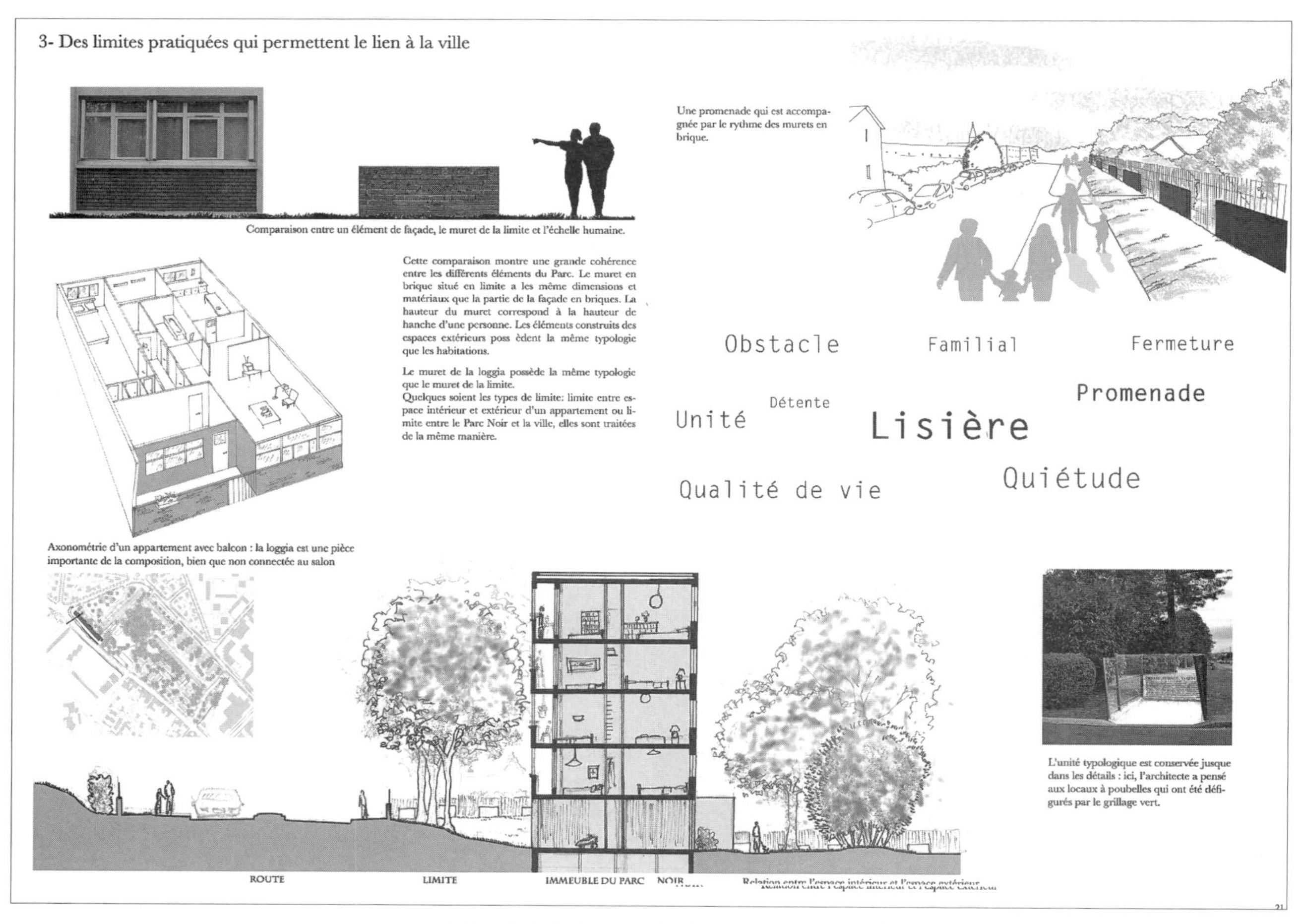

图4.3.12 细节尺度；边缘和界限1，法国维尔纳叶

2014年由学生J. Thau，M. Sivré，F. Suss，A. Schneider绘制，“清晰地展示了通过植物划分形成的建筑物与场地之间的界限，这种划分实现了平稳过渡”。

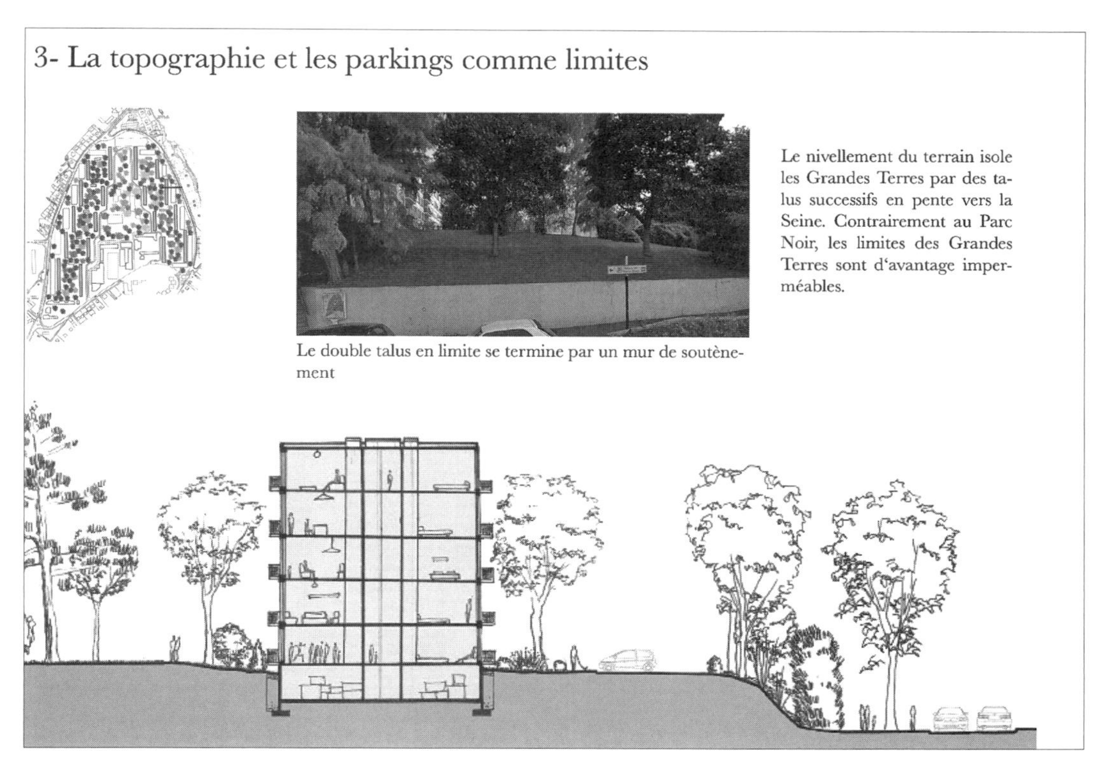

图4.3.13　细节尺度：边缘和界限2，法国维尔纳叶

2014年由学生J. Thau，M. Sivré，F. Suss，A. Schneider绘制，“马利勒如瓦的Grandes Terres商业中心：植被和地形作为场地与建筑物之间的界限，起到保护和封闭的作用”（图4.3.12和图4.3.13之间的比较：植被为界限，孔隙度不同）。

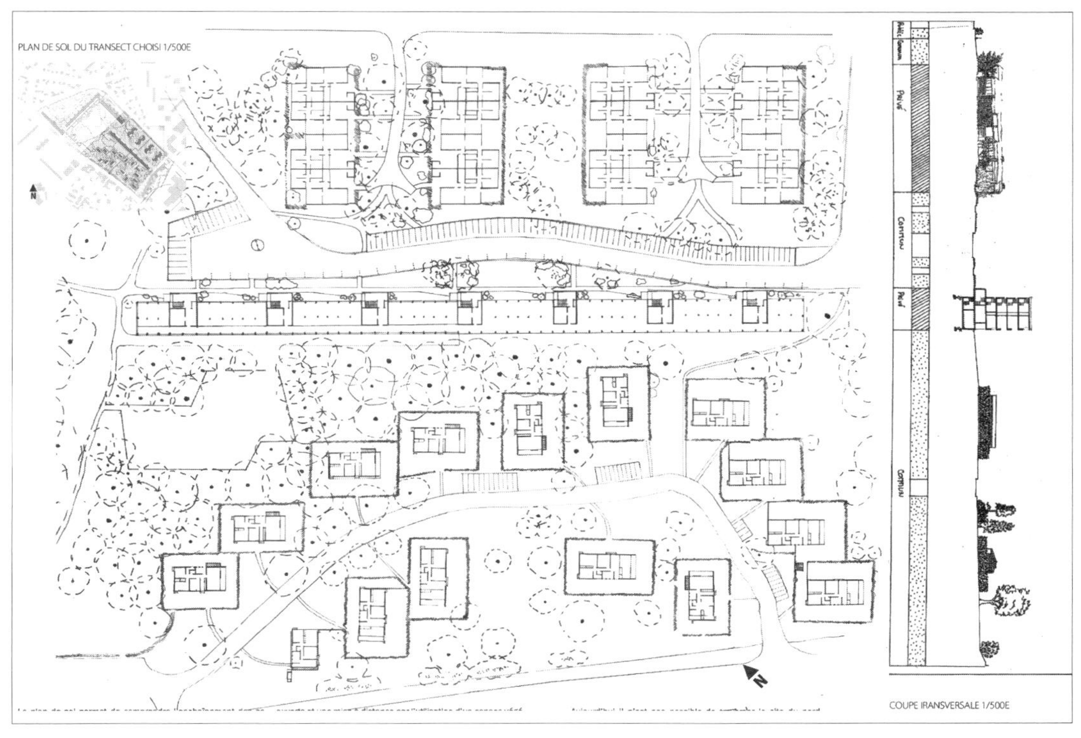

图4.3.14　细节尺度：住宅类型地图1，法国维尔纳叶

2014年由学生F. Gormotte，R. Goven，T. Ropion，E. Vazzanino绘制，“混合的类型学”。

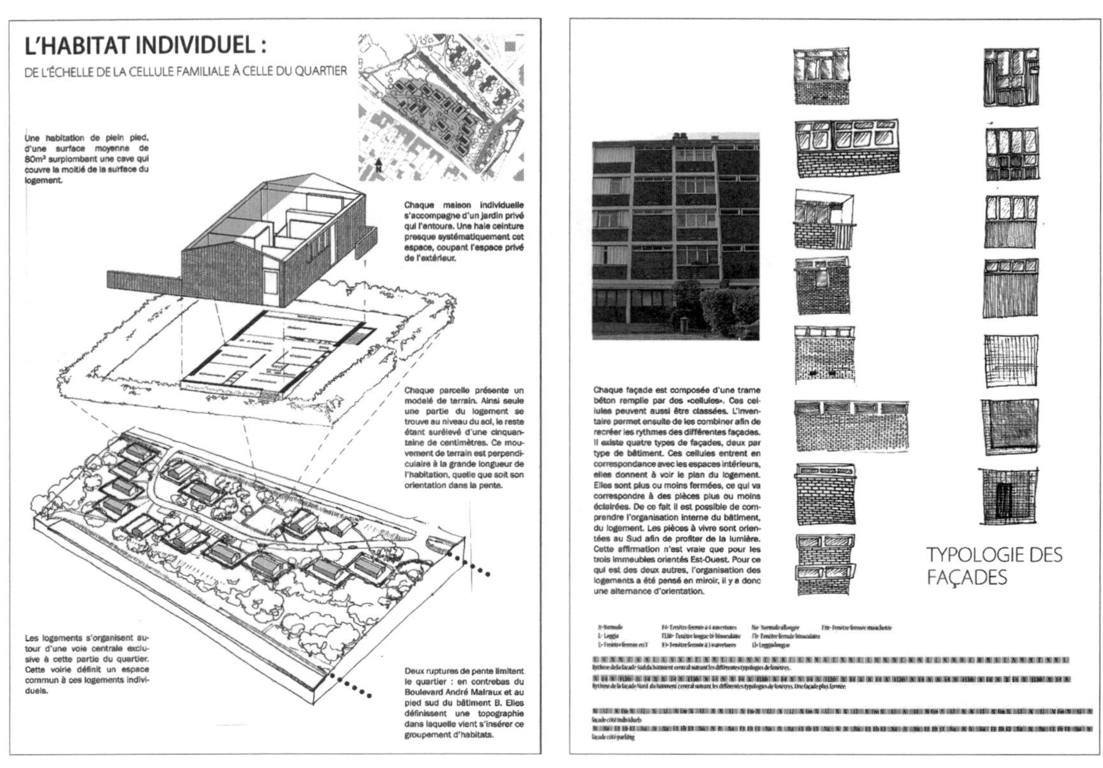

图4.3.15　细节尺度；住宅类型地图2，法国维尔纳叶

2014年由学生F. Gormotte，R. Goven，T. Ropion，E. Vazzanino.绘制，“混合的类型学”。

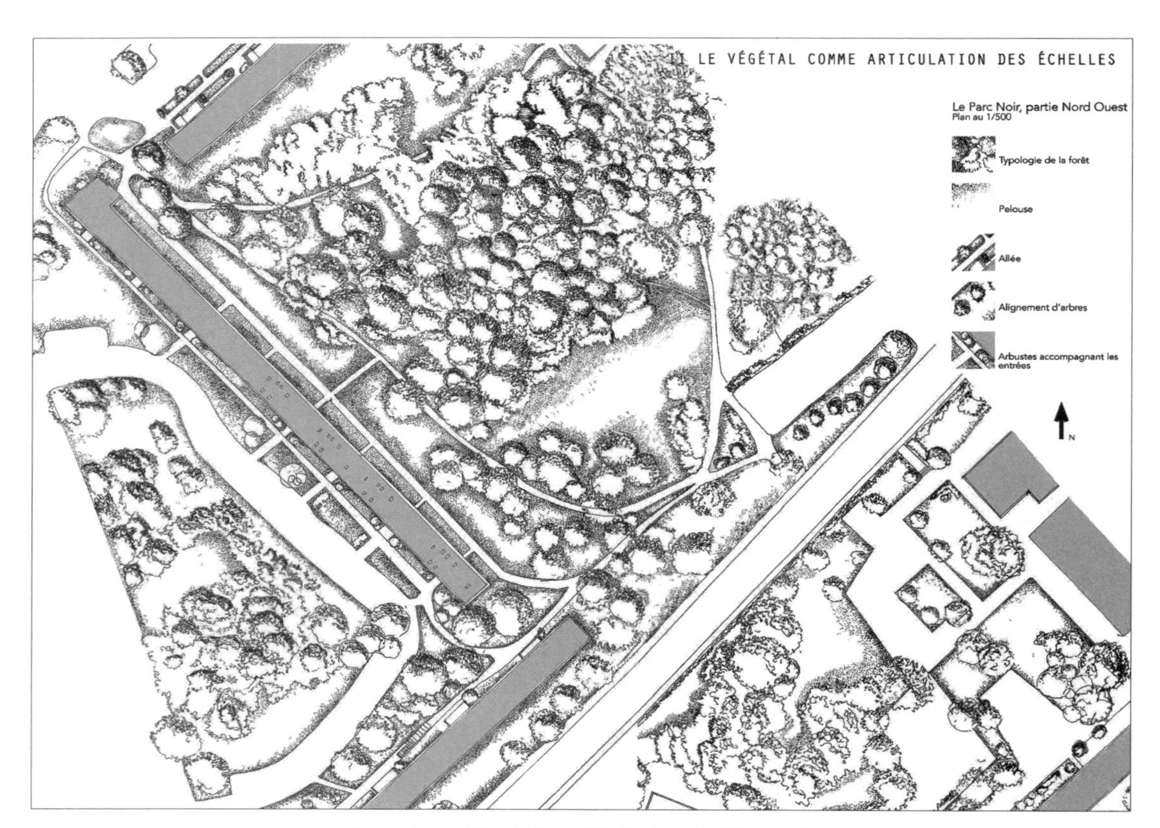

图4.3.16　街区尺度；植被地图，法国维尔纳叶

2014年由学生C. Bento，O. Malanot绘制，“原始植被的痕迹，介于娱乐空地和休憩森林之间”。

图4.3.17　细节尺度；植被平图和剖面，法国维尔纳叶

2014年由学生C. Bento，O. Malanot绘制，“植被作为空间之间的衔接”。

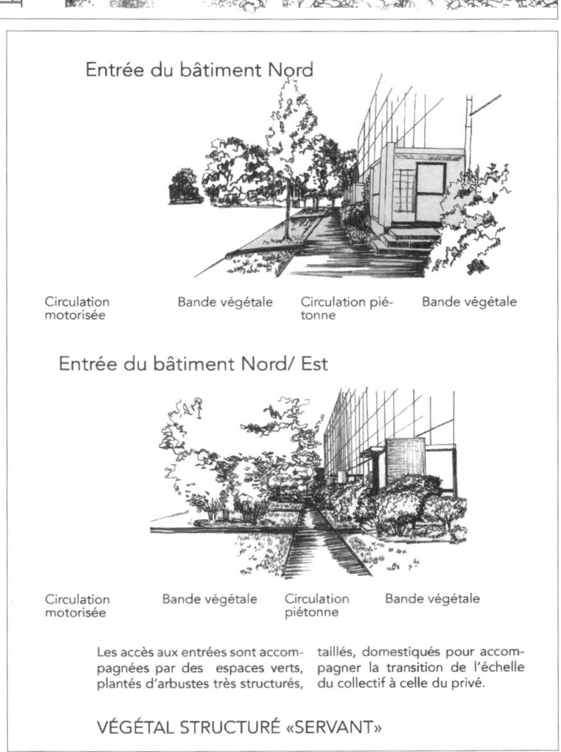

图4.3.18　细节尺度，“不同植物种植的入口效果”，法国维尔纳叶

2014年由学生C. Bento，O. Malanot绘制。

图4.3.19　主题：植被地图，布鲁塞尔Boisfort

2016年由学生E. Lapleau，L. Richard绘制，植被的选择取决于它们定义空间的能力。

图4.3.20　主题：植被剖面，布鲁塞尔Boisfort

2016年由学生E. Lapleau，L. Richard绘制，人行道入口和街区的“心脏”。

图4.3.21至图4.3.23表现的弗林斯州的Aubergenvile-Elisabethville是一个现代化的工业区，由建筑师B. Zehrfuss于1951—1954年设计，3幅图展示了从区域尺度到细节尺度的分析。

（3）调查：对场地重建的不同阶段进行调查和归档　为了重述项目的不同历史阶段：当前的、最初的和中间的，以及项目之前的场地状况，我们必须致力于对场地进行细致调查，包括访谈不同阶段的参与者和归纳整理档案资料。

“深入的现场调查和档案研究揭示了项目在实施过程中那些意想不到的步骤、惊喜、被遗忘的地方、变化，这些往往是最关键的地方”（Blan-chon，2016：69）。这些内容使我们可以正确地认识和判断景观维护的适当性和本质。但由于时间的限制，除非档案本身的整理

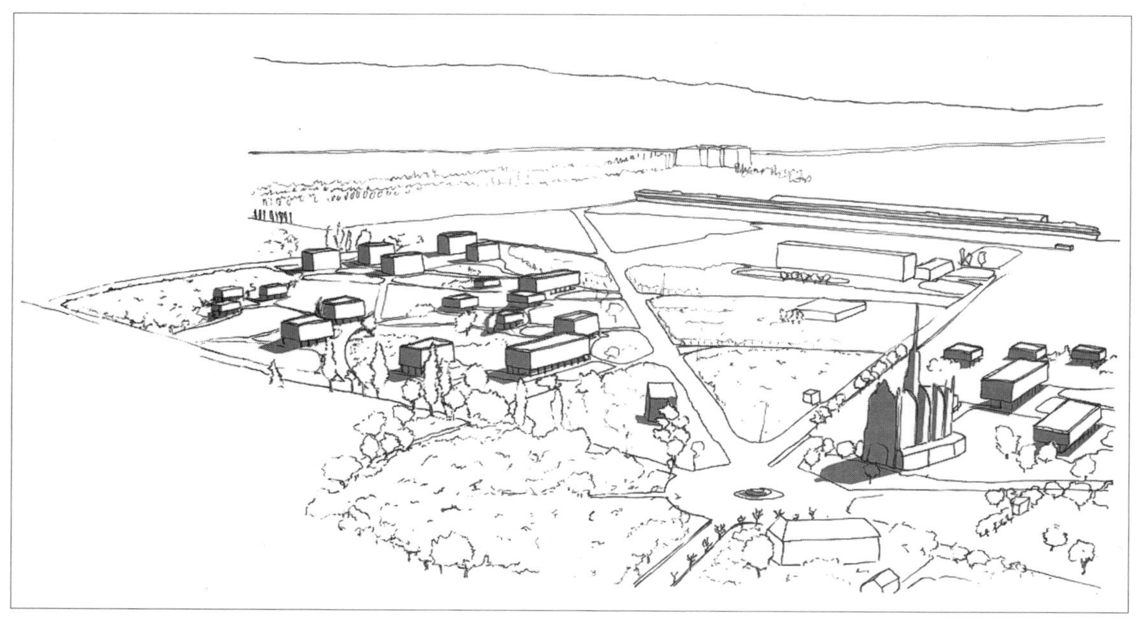

图4.3.21　雷诺-弗林斯地区：从塞纳河附近的休闲场所（花园城市和巴黎海滩）到工作场所

该区域的设计与大范围的区域景观相关联。由学生L. Gascon，S. Regal，J. Robin，M. Zago绘制。

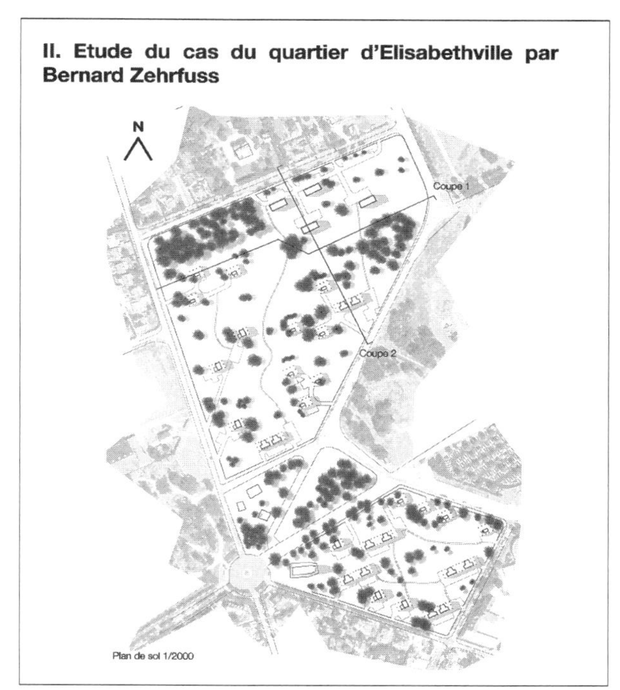

图4.3.22 雷诺-弗林斯地区，汽车厂房和职工住房的地图和横截面：广阔的空间

由学生L. Gascon, S. Regal, J. Robin, M.Zago绘制。

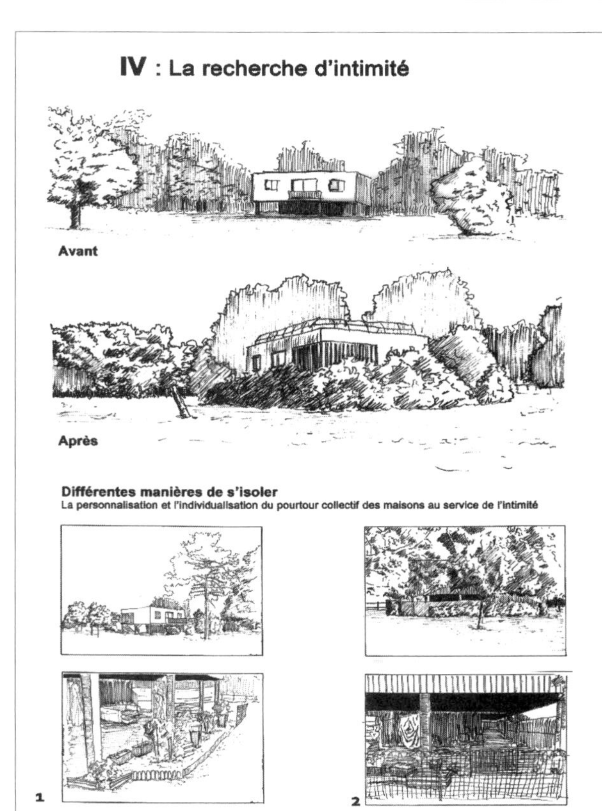

图4.3.23 雷诺-弗林斯地区，50年之前和之后的场景

通过图片对比同一个地方50年前后的场景，以寻找私密空间，分析林下空间功能的演变，调查个人的挪用和集体住房的包围。由学生K. Barthalay，S. Jung，A. Ranke- brandt，G. Rouchier绘制，生活在开放空间中：有碍于亲密关系的集体空间？

工作相对完善，否则进行档案资料的调查可能是一项困难的任务。档案的整理也是教学团队所做的准备工作之一。我们尽可能向学生展示档案整理的工作过程，以便他们以后在其他工作中可以自己独立完成，例如在下一年的论文工作中。

4.3.6　20世纪大巴黎城市结构研究的案例选编

案例研究的地点：我们选择了大巴黎城市结构的典型节点作为研究对象，涉及不同层面的景观问题。战争之前的花园城市（Chatenay-Malabry、Stains、Suresnes等地区的La Butte Rouge）；战后的主要住宅区（Clamart地区的Meudon-la-Forêt、Cité de la Plaine，Creteil地区的Sarcelles-Lochères、Les Bleuets等），这些住宅区有的刚刚被修复；当代街区（Zones d'Aménagement Concerté），这些项目从20世纪80年代开始，由风景园林设计师作为团队总协调（Villejuif、ZAC des Hautes Bruyères等）；以及最近的"生态小区"（Boulogne、ZAC Trapèze、Paris Seine Rive Gauche等）。

这些研究地点的选择有两个依据：建筑师和风景园林设计师在项目操作中的互动，以及对学生而言场地的可达性。学生需要自己到达现场进行参观、调查和测量。这些场地的吸引力是很容易被观察到的：从研究的角度来看，有些场地可能具有独特的趣味性，但对学生的吸引力较小（如被完全重新设计过的场地）。

"制作"：在选择一个新的研究地点时，我们会先对它的情况进行初步研究，并结合风景园林设计课程提出的问题和主题进行综合考虑。由于我们的案例研究主要关注住宅区，因此我们也需要征求居民和管理者的同意和授权，教学团队[1]会走访现场，与业主协会或代表以及设计师和早期的研究者建立联系。此外，教师还需要收集场地档案和了解未来可能会进行的项目。所做的这一切都是为学生的首次现场考察做准备。

主要议题：学生需要完成描述景观项目的过程和再现景观项目的主要阶段等议题，这些项目将景观视为一种连接的艺术，连接场地的现在与所描绘的作品，连接场地的地貌与周边的环境，连接建筑的内外，连接人与土地，连接水平方向与垂直方向。大多数的案例研究主题都是相似的：界限、边缘和城市尺度（图4.3.6、图4.3.8、图4.3.9、图4.3.12和图4.3.13），类型和建筑（图4.3.14、图4.3.15），植被和绿地系统（图4.3.16至图4.3.20），地形和土地利用模式，以及雨洪管理……

最终作品：最终的展示成果是一本竖向折叠式连续展开的A3速写本，类似于中国的册页，既可用于展览（图4.3.32），也可用于速写本展示（图4.3.28至图4.3.31）。pdf文件或速写本可供所有人查看，但除了来自城市和社会历史博物馆（Musée d'Histoire urbaine et sociale）[2]的法兰西岛地区花园协会（Association des cités jardins d'Ile de France）的反馈之外，

1　教学团队：包括两名助教，他们具有不同的专业领域。一位是风景园林设计师，另一位是建筑和城市历史专业的博士生。还有一位风景园林设计师参加了中间过程和最终的展览，所以我们可以形成两组"建筑师-风景园林设计师"的组合（包括我作为受过专业训练的建筑师）。2010—2018年的助教：Nathalie Levy、François Moreau、Simon Cathelain（风景园林设计师），Caroline Alder、Vanessa Fernandez、Federico Ferrari、Denyse Rodriguez- Tome、Pauline Lefort、Alexandro Panzeri（建筑师和博士研究生）。

2　博物馆位于巴黎附近的苏雷内斯，这是一个较大规模的花园城市，博物馆在大型展览之间的空闲时间展览我们的学生作品。

很少收到其他反馈。

图4.3.24至图4.3.27中表现克雷泰伊圣布里厄，野兽派建筑和自然景观，建筑设计：P. Bossard（1959—1962），2012（街区和细节尺度）。

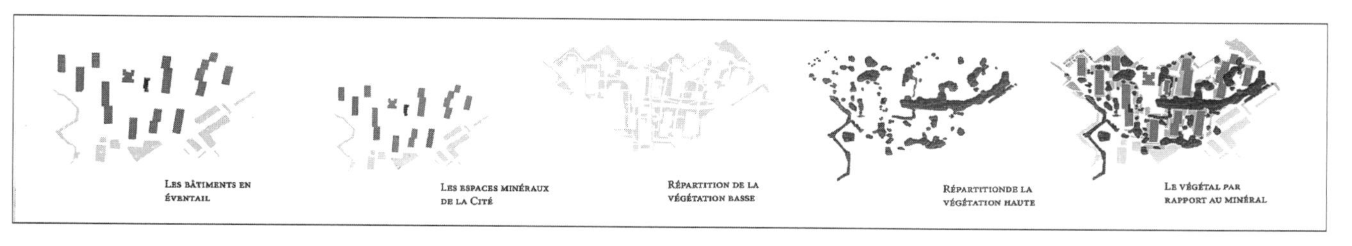

图4.3.24 克雷泰伊圣布里厄（Créteil，Les Bleuets），扇形布局朝着城市景观展开，矿产和植被层
由学生J. Gatier，M. Negron，L. Clermontonerre，T. Calvet绘制。

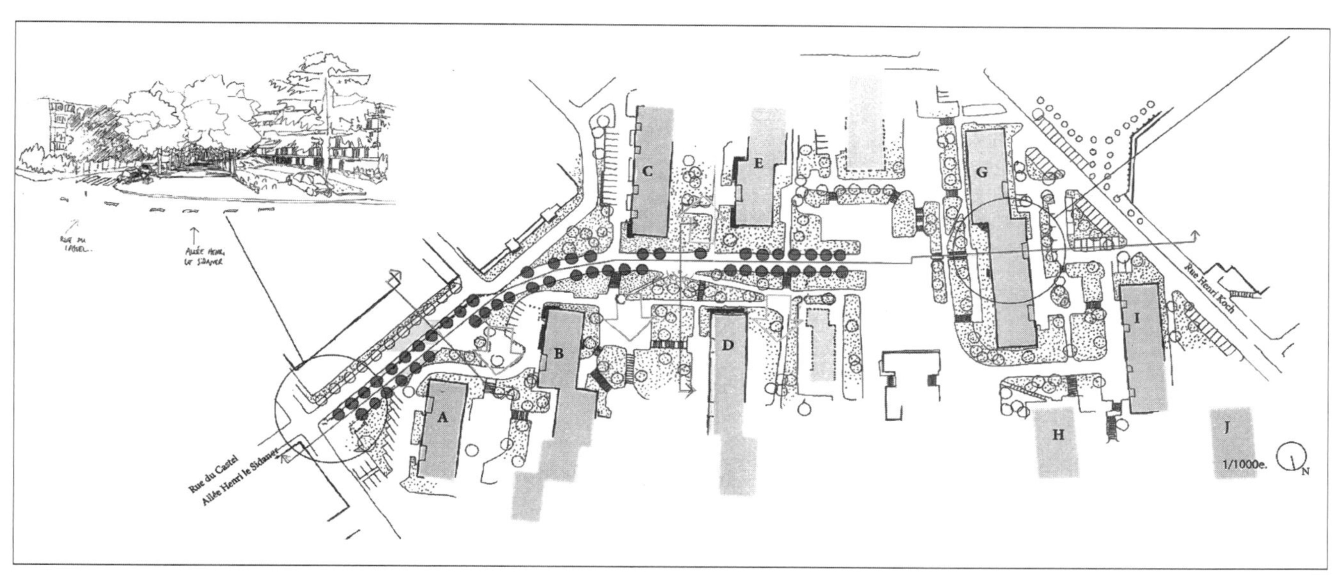

图4.3.25 克雷泰伊圣布里厄，围绕种植区域的购物中心规划：略有不同的扇形
由学生H. Bouju，Q. Debenest，C. Délegue，A. Hopquin绘制。

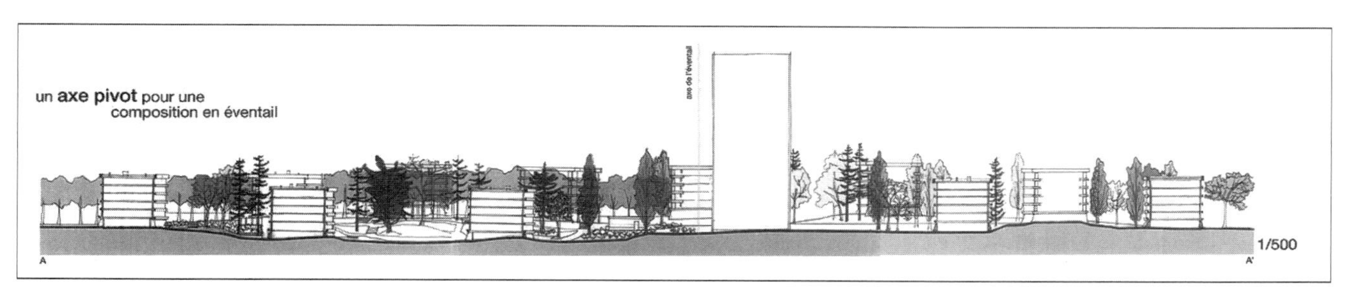

图4.3.26 克雷泰伊圣布里厄，横截面，表达现代性
由学生L. Braouch，M. Lefebvre，M. Nedelec，M. Ruffin绘制。

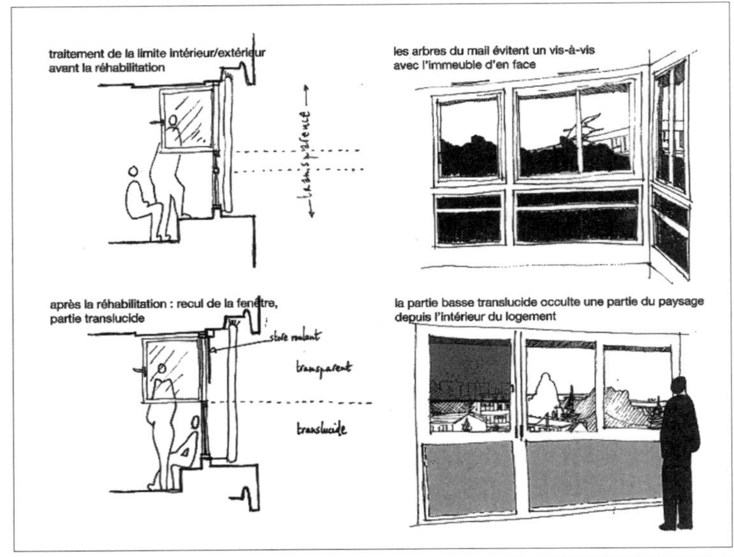

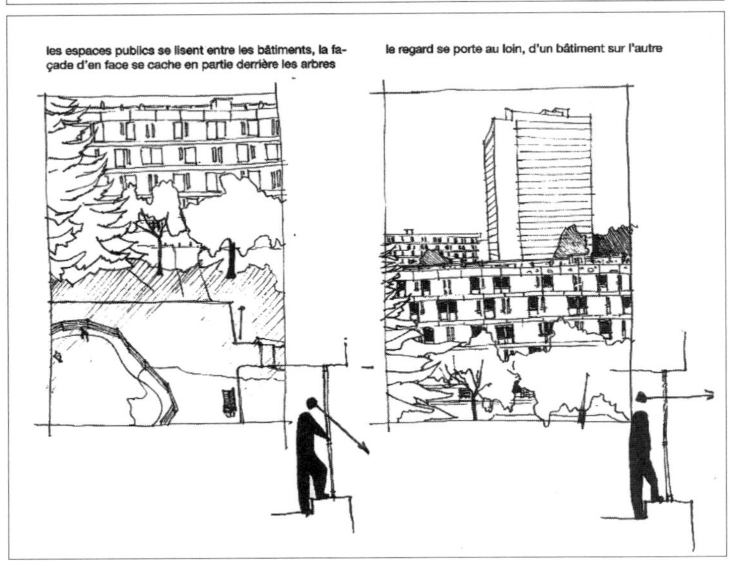

图4.3.27　克雷泰伊圣布里厄，场地细节，考虑室内生活和窗前风景的设计

由学生L. Braouch，M. Lefebvre，M. Nedelec，M. Ruffin绘制。

4.3.7　效益比较

专注于特定的主题允许学生既可以进行专题介绍，也可以就同一主题进行案例之间的比较。最后，每个小组还被要求选择另外一个项目进行对比，但所选择的对象必须是经过深思熟虑的，具有对比的合理性，其目的是正确地理解主题或者场地的某一方面。“比较的维度可以是探索同一地区不同规模的几个项目，也可以是类似主题的不同案例，从而扩展所讨论的问题。”事实上，该模块提供了广泛的类比的潜力，可以帮助学生更好地应用上文所述的方法。

（1）相同场地的不同主题（每个场地四个小组）　特定地点的资料需要不同的群体共同收集，这些资料包括项目的地理位置和环境特征，涉及的主要人物、历史背景和总体规划等，但需要避免重复。借助于这些共同的资料（地理和城市层面以及总体规划层面），学生必须思考如何最好地表达他们自己的主题，每个小组根据自己的需要筛选资料，用于横截面图、平面图和实践或物理层面的分析。

（2）同一主题的不同场地（每个主题三个小组） 这种比较的方式十分有效。我们将不同小组正在进行中的工作展示出来，让学生可以看到自己的同学是如何分析类似的问题的。用不同的方式理解同一主题，可以是更加概念性的，也可以是更加技术性的。在教学团队的帮助下，学生还会对同一个主题在不同历史时期的演变进行梳理，这大大提高了学生对自己想要表达的意图的理解。而不同案例之间的差异则更好地揭示了每个案例研究的特殊性。学生在项目的不同阶段或在不同方式下（例如，类型学的方式）逐步理解主题。

（3）与另外一个项目进行对比 最后，每个小组（让每个学生单独参与的尝试被证明是不太现实的）必须将其研究的一个方面与自己选择的另一个案例结合起来（图4.3.12、图4.3.13、图4.3.28和图4.3.29）。这个案例可以是历史的，也可以是当代的，最好是与他们开始选择的研究领域不同。选择一个没有现场考察过的场地很容易引起争议，但在这个阶段更倾向于这样做，以便学生们未来可以处理国外的项目。学生们还被要求解释选择另一个案例的原因，以及进行对比后的启示意义是什么。他们还被鼓励与网站中或他们正在进行的风景园林设计课程的相关内容进行比较，但是能够做到的学生还比较少。

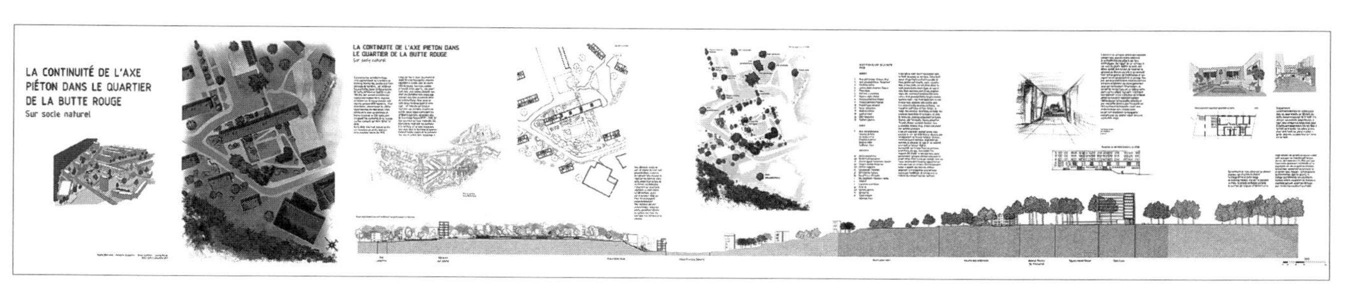

图4.3.28 A3“中国式”连续折叠速写本展开图，法国巴黎塞纳省沙特奈-马拉布里
2011年由学生S. Bertrand，H. Carpentier，S. Cathelain绘制。

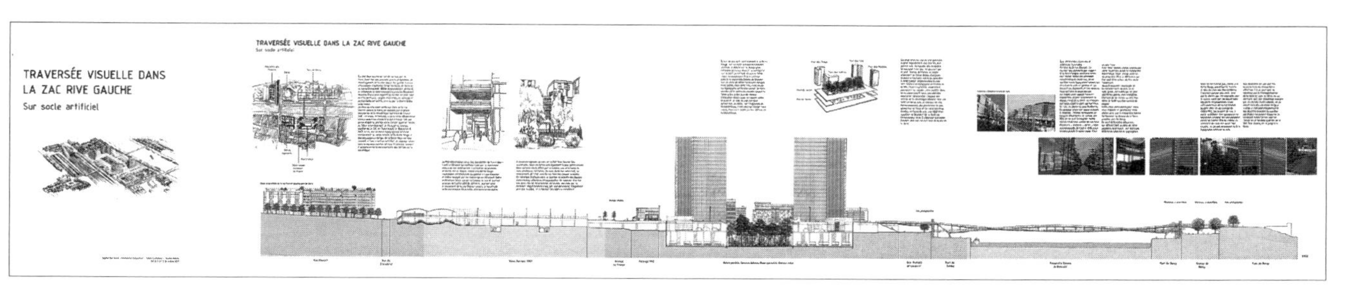

图4.3.29 A3“中国式”连续折叠速写本展开图，法国巴黎塞纳河左岸
2011年由学生S. Bertrand，H. Carpentier，S. Cathelain绘制。

图4.3.28和图4.3.29比较了自然地面（图4.3.28：La Butte Rouge花园城市，1930—1960）和人工地面（图4.3.29：塞纳河左岸，1991—2011）；物理上的连续性（图4.3.28：花园城市La Butte Rouge，1930—1960）和视觉上的连续性（图4.3.29：塞纳河的新建区域，1991—2011）；不同的尺度：开放的集体空间（花园城市区，图4.3.28），限制进入的私人空间和新的“开放街区”的围栏（仅有视觉连续性，新建区域，图4.3.29）。

图4.3.28、图4.3.29

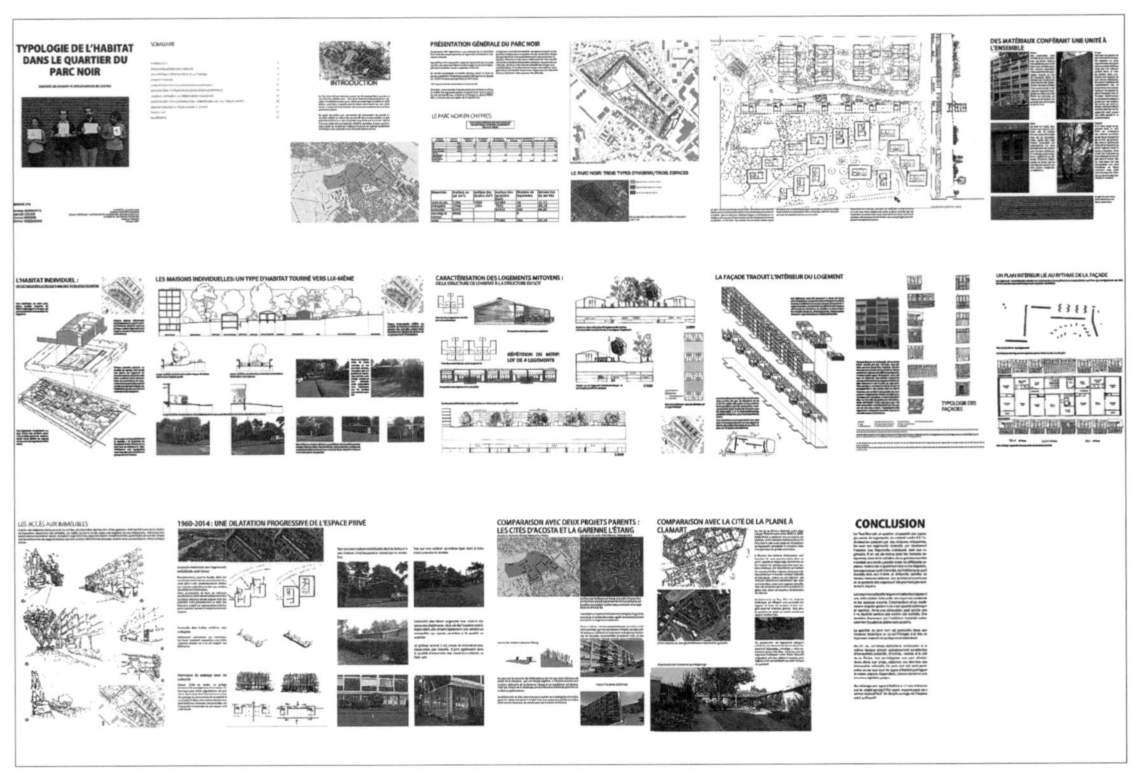

图4.3.30 完整提交的作业1

法国维尔纳叶，2014年，主题为房屋类型。

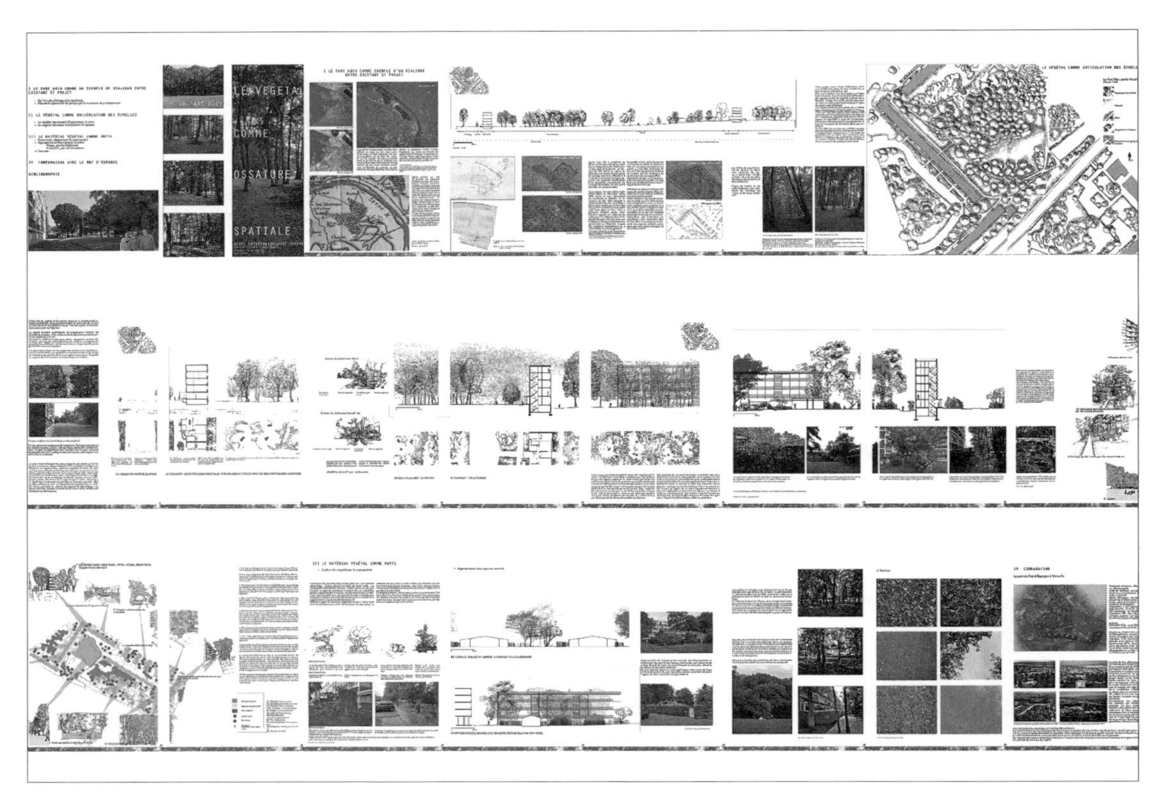

图4.3.31 完整提交的作业2

法国维尔纳叶，2014年，主题为植被。

图4.3.30、图4.3.31

图4.3.32　将折叠页展开用于展览和课程最终展示

这种“中国式”折叠后的册页可以像笔记本一样阅读，并且易于存放。

我们要求学生尽早选择作为比较对象的案例，至少要对其进行大致的分析和解读，这样就能利用它进行反思。如果学生做到了这一点，我们就能更好地提供帮助。但很多时候他们总是很晚才采取行动，我们不会施加过多的压力，因为我们认为这应该是一件愉悦的事情。

4.3.8　开放和限制：模块的作用和效益

（1）与其他教学方法的联系　我们的目标是建立历史教学与风景园林设计之间的联系。一些学生在风景园林设计工作坊中尝试了这种方法，引导他们在总体规划项目中关注内部与外部的关系，但这只是一种实验性的方法。为了发挥这种在社区管理和改造过程中显示出的国际化视野的潜力，需要将其纳入教学体系之中。另一个富有成效的方面是在风景园林设计工作坊中解决了“表现”（representation）的问题，特别是植被和土地，这意味着扩大了与生态相关专业的联系。

（2）其他学校/其他途径　在大多数建筑学院，历史课程与设计课程是分开的，并且在建筑和风景园林的常规课程中，很少有关于开放空间历史的讨论，历史往往与设计课程脱节[1]。上述介绍的训练方式最好设置在硕士二年级的专门课程中[2]。考虑到我们的专业设置和这个模块的长度，此类简短的课程练习可以设置多重目标，并提高对多项技能综合应用的认识。

尽管这些重要的开放空间往往规模不大，但它们是社区日常生活的中心，使社区被铭记于历史和地理之中。关注其重要性和其作为社会空间存在的价值，可以清楚地认识到在设计和管理中所需的技能，明白它们如何影响经费决策。我们的结论是，这些案例是可供观察、研究和评估的课程资源，它们为思考当今的城市住宅区规划设计提供了参考。在当今的城市住宅区中，公共空间和共享空间正趋于消失，管理维护问题更加严峻，同时增添了可持续发展的挑战。因此，我们引入了这些主题，相信很多学生会将它们作为硕士论文的选题。

1　如在里尔国立高等建筑与景观学院（Ecole Nationale Supérieure d'Architecture et de Paysage de Lille）和布洛瓦自然与景观学院（Ecole de la Nature et des Paysages Blois）。

2　如附近的凡尔赛建筑学院（ENSAV）开设了“历史花园、景观和遗产”课程。在那里，历史被嵌入案例分析之中进行深入讨论。但是他们的课程并不仅仅针对设计师，而是为了提高人们对此类项目中出现的各种问题的认识。

4.3.9 致谢

我非常感谢里尔国立高等建筑与景观学院的丹尼斯・德尔贝尔（Denis Delbaere，ENSAP Lille），布卢瓦法国国立高等自然与景观学校的奥利维尔・高丁（Olivier Gaudin，ESNP Blois）和凡尔赛建筑学院的史蒂芬妮・库尔图瓦（Stéphaniede Courtois，ENSA Versailles）提供的有关学校历史教学的信息。

4.3.10 参考文献

Arasse，D.（2000）. On n'y voit rien，descriptions，[There's nothing to see：descriptions]. Paris：Denoël.

Blanchon，B.，（2016）. "Criticism：the potential of scholarly reading of constructed landscapes. Or the difficult art of interpretation." *Journal of Landscape Architecture*，10th anniversary issue，10/2：66–71.

Blanchon Bernadette，Delbaere Denis，Garleff Jorn，（2010）. "Le paysage dans les ensembles urbains，1940–1980"，[Landscape in post-war housing complexes]，in *Les grands ensembles*. Paris：Carré，206–239.

Corboz A.（2001）. "La description：entre lecture et écriture"，[Description，between reading and writing]，in Le territoire comme palimpseste et autres essais，[Land as palimpsest and other texts]. Paris：L'Imprimeur，249–258.

Original text：（1995）. "La descrizione tra lettura e scrittura"，2° convegno di urbanistica；'La descrizione'，Prato，30 March –1 April. Published in（2000）Faces 48：52–54.（Unpublished in English）.

Cosgrove，D.（1999）. ed.，*Mappings*. London：Reaktion Books.

Descombes，G.（1988）. *Shifting Sites，il territorio transitivo，presented by Tironi Giordano*. Rome：Gangemi editore.

Dutoit，A.（2008）. "Looking as Inquiry，Drawing the Implied Urban Realm"，in M. Treib（ed.），*Drawing/Thinking：Confronting an Electronic Age*. London：Routledge，148–159.

Farhat，G.（2003）. "Optique topographique：la grande terrasse de Saint-Germain-en-Laye" [Topographical optics：the Grande Terrasse at Saint-Germain-en-Laye]，in various authors，Le Nôtre，un inconnu illustre? Paris：Monum，Éditions du Patrimoine，122–135.（Proceedings of the ICOMOS International Conference，Versailles and Chantilly，October 2000）.

Farhat，G.（2011）. "Archives et paysage：du site comme agent historique" [Archives and Landscape：site as historical agent]，*Colonnes*，N° 27，June：52–55.

Francis，M.，（2001）. "A Case Study Method for Landscape Architecture"，*Landscape Journal*，20：15–29.

Geertz，C.（1973）. "Thick description：towards an interpretive theory of culture"，in *The Interpretation of Cultures：Selected Essays*. New York：Basic Books，2–30.

Marot S.（1999）. "L' art de la mémoire，le territoire et l' architecture"，*Le Visiteur*，4：115–176.

Pallasmaa，J.（1996）. *The Eyes of the Skin*. New Jersey：John Wiley & Sons.

Pallasmaa，J.（2009）. *The Thinking Hand*. New Jersey：John Wiley & Sons.

Treib，Marc（2008）. *Representing landscape architecture*. London：Taylor Francis.

Way，T.（2013）. "Landscapes of Industrial Excess：A Thick Sections Approach to Gas Work Park"，*JoLA，Journal of Landscape Architecture*，8/1：28–39.

附　录

关于编者

卡斯滕·约根森（Karsten Jørgensen）

挪威生命科学大学风景园林学院教授；欧洲《风景园林》杂志创始主编，2006—2016年。

尼尔古尔·卡拉德尼兹（Nilgül Karadeniz）

土耳其安卡拉大学风景园林教授；勒诺特研究所的创始成员，并于2016—2018年担任该研究所的主席。

埃尔克·梅尔滕斯（Elke Mertens）

新勃兰登堡应用技术大学风景园林和开发空间管理教授，作为执行委员会成员，她一直活跃于勒诺特研究所联盟以及欧洲风景园林高校理事会的工作中。

理查德·斯蒂尔斯（Richard Stiles）

奥地利维也纳科技大学建筑学院和规划学院风景园林教授；原欧洲风景园林高校理事会主席，并担任欧盟共同资助的勒诺特研究所联盟风景园林协调员11年。

作者简介

玛丽亚-比阿特丽斯·安德鲁奇（Maria-Beatrice Andreucci）

博士，国际风景园林师联合会顾问团成员，风景园林设计师、经济学家，罗马大学建筑系环境设计、规划、设计及技术方向研究教授。通过广泛的国际研究，她的工作促成了一个不断发展的框架，将可持续建筑和城市设计的专业领域与景观经济的跨学科主题联系起来。在欧盟-世界卫生组织资助的Eklipse城市和城市边缘的绿色和蓝色空间与人类心理健康研究项目中担任联合主席；欧洲城市研究联盟（UERA）城市经济与福利工作组负责人；欧盟资助的生态系统服务付费研究课题（COST Action CA15206 Payments for Ecosystem Services–PESFOR – W）管理委员会成员。

伯纳黛特·布拉雄（Bernadette Blanchon）

伯纳黛特是注册建筑师，法国凡尔赛国立高等景观学院副教授，在与亚历山大·切梅托夫（Alexandre Chemetoff）的景观事务所（Bureau des Paysages）合作后，担任景观项目

（Laboratoire de Recherche en Projets de Paysage）研究员。她的教学和研究工作主要集中在城市开放空间，包括两个方面：战后时期风景园林的发展——包括女性的贡献——以及对已完成作品的批判性分析。作为欧洲学术期刊《风景园林》（*JoLA*）的创始编辑，她在2006—2014年期间，设立了“天空之下”（Under the Sky）栏目，专注于对设计作品进行批判性解读。

马可·卡萨格兰德（Marco Casagrande）

卡萨格兰德出生于1971年，2001年毕业于赫尔辛基理工大学建筑系。在建立目前的卡萨格兰德实验室之前，他是萨米·林塔拉（Sami Rintala）的合伙人。从他职业生涯的早期阶段开始，卡萨格兰德就开始将建筑与其他艺术和科学的学科结合起来，并在世界各地推出了一系列具有生态意识的建筑装置。卡萨格兰德是台湾淡江大学生态城市规划教授。卡萨格兰德曾经在25个国家的65个学术机构任教，并在14个不同的国家完成了70件作品。他完成的作品曾5次在威尼斯建筑双年展中（2000、2004、2006、2014、2016）和其他作品展出。他是2013年欧洲建筑奖、2013年国际建筑评论委员会概念和艺术建筑奖以及2015年联合国教科文组织和Locus基金会全球可持续建筑奖的获得者。

丽莎·戴德里奇（Lisa Diedrich）

丽莎在巴黎、马赛和斯图加特学习建筑和城市规划，在柏林学习新闻学，并在哥本哈根大学学习风景园林设计，获得博士学位。她目前在阿尔纳普马尔默的瑞典农业科学大学担任风景园林设计学教授，负责瑞典农业科学大学城市未来（Urban Futures）研究所。她还是欧洲风景园林专业丛书《实地调查/现场/接触/移动/护理创建法案》（*Fieldwork / On Site / In Touch / On The Move / Care Create Act*）的主编，并与哈里·哈瑟玛（Harry Harsema）共同主编国际景观和城市化杂志《风景》（*'scape*）。

皮埃尔·多纳迪厄（Pierre Donadieu）

自1977年以来，皮埃尔一直在法国凡尔赛国立高等景观学院（ENSP）任教，目前担任景观科学杰出教授。他与巴黎第一大学、巴黎高科农业学院（巴黎萨克雷大学）合作，为准备读博士的学生设立了一个关于设计过程理论与解析的硕士课程“景观设计的理论和方法”。

马德斯·法尔瑟（Mads Farsø）

马德斯出生于1978年，在哥本哈根大学学习地理学（理学硕士）和风景园林设计学（博士），并获得认证从业资格（MDL），经营着他的工作室Farsø Have。马德斯是瑞典农业科学大学5年风景园林设计项目的研究主任，同时他也是专注于研究风景园林设计价值、媒体和电影的助理高级讲师。他与别人共同创立并组织了2014—2017年哥本哈根建筑节（CAFx），最近发起建立了研究协作平台环境实验室（Surroundings Lab），该平台探索与风景园林设计相关的新媒体和理论，以表达日常环境的价值。

玛丽亚·古拉（Maria Goula）

博士，2007年毕业于加泰罗尼亚理工大学，目前是康奈尔大学风景园林设计系的副教授，以及加泰罗尼亚理工大学和马拉加大学人居、区域和旅游研究所的兼职研究员，从事沿海旅游研究工作，特别聚焦于休闲模式和沿海演变。自2000年起担任巴塞罗那国际景观双年展基金会成员。与杰米·瓦努奇（Jamie Vanucchi）一起，作为康奈尔大学“北部群岛（Upstate Archipelago）”团队的负责人。该设计团队是2018年7月“重塑纽约运河（Reimagining the New York Canals）”国际设计竞赛的决赛入围者之一。

卡琳·赫尔姆斯（Karin Helms）

风景园林设计师，也是Paysagiste Sarl公司（1993—2002）的创始人。她是法国凡尔赛国立高等景观学院（ENSP）负责国际关系的风景园林专业副教授。她创建了欧洲风景园林设计硕士项目：EMiLA，由5所大学/学院管理（www.emila.eu）。自1999年以来，她一直担任法国国家风景园林设计顾问。她的研究包括农村和郊区的大尺度景观。她目前正在皇家墨尔本理工大学欧洲校区（巴塞罗那）攻读以实践为主的博士研究学位。她通过ADAPT-r计划（2015—2016）获得了欧盟玛丽·居里资助。

苏珊·赫灵顿（Susan Herrington）

加拿大不列颠哥伦比亚大学风景园林设计项目的教授和主席，她教授风景园林、环境设计和建筑专业的学生。赫灵顿定期教授风景园林史、风景园林理论、垂直工作室课程和核心工作室课程。她最近出版了《设计中的景观理论》（*Landscape Theory in Design*）。

阿德南·卡普兰（Adnan Kaplan）

土耳其伊兹密尔埃格（爱琴海）大学风景园林设计系的教授。他的研究兴趣涵盖多个规划和设计方向，包括弹性城市、蓝绿基础设施、城市公共开放空间、滨海湿地和视觉影响评估。

乌尔丽克·克里普纳（Ulrike Krippner）

乌尔丽克是维也纳博库风景园林研究所的高级研究员。她拥有风景园林设计学博士学位并教授景观历史。她的研究和著作集中于20世纪的景观专业历史、风景园林领域中的女性问题以及第二次世界大战后的风景园林设计。

莉莉艾·利卡（Lilli Lička）

莉莉艾是维也纳自然资源与生命科学大学的风景园林设计专业教授。她的项目专注于公共开放空间、住房、遗产地和城市公园。她策划了一个关于当代奥地利风景园林设计的线上收藏展，并负责奥地利风景园林档案馆。她于1911—2016年担任科塞利卡（Koselicka）公司的负责人，并于2017年开设了LL-L景观设计公司。

贝蒂娜·拉姆（Bettina Lamm）

哥本哈根大学副教授。拉姆的研究聚焦于城市环境与公共领域生活之间的相互作用。她通过实践和理论研究临时干预、游戏设计和艺术装置如何促进公共空间的社会互动并重塑城市景观。拉姆是《可玩性》（*Playable*）一书的合著者之一，该书探讨了游戏、艺术和公共空间之间的关系。她开展了基于实践的研究项目“移动社区（Move the Neighbourhood）”，该项目探索城市环境中的协作设计和施工方法。她指导城市干预工作室课程，学生们在其中对景观进行1：1尺度的设计。

琼·艾弗森·纳索尔（Joan Iverson Nassauer）

密歇根大学环境与可持续发展学院风景园林专业教授，《景观与城市规划》杂志联合主编。她主要研究生态设计，通过设计方案改善生态系统服务，并使用社会科学方法来了解人类经验如何影响景观并受到景观影响。她是美国风景园林师协会会员（1992）和风景园林教育委员会会员（2007），她被国际景观生态学协会（IALE）评为杰出学者（2007），并被美国和国际景观生态学协会共同评为景观生态学杰出实践者（1998）。

布鲁诺·诺特伯姆（Bruno Notteboom）

城市和区域规划博士，比利时鲁汶大学建筑学院副教授。曾任根特大学和安特卫普大学助理教授，加州大学伯克利分校访问学者。诺特伯姆目前的研究重点是从文化景观的角度进行景观分析和设计，以及从历史和当代的角度研究设计师在科学、社会和政治之间的角色。他最近的一本书，《重拾景观：重拍、记忆与转型1904—1980—2004—2014》（*Recollecting Landscapes. Rephotography, Memory and Transformation, 1904–1980–2004–2014*）（与皮耶特·乌伊特恩霍夫合作，2018），涉及法兰德斯的景观转变。

帕特里夏·佩雷斯·鲁普勒（Patricia Pérez Rumpler）

帕特里夏毕业于维也纳自然资源与生命科学大学景观生态学和景观规划专业（BOKU，维也纳，1995），并于1997年获得巴塞罗那加泰罗尼亚理工大学的风景园林硕士专业学位。她的职业生涯开始于在罗莎·芭尔芭（Rosa Barba）负责的巴塞罗那建筑学院景观和研究中心担任研究员。从2000年起，她一直在巴塞罗那迪普塔（区域公共管理部）的风景园林部门工作。除主要专业活动外，她作为兼职教授在一系列课程中开展学术活动：景观与旅游（加泰罗尼亚理工大学风景园林设计硕士），与多家建筑和景观事务所开展编辑工作和专业合作。

彼得·派切克（Peter Petschek）

1959年出生于德国班贝格。1979—1985年，就读于德国柏林工业大学（Dipl.-Ing.景观规划）。1985—1987年，就读于美国路易斯安那州立大学（风景园林硕士）。1987—1996年，在美国、德国和瑞士的多家风景园林设计公司工作。自1991年以来，担任瑞士拉珀斯维尔应用科学大学风景园林专业课程教授，主要关注场地设计和数字地形建模。

海克·拉赫曼（Heike Rahmann）

皇家墨尔本理工大学的风景园林设计师和城市研究员。她的研究以设计实践和理论为重点，探索景观、技术和当代都市主义的交叉。她出版了两本合著的书，包括《景观建筑和数字技术：重构设计和建造》（*Landscape Architecture and Digital Technology: Re-conceptualising Design and Making*）（与吉莉安·沃利斯合著，2016）。

香农・萨瑟利（Shannon Satherley）

澳大利亚布里斯班昆士兰科技大学的注册风景园林设计师和风景园林设计高级讲师。她的工作专注于创造性艺术和风景园林设计实践的交叉。

约安娜・斯潘诺（Ioanna Spanou）

博士，建筑师和风景园林设计师。她的博士论文《绘制气氛：编舞地中海景观》（Mapping Atmosphere：rehearsals in Mediterranean landscapes）获得了加泰罗尼亚理工大学的优秀博士奖。巴塞罗那建筑学院和加泰罗尼亚理工大学城市化与区域规划系兼职教授。城市发展署巴塞罗那地区城市分析部协调员。

卡尔・斯坦尼茨（Carl Steinitz）

哈佛大学设计研究生院亚历山大和维多利亚威利讲席风景园林设计与规划荣誉教授，伦敦大学学院高级空间分析中心名誉教授。1965年，他加入哈佛计算机图形和空间分析实验室。1984年，斯坦尼茨教授因“对环境设计教育的非凡贡献”和“在景观规划中使用计算机技术的开创性探索”被风景园林设计教育委员会（CELA）授予了杰出教育者奖。他被评为哈佛大学杰出教师之一。斯坦尼茨教授是《变化景观的多解规划》（*Alternative Futures for Changing Landscapes*）（2003）的主要作者，也是《地理设计框架》（*A Framework for Geodesign*）（2012）的作者。他曾在170多所大学讲学和举办研讨会，并拥有多个荣誉学位。

罗西・索伦（Roxi Thoren）

美国俄勒冈大学建筑与风景园林专业副教授，富勒生产性景观中心主任。她的研究侧重于将生产力整合到风景园林设计中，包括围绕农业、林业和能源的研究和设计项目。

皮耶特・乌伊特恩霍夫（Pieter Uyttenhove）

根特大学的正教授，并在2014年之前担任建筑与城市规划系主任。他曾在鲁汶大学和巴黎城市学院（Institut d’urbanisme de Paris）学习，并在巴黎高等社会科学学院获得博士学位。他目前的研究涉及景观表现、知识和城市，城市主义的历史和理论。他在许多国家和国际期刊上发表过文章，也是《马塞尔・洛兹：行动、建筑与历史》（*Marcel Lods*：*Action*，*architecture*，*histoire*）（2009）的作者，《拉伯斯作品2004—2014》（*Labo S works*）（2014）的合著者之一，《重拾景观》（*Recollecting Landscapes*）（2018）的合编者之一，还参与编写了一些其他书籍。

科雷・韦利贝约格卢（Koray Velibeyoğlu）

伊兹密尔理工学院城市与区域规划系副教授。他的主要研究领域是城市设计、知识管理、基于地方资源的开发、基于自然的解决方案、城市信息通信技术政策制定和智慧城市。联系方式：korayvelibeyoglu@iyte.edu.tr

安妮・玛格丽特・瓦格纳（Anne Margrethe Wagner）

哥本哈根大学助理教授。安妮的学术工作侧重于当代城市规划和设计实践中的城市转型过程和公共空间，特别关注城市景观再开发背景下的临时用途和短期干预措施。瓦格纳是《可玩性》(*Playable*) 一书的合著者之一，该书探讨了游戏、艺术和公共空间之间的关系。她是研究项目“移动社区（Move the Neighbourhood）”的成员，主要研究城市公共空间的协同设计与当前规划和设计范式之间的关系。安妮与其他老师共同教授城市干预工作室课程，学生在该课程中对景观进行1：1尺度的干预设计训练。

吉莉安·沃利斯（Jillian Walliss）

吉莉安任职于墨尔本大学风景园林设计学院，她教授景观理论和设计工作室课程。她在数字设计和风景园林设计方面发表了大量文章，近期的工作是探索数据驱动的设计方法，这些方法是为了应对气候变暖的挑战。

卡罗拉·温格伦（Carola Wingren）

自2003年以来，卡罗拉一直担任风景园林艺术教授，专注于风景园林及其方法论、景观身份和美学等领域。她研究由气候或文化变化引起景观改变相关的设计。她的方法部分基于艺术性（也来自其他学科），在跨学科的探索过程中，她让自己的角色与其他研究人员的有所区别。

罗兰·乌克（Roland Wück）

维也纳自然资源与生命科学大学风景园林研究院的高级讲师。他在学士和硕士级别的工作室课程教授场地设计和施工，并专注于计算机辅助设计中的计算机应用和先进技术。

译 后 记

风景园林教育常常需要考虑两个关键方面的问题：其一是应该传授什么知识（What）？主要涉及学科知识体系的构建；其二是应该如何传授这些知识（How）？这一问题涉及发展相应的教学理论及方法。作为一门与社会实践需求紧密联系的学科，从建立之初到今天，风景园林的学科知识体系一直在不断拓展与完善，其教学理念及形式也一直在不断变化、发展和创新。对于风景园林专业知识或课程应该如何教授，以及如何学习这些专业知识或课程，无疑是许多教师和学生普遍关心的问题。工作室（Studio）课程作为一种教学模式，其基于问题或项目的工作室教学模式被认为能够模拟真实的工作情景，很好地将研究、技术和创造融入教学，让学生在面对具体的问题、挑战和任务中得到学习，也因此一直被国内外风景园林院校广泛采用。

本书中收录的设计、营造、规划及历史与理论等四种工作室课程实例来自于不同国家和院校，主要探索了工作室课程如何有效地传授风景园林相关知识，并培养学生的专业能力。然而，工作室课程作为一种教学模式，哪怕是应用于同一门专业课程，其具体教学思路和方法也可能因为教师个人思想及所面对问题或项目之间的差异而变得有所不同。正因如此，本书的工作室课程涉及内容包括艺术创造、社会矛盾、景观技术、团队合作、科学研究及历史档案等多种维度。尽管只有18个工作室课程实例，但这些课程大都具有较为成熟的教学理念、清晰的计划制订及合理的组织管理。对于风景园林专业教师而言，这些不同国家、院校的风景园林工作室课程探索经验，能够为其相关课程的教学思路及方法提供更加丰富的参考；对于风景园林专业学生而言，这些课程能够为可能的深造学习计划提供了解不同国家或院校风景园林教育特点的便捷窗口。

本书的翻译工作历时一年有余，衷心感谢在开始阶段罗玮菁、李海薇、侯咏淇、方言、林晓玲、禹舜尧、张芷彤、刘康、王国屹、肖佩瑶、俞蓝星、黄方昱等同学的支持和帮助，当然还包括那些为本书翻译做出努力，但在此没有全部列出的同学。我们曾经不定期对这些课程的教学展开过讨论。第二阶段的意译和语句表达，以及第三阶段的审校由我、夏宇及刘京一老师负责。虽然从内容来看，本书的翻译难度并不大，但由于涉及多个国家和不同文化背景，其中出现一些专有名称如人名、地名等内容，我们为此花费了大量时间，尽力通过相关资料核实选择合适的中文表述，或在不影响阅读的情况下保留其原语言。此外，由于翻译工作时间紧迫，我们也难以将全书译稿反复一一核实，如有不当之处，还请广大读者理解并批评指正。

风景园林教育是未来学科和行业发展的重要根本，希望本书的出版发行能够为此提供参考和帮助。

陈崇贤

2022年1月于广州

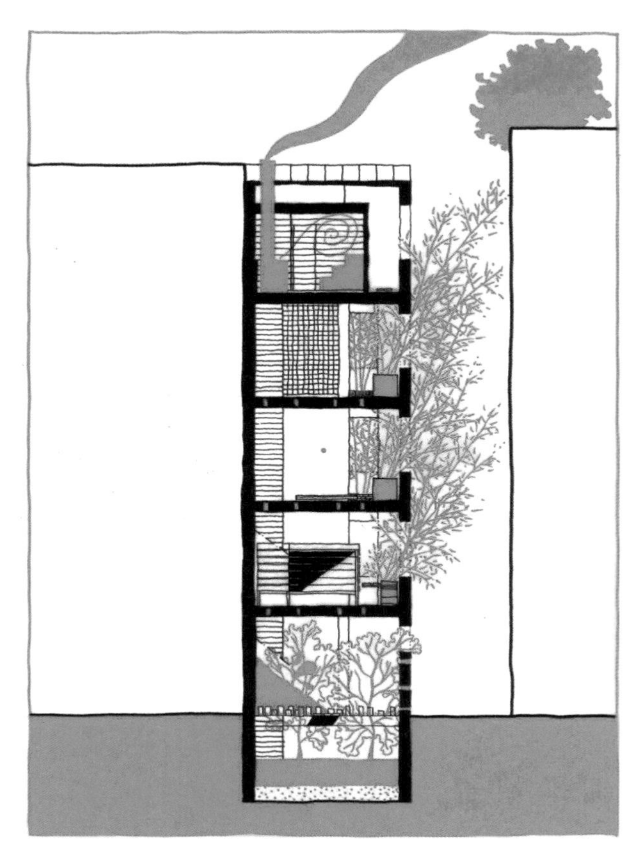

彩图 1　废墟建筑学院横截面图

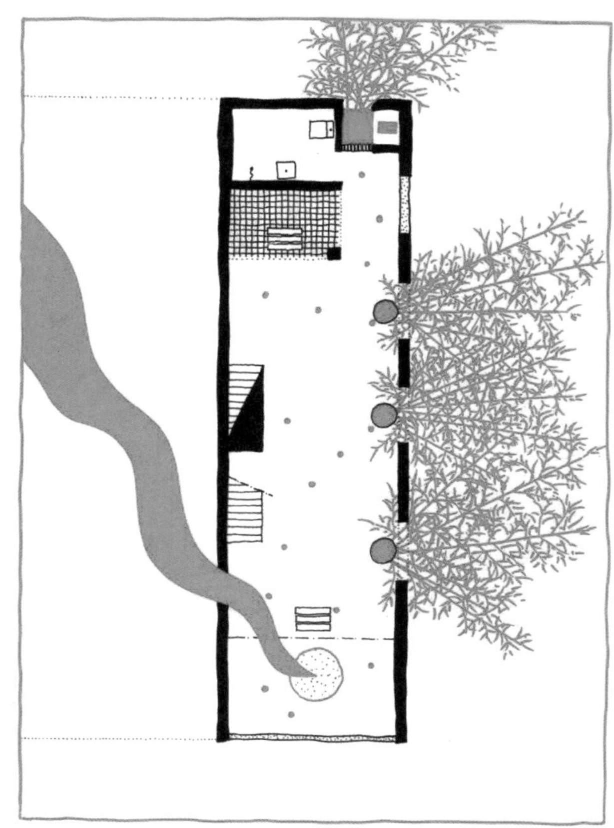

彩图 2　废墟建筑学院第四层平面图

彩图 3　学生作业

这是 2015 年学生范妮·林罗斯（Fanny Linnros）的作业，沙粒带来的灵感体现在了她的表达技巧中。

彩图 4　学生 a 装扮树的仪式（Satherley，2015）

彩图 6　场地平面及细节（Thorp，2015）

彩图 5　设计概念及细节（Thorp，2015）

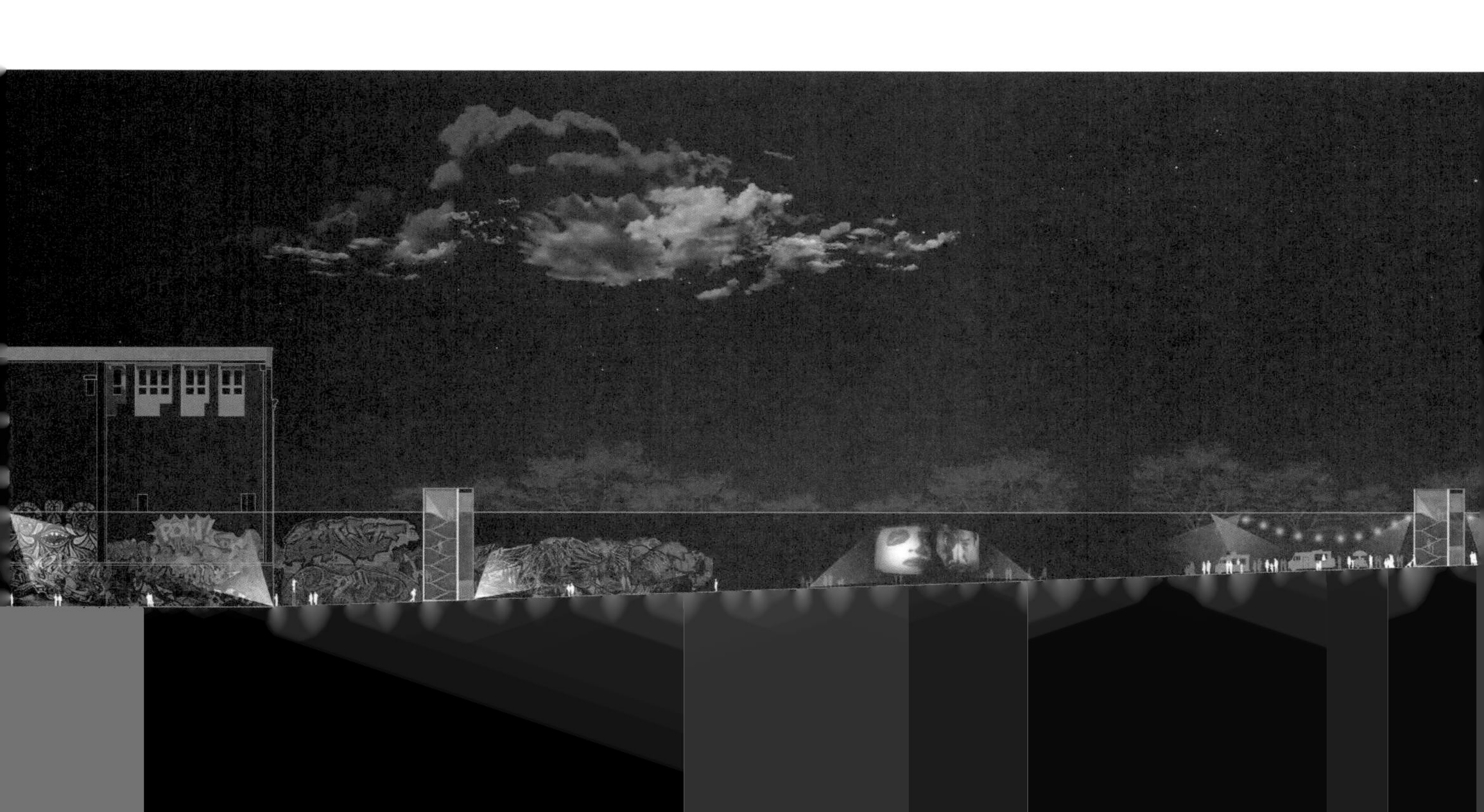

彩图 7　学生 b 的设计概念与细节（Mill-O’Kane，2015）

彩图 8　学生 b 的设计平面与细节（Mill-O’Kane，2015）

EXPLODED DIAGRAM

Trees & Solar testing

Plantings are 25m or 15m trees and 2-3m shrubs. While metro entrance and knoll areas are shaded, south-east area is an open space.

Solar testing settings:
January 1st to February 1st
3pm to 6pm

Materials

Pavements and stairs are of white concrete and pathways on the slopes are made of dirt. A skylight is located on the north-west part of the site, allowing sun light to enter the underground station. It is made of a hardened glass, located along the circular pathway from metro entrance to concourse.

Grasses and water

A small waterway is running along the dirt path on the knoll. As the winds comes along the waterway, it contribute to cool down the spot.

Landform

Shadow demonstration with only the landform.

Time: January 5pm

0 5 10 20 40m

彩图9　来自一个具有哲学背景的学生的最终图纸

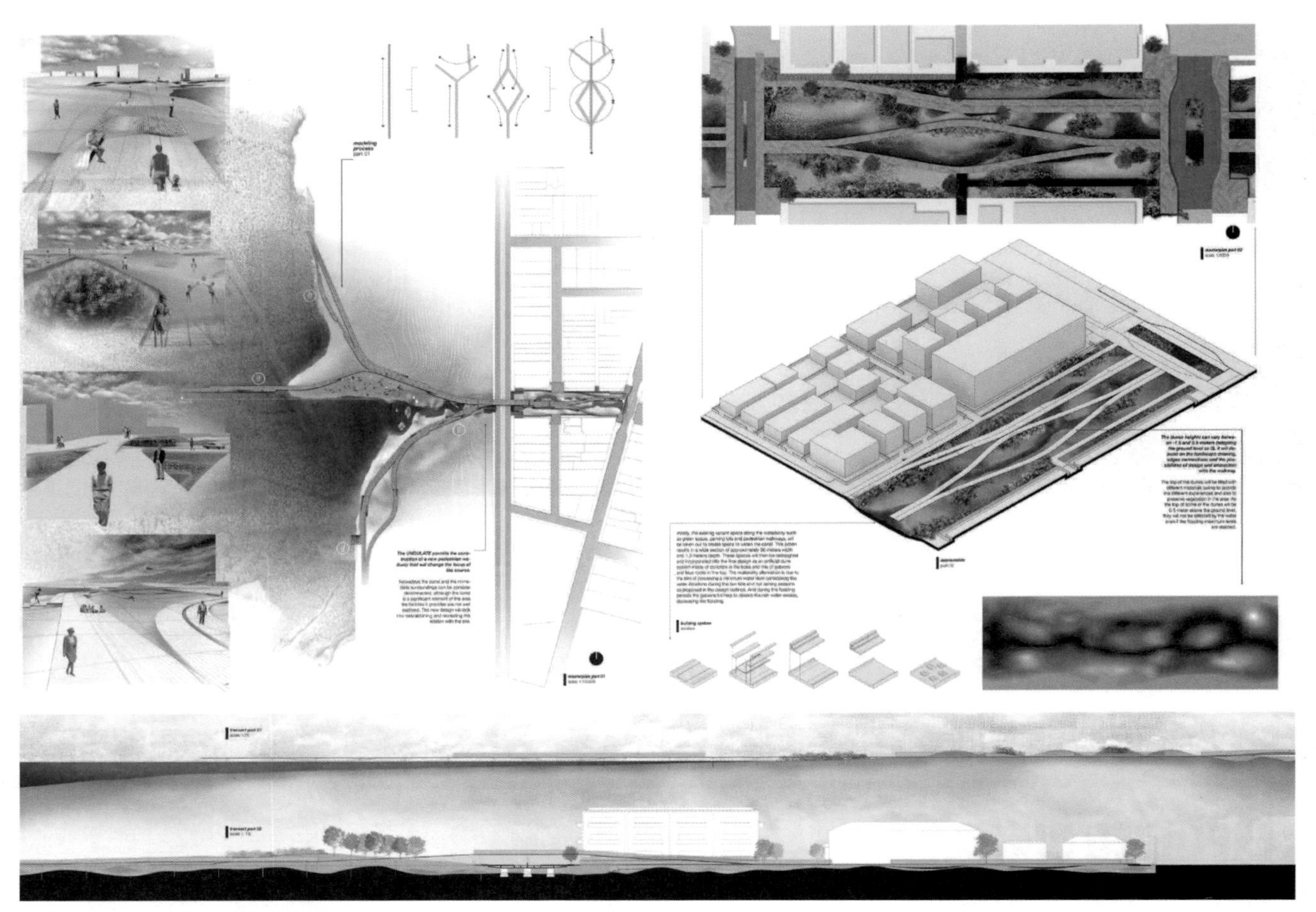

彩图 10　系统驱动对疏浚的响应

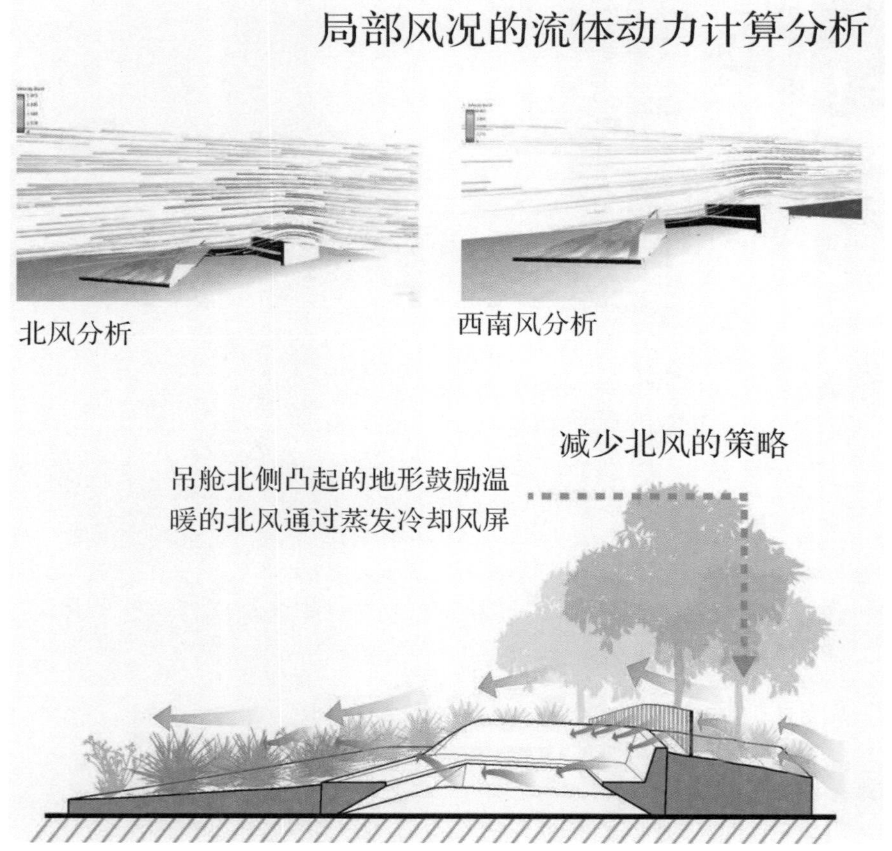

彩图 11　使用仿真模拟测试“重置舱”

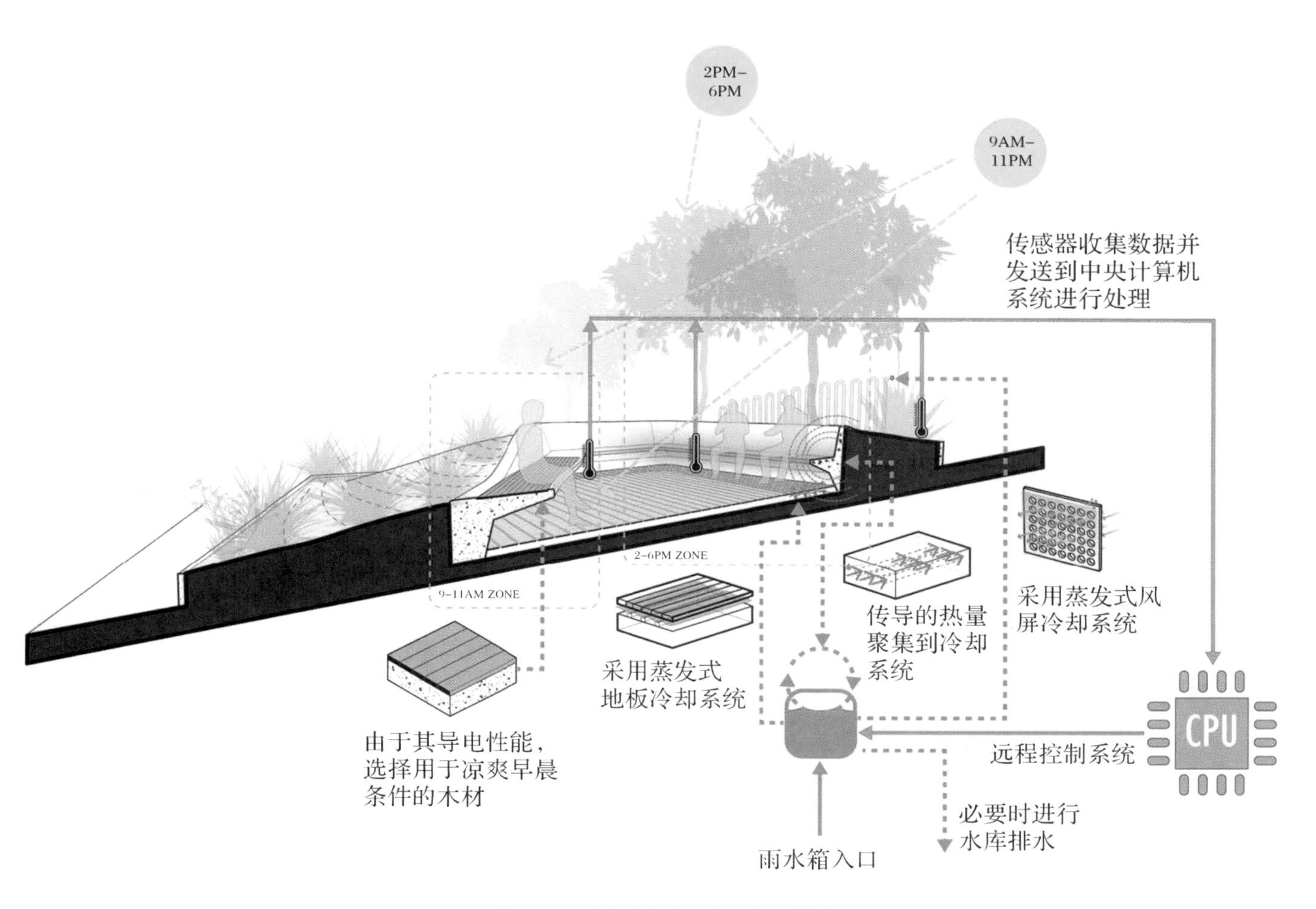

彩图 12 “重置舱”的最终形式

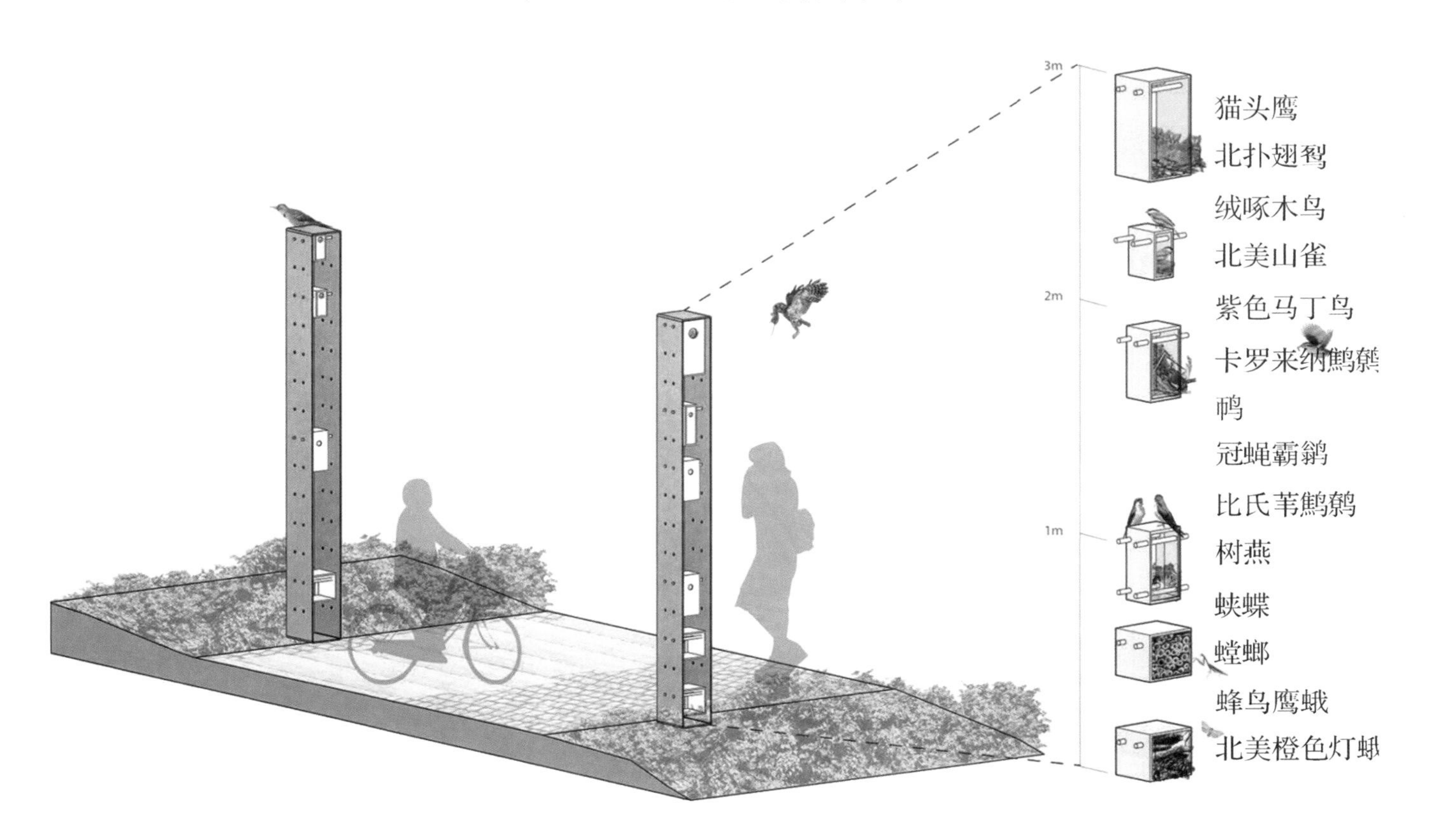

彩图 13 塔玛拉•博内美森的“建构”作品 1

彩图 14　塔玛拉 • 博内美森的“建构”作品 2

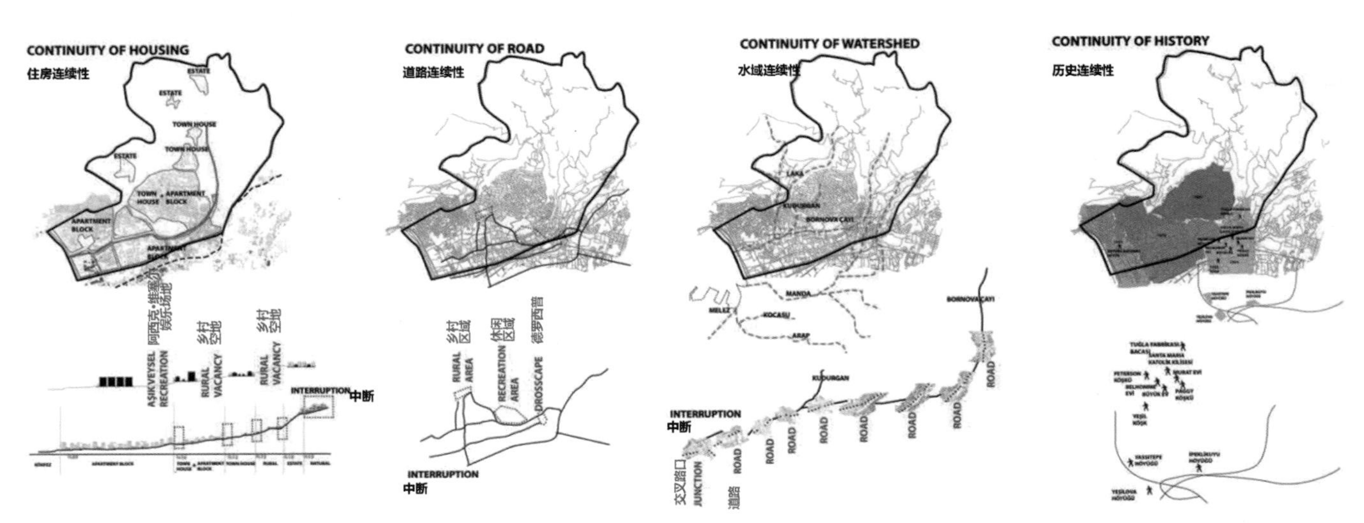

彩图 15　斑块和边界确保了小型流域不同部分之间的联系

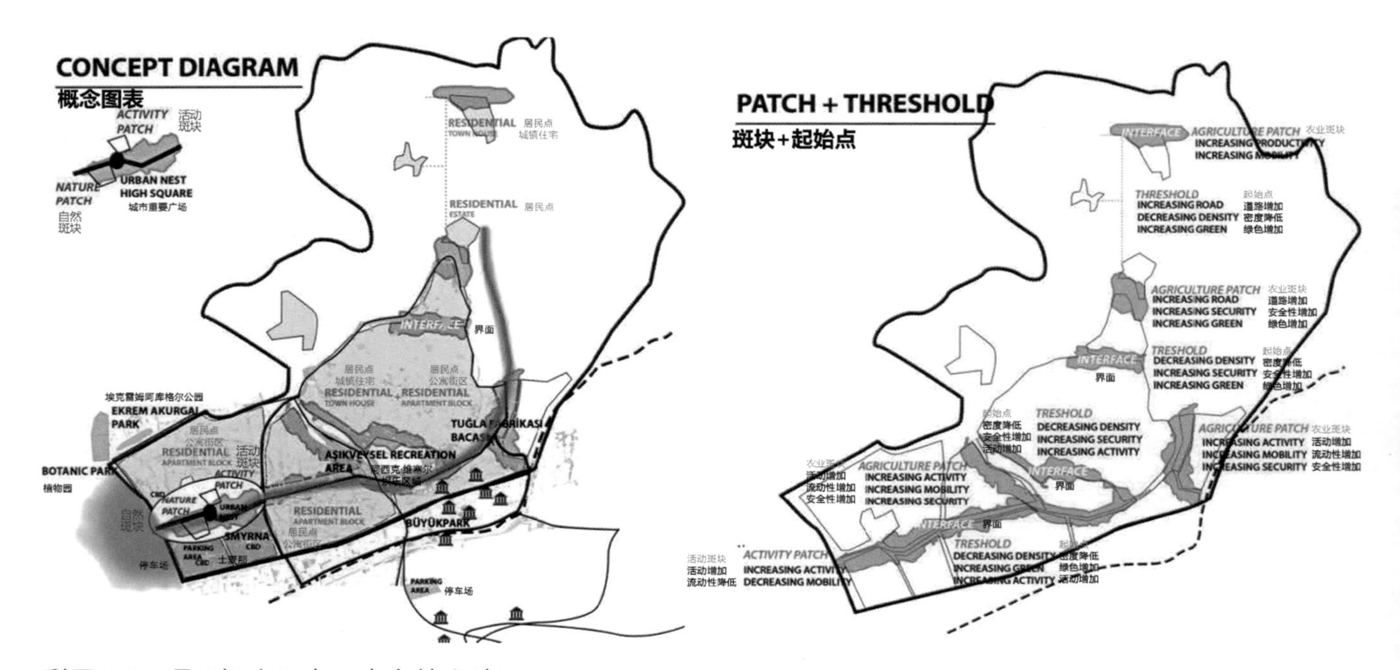

彩图 16　项目概念源自一套斑块和边界

Kocaçay üzerindeki seddeler suyun kontrol altına alınmasının yanında doğal çevresiyle olan ilişkisini de kesmiştir. Üzerinde bulunan Homeros Vadisinin kırsal rekreasyon niteliğine katkı sağlamakta oldukça zayıf kalmaktadır. Civar köylerin tarım ve hayvancılık anlamında sudan faydalanacak ilişkileri sınırlı seviyede kalmıştır.

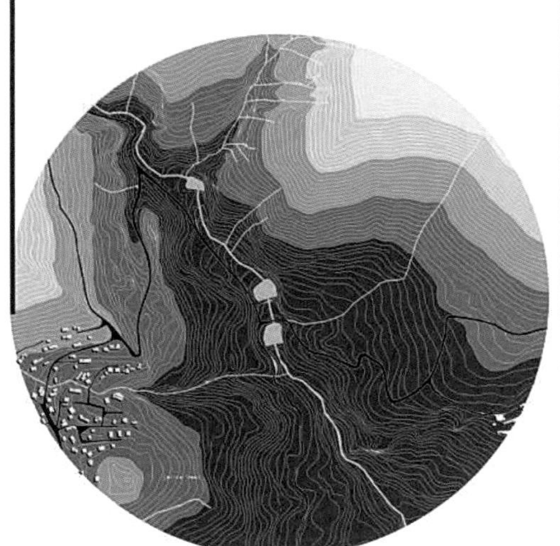

Kocaçay üzerinde bulunan seddeler suyun toplanması depolanması temizlenmesi ve kullanılması potansiyellerini arttıracak şekilde sayısal olarak azaltılıp işlev-form ilişkisi bağlamında yeniden tasarlanmıştır. Eşyükselti eğrileri dikkate alınarak yüzey sularının toplanması ve Kocaçayın doğal yatağına yerleşmesi sağlanmıştır. Tasarlanan yeni seddeler hayvancılık, kısmi tarım ve rekreasyon fırsatlarına hizmet etmektedir.

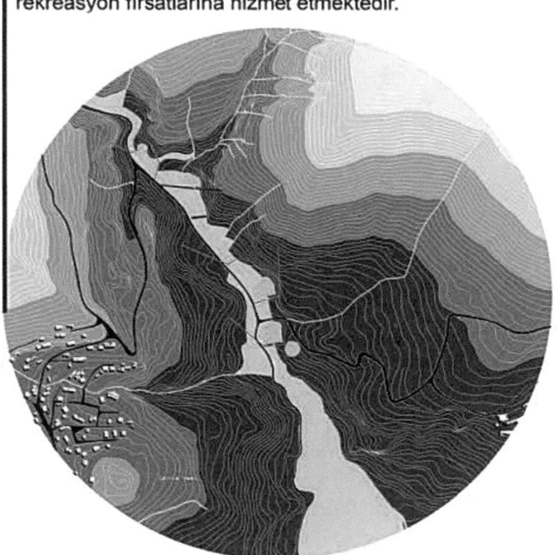

彩图 17　河床及其与城市结构的结合形成了良好的生态群落和社会环境 2

RIPARIAN CITY 河岸城市

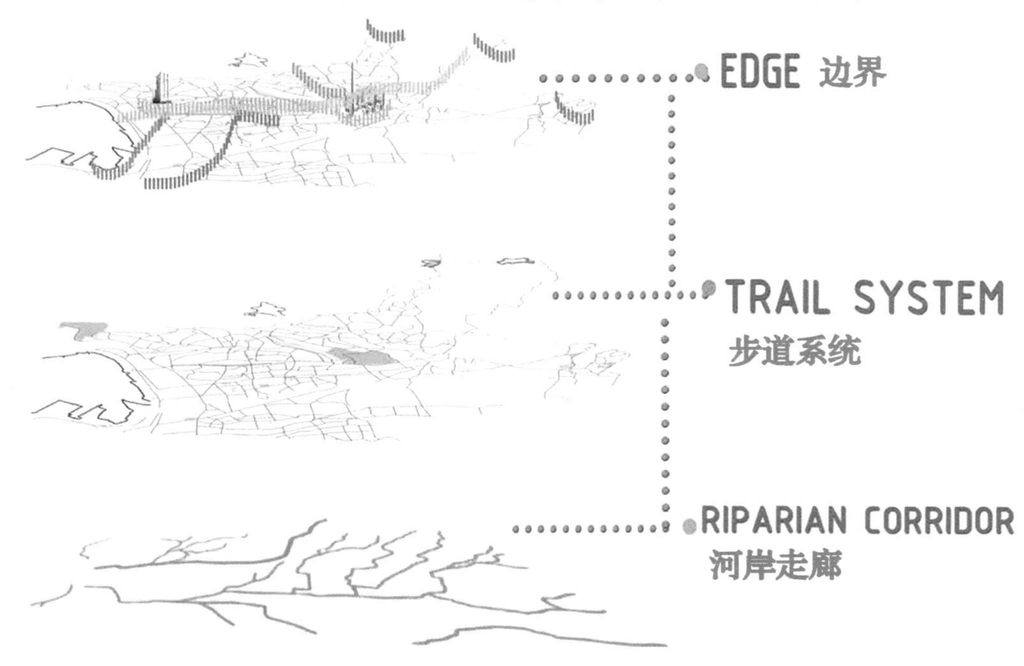

彩图 18　边界、步道系统和河岸走廊是生成综合区域景观基础设施的必要工具

彩图 19　确保自然 – 城市连续体引领区域景观思维

彩图 20　第二海岸认识到扩张的水文单元的动态过程和潜力，并成为可持续度假村及其周围景观的背景和设计载体

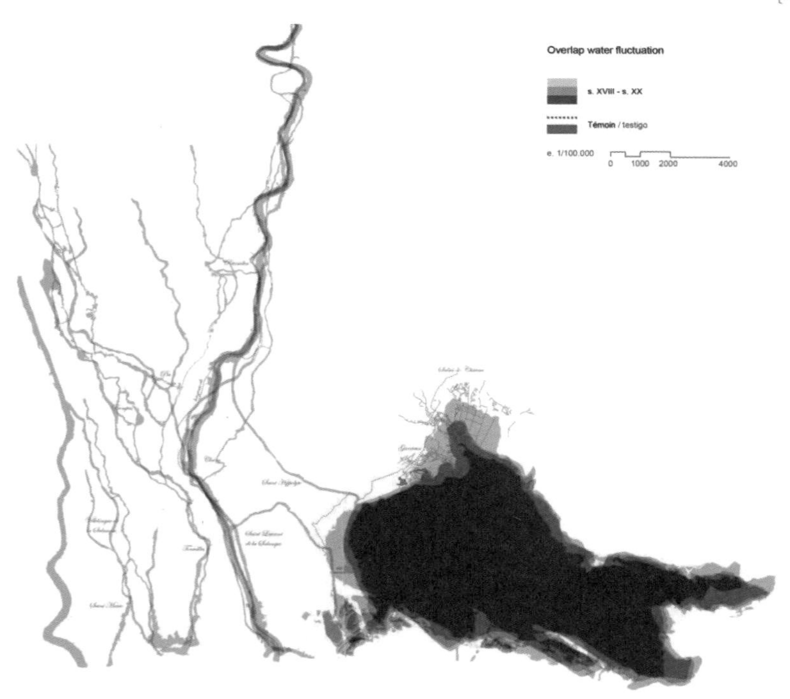

彩图 21　塔拉戈纳百克斯营地（Tarragona Baix Camp）的水位波动叠加图

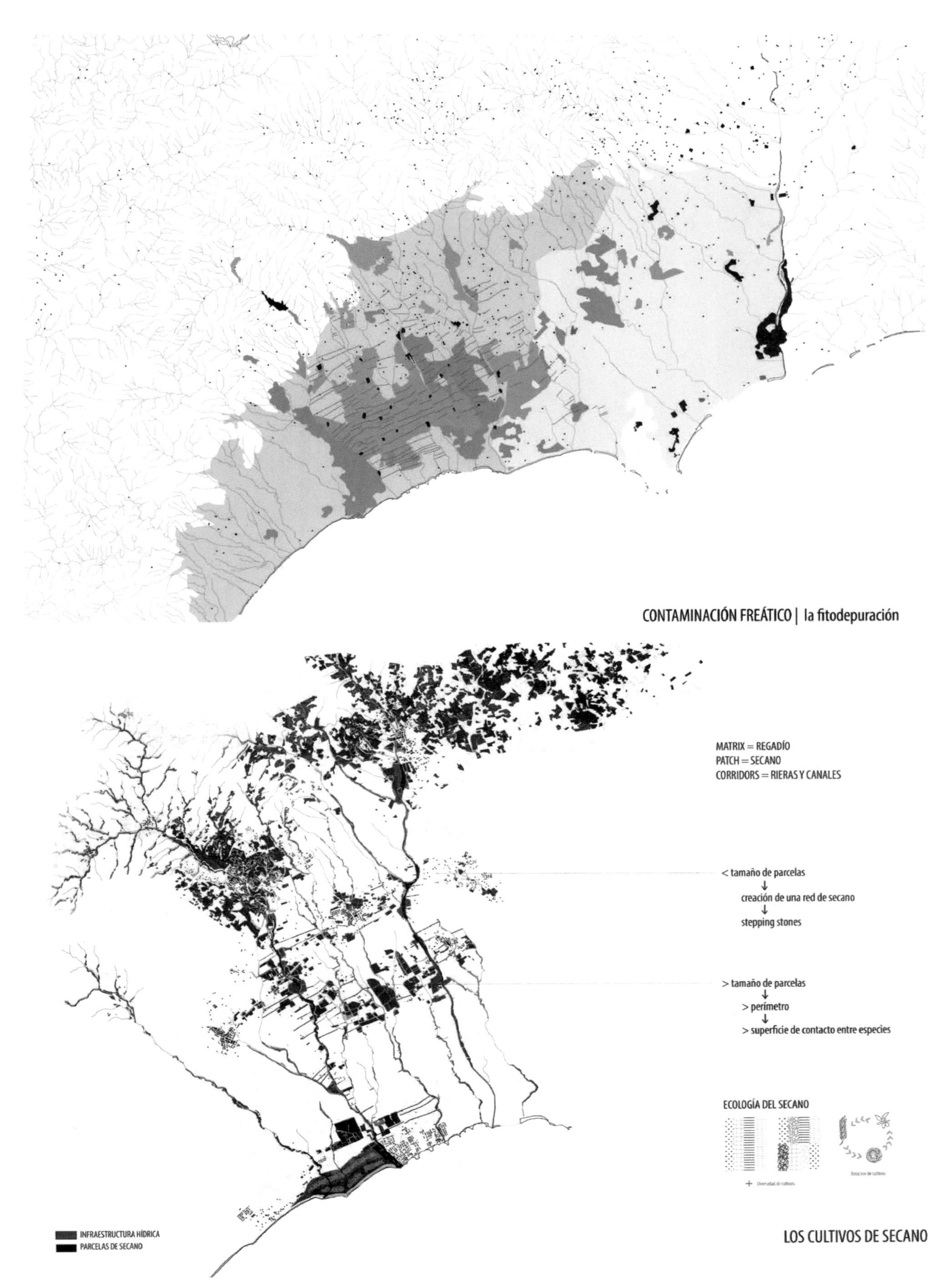

彩图 22　在百克斯营地的干旱景观中，第二海岸成为完整水循环的象征

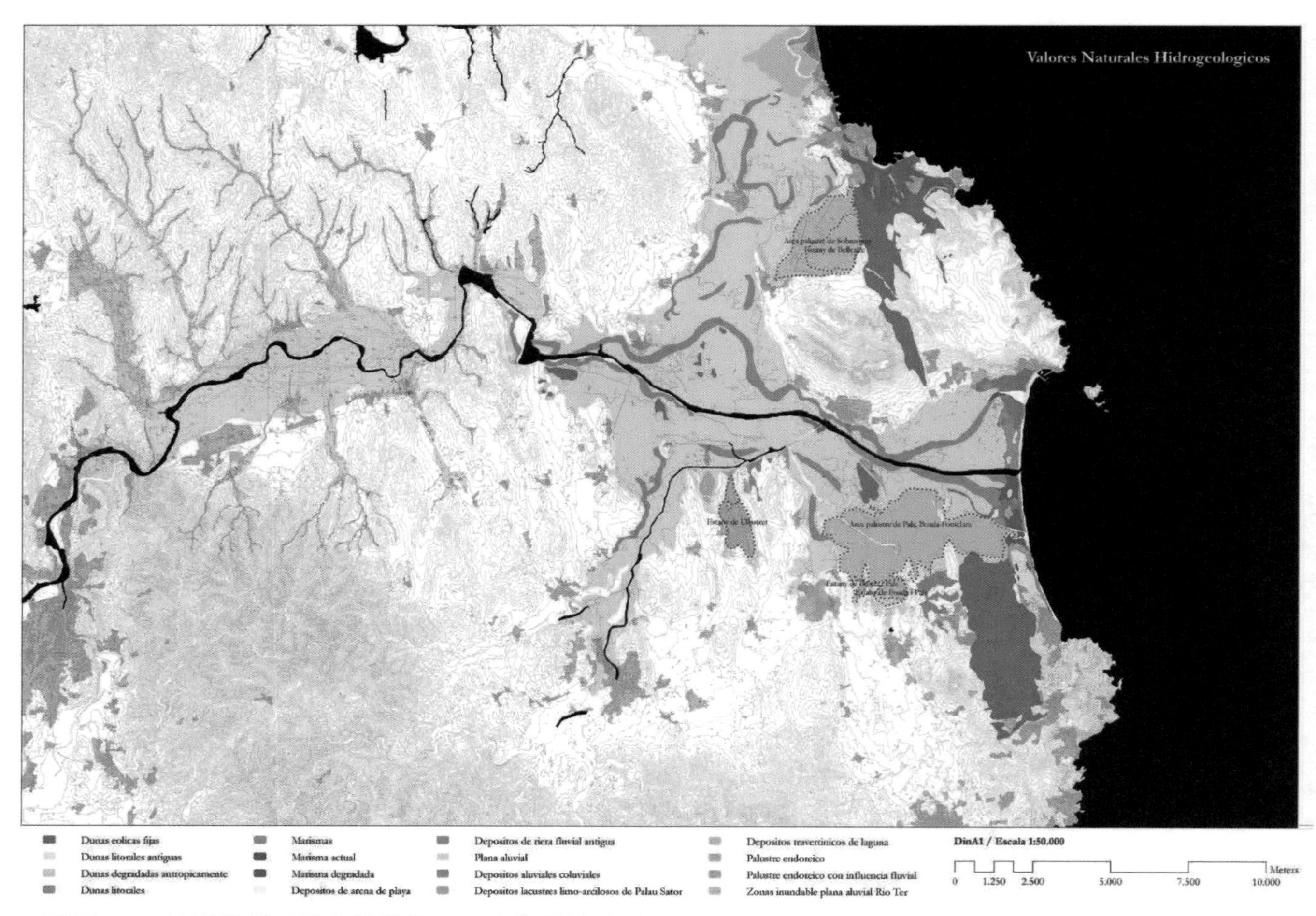

彩图 23　托罗埃利亚德蒙特格里，百克斯恩波达（Torroella de Montgrí，Baix Empordà）的水文地质价值

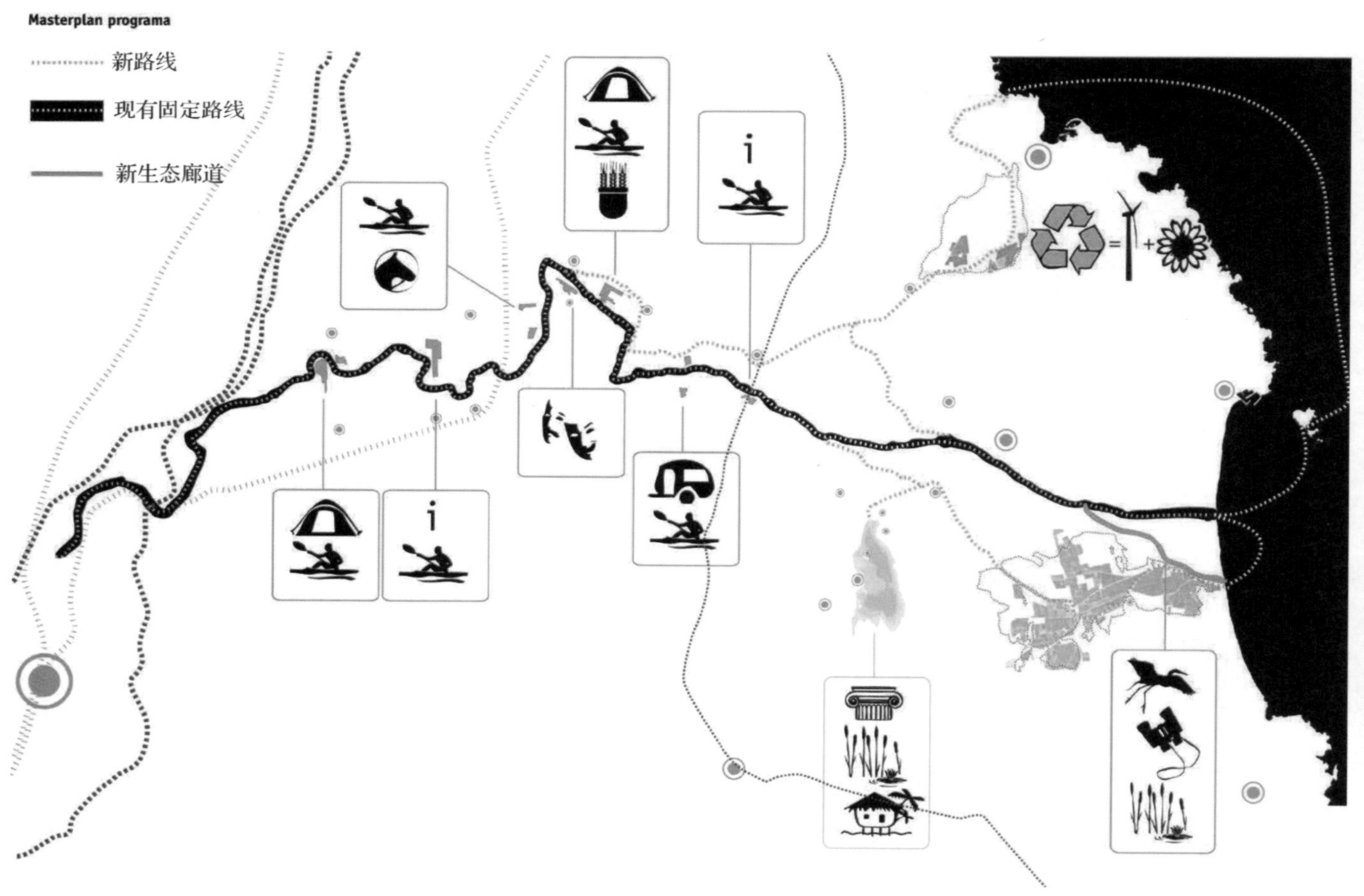

彩图 24　托罗埃利亚德蒙特格里海洋和太阳价值的替代品

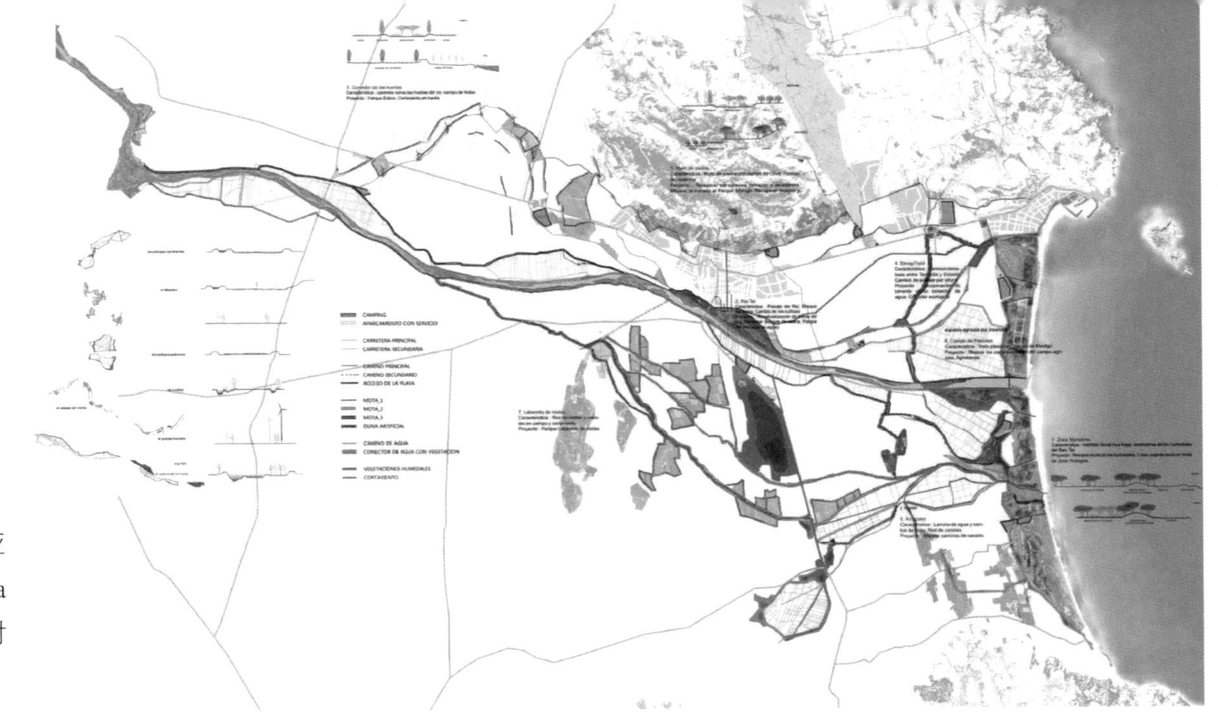

彩图 25　托罗埃利亚德蒙特格里（Torroella de Montgrí）腹地乡村景观空间格局

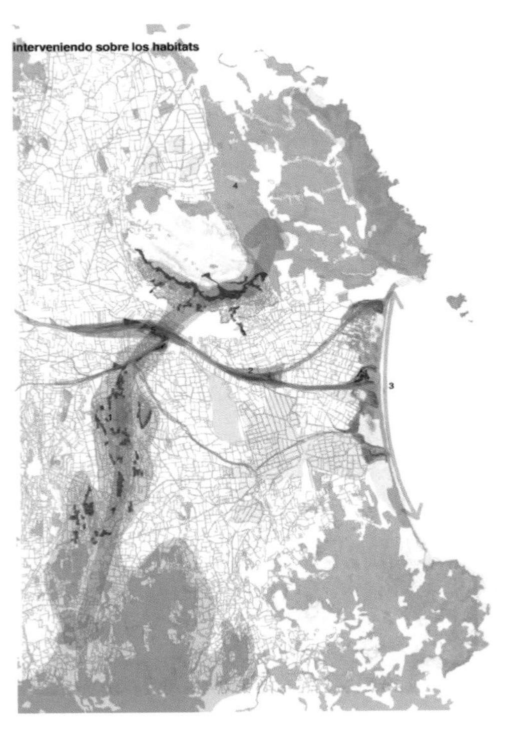

1_ conectividad gavarres - montgri
2_ conectividad fluvial
3_ conectividad en el litoral
4_ vacios en el montgri
5_ adaptación del golfal territorio

patrones y asentamientos 格局与聚落

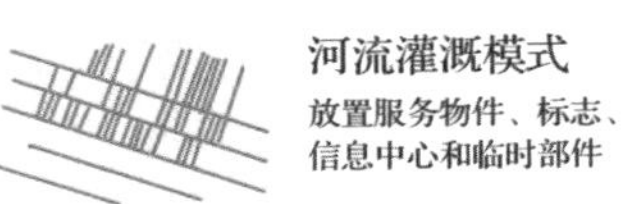

河流灌溉模式

放置服务物件、标志、信息中心和临时部件

斜坡上的雨水模式

在营地临时住宿的同时，安置农业相关的住宿部分

粗放型农业模式

与农业用途有关的住房零件的放置

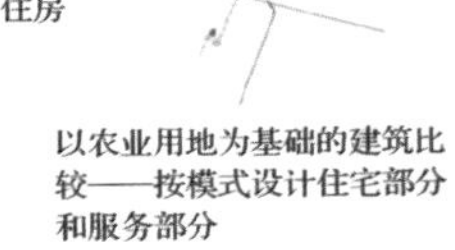

以农业用地为基础的建筑比较——按模式设计住宅部分和服务部分

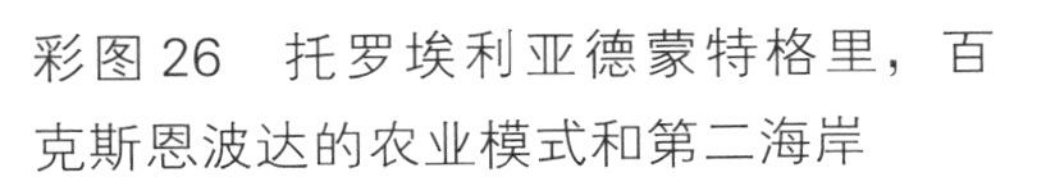

彩图 26　托罗埃利亚德蒙特格里，百克斯恩波达的农业模式和第二海岸

彩图27　学生对托罗埃利亚德蒙特格里附近的一个古老湖泊提出的修复方案，为游客设计一个潜在的旅游景点

彩图 28　2004 年学生们描绘的未来的景象

该景象预测了安特卫普附近斯海尔德河沿岸进一步城市化和核电站的发展，以及对自然和基础设施的驯化。

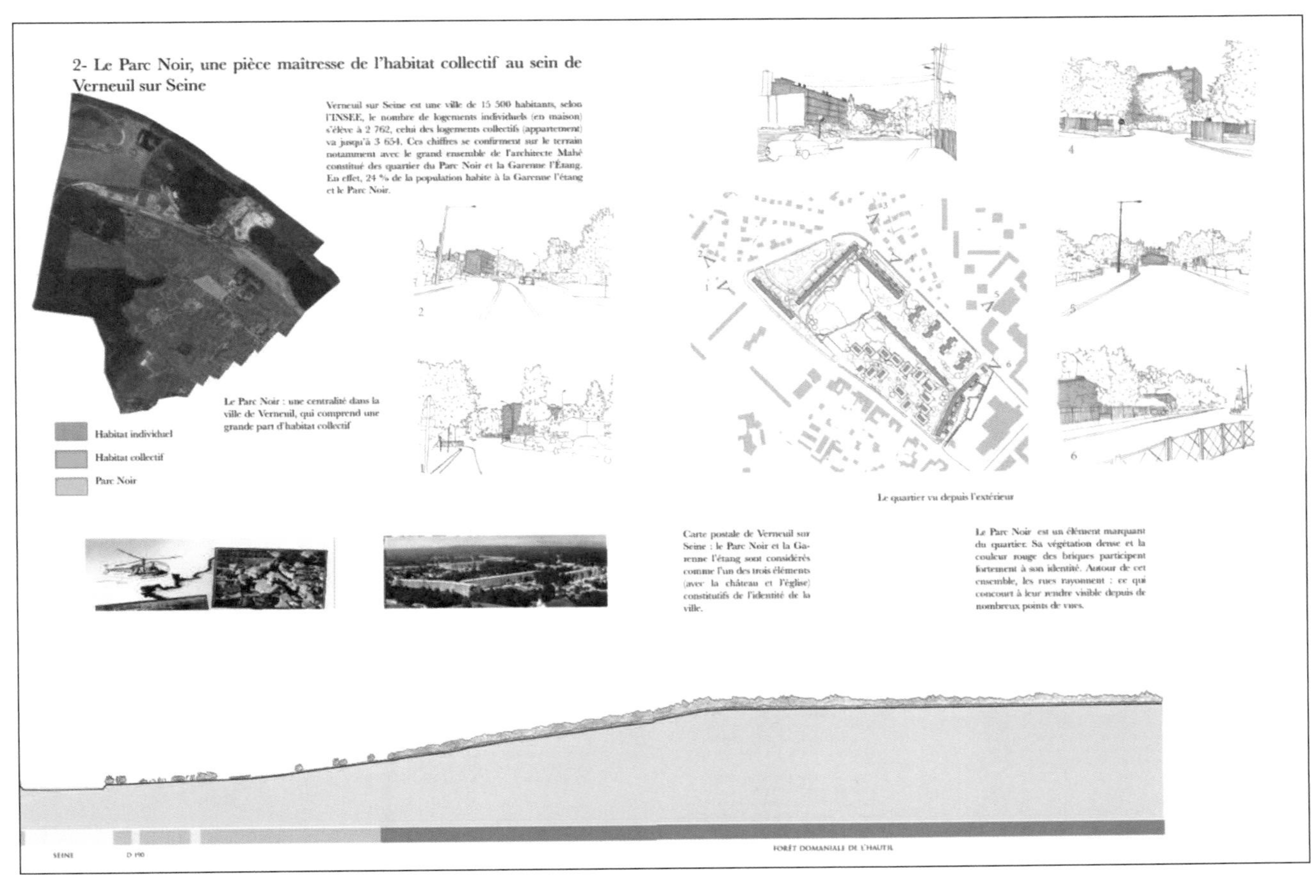

彩图 29　区域尺度；主题：界限和边缘 1，法国维尔纳叶

2014 年由学生 J. Thau，M. Sivré，F. Suss，A. Schneider 绘制。

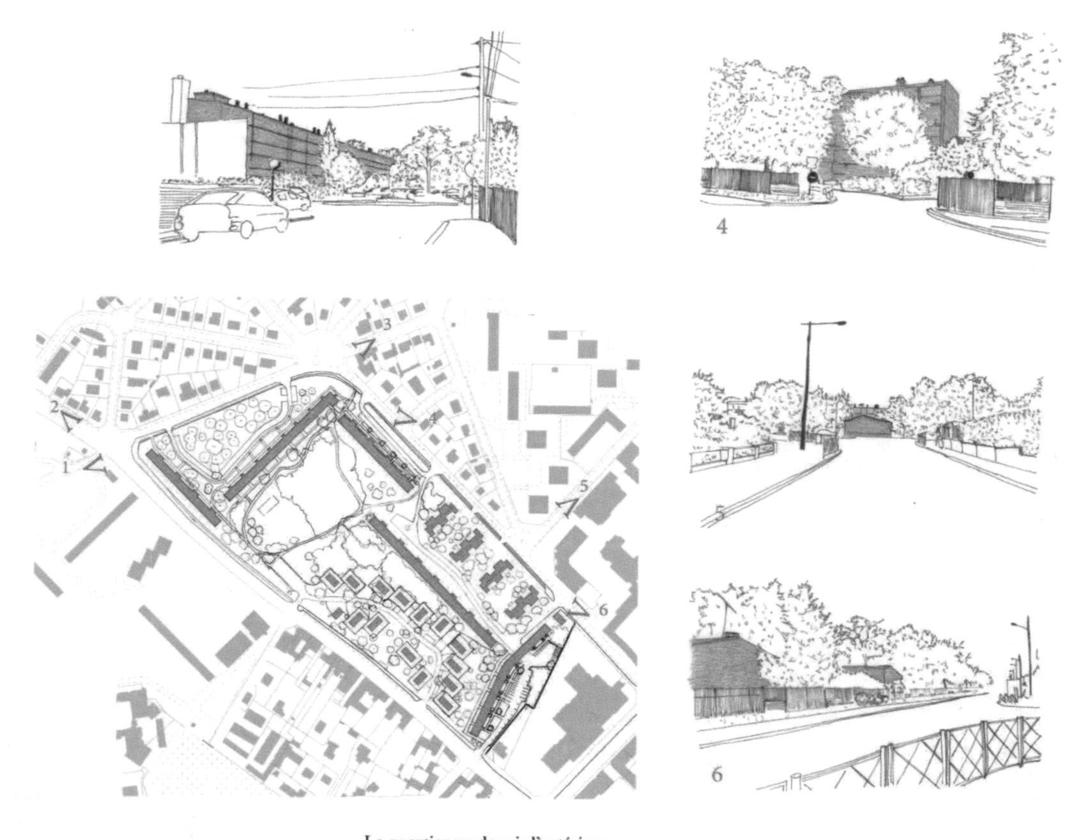

彩图 30 区域尺度；主题：界限和边缘 2，法国维尔纳叶

2014 年由学生 J. Thau，M. Sivré，F. Suss，A. Schneider 绘制，“(放大)从周边看到的区域场景”。

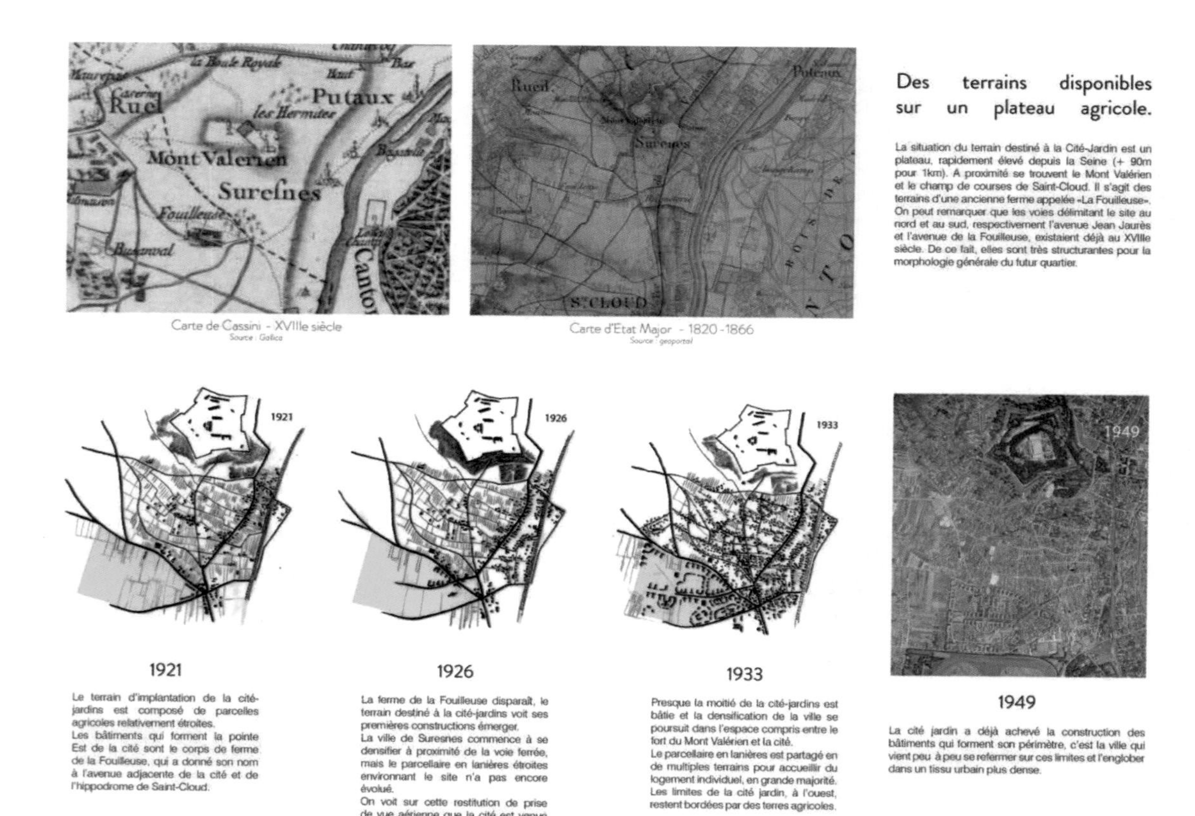

彩图 31 法国叙雷讷地区不同历史阶段的区域尺度变化

2014 年由学生 B. Bouan，A. Costeramon，E. Desmeules，A. Gu 绘制，“从农业高原到花园城市”(相同区域可参见图 4.3.3)。